원색도감

한국의 자연시리즈 18

한국의 민물고기

전북대학교 교수 이학 박사 **김 익 수**
전북대학교 강사 이학 박사 **박 종 영**

교 학 사

머 리 말

우리 나라 하천과 저수지 등의 민물에 사는 물고기는 다른 동식물과 마찬가지로 한반도 형성 과정에 나타난 자연 유산으로서 과학적으로도 매우 귀중한 재료이다. 그러나 지금까지 이와 같은 야생 동식물의 중요성은 그다지 널리 알려지지 않았으나 최근에 와서 환경 문제가 심각해지고 보호의 필요성이 강조되면서 일반 시민들도 많은 관심을 가지게 되었다.

우리 나라의 민물고기도 최근에서야 이들의 계통적 위치와 분포 범위가 파악되고 있으나 그들의 진귀한 습성이나 기원에 대해서는 아직도 밝혀지지 않은 것이 더 많다. 그 동안 한국의 민물고기에 관한 도감은 발간된 바 있지만, 집중적인 연구 결과 새롭게 알려진 사실들이 많이 추가되었고, 종을 구별할 수 있는 좋은 원색 사진과 서식처 자료가 준비되었기에 새로운 도감을 발간하게 되었다.

이 도감의 발간을 위해 우리 나라 하천을 답사하는 동안, 최근 몇 년 사이에 하천 생태계의 오염과 무분별한 개발로 전에 볼 수 있었던 많은 종류의 민물고기들이 이미 사라졌거나 매우 희소해졌고, 종전에 살고 있었던 서식처는 없어진 경우도 많다는 사실을 확인할 수 있었다. 더구나 일부 지각 없는 사람들에 의하여 우리 나라의 고유한 민물고기가 대량으로 남획되어 국외로 반출되고 있는 사실을 보고 경악을 금치 못하였다. 이와 같은 상황이 지속된다면 머지않은 장래에 우리 나라 하천이나 저수지에서는 민물고기를 찾아보기 어렵게 되리라 예상되어 안타깝기 짝이 없다.

우리 나라에 서식하는 200여 종의 민물고기는 식품이나 관상적 이용 등의 경제적 가치뿐만 아니라 수질 정화의 환경적 기능과 학술 연구 등의 자원적 가치가 매우 높기 때문에 우리는 우선적으로 사라져 가는 민물고기를 보존하는 일에 더 많은 관심을 가져야 된다고 본다. 이와 관련하여 저자는 민물고기의 종 구별과 그들 서식처를 보존하는 일이 매우 시급하다고 생각되어 종마다 온전한 모습을 갖춘 고정된 사진을 제시하려고 노력하였으며, 동시에 그들의 서식처를 사진으로 나타내려고 하였다.

이 도감을 제작하는 데 원고 정리와 사진 제작에 도움을 준 전북대학교 대학원 생물학과 박사 과정에 있는 양현 군, 좋은 슬라이드 사진을 제공해 준 군산대학교 최윤 박사님과 강원대 송호복 박사님, 그리고 어류 사진을 촬영할 수 있도록 협조하여 주신 경상 북도 수산자원개발연구소 내수면 시험장 하성찬 장장께 감사드린다. 아울러 도감 발간 사업이 매우 어려운 여건임에도 불구하고 흔쾌히 발간을 맡아 주신 교학사 양철우 사장님과 유홍희 부장님, 그리고 편집에 최선을 다해 수고하신 편집부 여러분에게 깊은 감사를 드린다.

일 러 두 기

1. 이 도감에는 2001년까지 한반도 중·남부의 강과 저수지 등의 민물과 강 하구에서 서식한다고 보고된 물고기 200여 종을 대상으로 하였다.

2. 분류군의 배열은 ESCHMEYER(1998)와 NELSON(1994)의 체계에 따랐으며, 학명은 해당분류 연구자의 최근 내용의 타당성을 검토하여 사용하였다.

3. 도감 내용에는 과의 일반적 특징과 각 종의 국명, 과명, 영어명, 방언, 전장, 형태, 생태, 분포, 참고 사항을 기록하고, 각 종마다 원색 사진, 서식처 사진, 그리고 분포 범위나 출현 장소를 표시한 지도를 제시하였다. 또, 이 도감에 수록된 방언은 북한에서 사용한 어류명 중 이 도감에서 사용하는 국명과 다른 것을 기록하였다.

4. 도감에 제시된 사진은 가능한 한 그 외부 형태적 특징을 잘 나타내도록 채집한 직후 표본을 고정하여 촬영한 것으로, 산란기에 나타나는 혼인색 등의 2차 성징이 잘 표현되는 표본을 이용하여 사진을 만들었다.

5. 서식처 사진은 그 수역에서 대체로 우점적으로 출현하는 지역을 제시한 것으로, 같은 서식지에도 그 이외의 여러 종이 서식하고 있다.

6. 분포도는 한국 고유종인 경우 우리 나라 지도에 알려진 지역을 붉은색으로 나타내었고, 널리 분포하는 경우는 아시아 혹은 세계 지도에 대강의 분포 범위를 표시하였다. 외래종인 경우는 지도에 표시하지 않고 본문에 원산지와 원래의 분포지를 기록하였다.

7. 참고 사항에서는 그 종의 특기 사항이나 관련된 연구 내용을 간단히 소개하였다.

8. 부록에는 본문에 기록된 내용 중 전문적인 용어에 대하여 알기 쉽게 풀어서 설명하였고, 한국산 민물고기의 목록과 과 검색표를 제시하였다. 그리고 한국산 민물고기 분포 유래와 분포 양상 및 민물고기 조사 방법에 관하여 정리하였다.

9. 본문 뒤 '보유편'에 새로 발견된 '참갈겨니'의 사진과 해설을 추가했다.

차 례

차례

차 례

메기과(Siluridae)

찬넬동자개과(Ictaluridae)

퉁가리과(Amblycipitidae)

바다빙어목(Osmeriformes)

바다빙어과(Osmeridae)

뱅어과(Salangidae)

연어목(Salmoniformes)

연어과(Salmonidae)

차 례!

민물고기의 세계

1. 한국의 하천 환경

우리 나라는 면적에 비하여 크고 작은 하천이 많이 흐른다. 동쪽으로는 태백 산맥과 함경 산맥이 치우쳐 있어 서남쪽으로 큰 강이 많이 있고, 동해안 쪽으로는 두만강을 제외한 대부분의 하천이 급경사를 이루어 짧은 하천으로 흐르고 있다. 한국의 11대 하천의 유로 연장을 크기로 보면 압록강(806.5km), 두만강(610km), 낙동강(513.5km), 한강(497.3km), 대동강(441.5km), 금강(397.3km), 청천강(207.5km), 임진강(272km), 섬진강(225km), 예성강(187.4km), 영산강(138.8km)이다.

우리 나라 하천은 유량 변동이 심하여 연간 강수량의 약 40%는 증발되거나 지하로 침투되고, 나머지가 하천을 통하여 바다에 유출된다. 다목적 댐들이 건설되기 이전에는 홍수시에 유출량의 거의 70%가 유출되어 홍수와 가뭄이 매년 발생하였으나 댐들이 건설된 뒤에는 총 유출량은 60% 수준으로 낮아졌고 수자원 이용률도 높아졌다.

우리 나라 하천의 지형적 특징은 노년기 평형 하천으로 꼬불꼬불하게 흐르고 있으나 하류부의 자유 사행은 충적 평야가 넓지 못하여 뚜렷하지 않고, 최근 개수 공사에 의하여 유로가 직선화되고 있다. 그러나 상·중류부의 사행 정도는 아직도 뚜렷한 편이다.

낙동강 안동호 상류

15

두만강
수성천
어랑천
길주남대천
북대천
단천남대천
북청남대천
성천강
용흥강
간성북천
양양남대천
강릉남대천
삼척오십천
마읍천
왕피천
송천
영덕오십천
형산강
태화강
밀양강
낙동강
남강
섬진강
보성강

허천강
부전강
장진강
자성강
독로강
압록강
삽교천
대령강
청천강
비류강
대동강
재령강
예성강
임진강
한탄강
한강
북한강
남한강
안성천
삽교천
금강
만경강
동진강
백천
영산강
탐진강

126°E
128°E
130°E
42°N
40°N
38°N
36°N
34°N

0   100km

한국의 중요한 하천수계

한강, 금강, 영산강, 섬진강 등 서해로 유입하는 하천은 홍수시에 다량의 토사를 운반하지만 조차가 커서 삼각주를 이루지 못하고 간석지가 비교적 넓게 나타난다. 그러나 낙동강은 토사 유출이 많은데다가 하구의 조차가 비교적 작아 김해 평야와 같은 삼각주를 형성하였다.

2. 물고기의 다양성

물고기는 물 속에서 아가미로 호흡하고 지느러미로 운동하면서 사는 척추동물로, 공기 호흡을 하는 양서류, 파충류, 조류 및 포유류와는 모양이나 생활 방법 면에서 구별된다. 물고기도 생활사 초기에는 다른 척추동물과 비슷하지만 발생이 진행되면서 차츰 다른 모습을 띠게 된다. 물고기가 지구상에 처음 나타난 것은 4억 5000만 년 전인 고생대로, 물 속에서 턱이 없는 갑주어로 오랜 세월 지내오면서 연골어류와 경골어류로 나뉘어 바다와 민물의 다양한 환경에 적응 분화하였다. 긴 세월이 지나는 동안 기후적·지리적 환경에 적응한 유전자들의 집합으로 지역마다 고유한 생물종이 만들어져 특정한 지역에만 출현하기도 하고, 지질적인 사건에 의하여 다른 지역으로 이동하여 독특하게 분포하기도 하였다.

물고기의 모양은 아주 흔한 방추형을 비롯하여 가늘고 긴 뱀장어형 등 여러 가지 형이 있고, 색깔도 종류마다 조금씩 달라 구별할 수 있다. 그리고 그들이 사는 서식지 또한 강 상류·중류·하류, 댐과 저수지, 여울과 웅덩이 등 다양한데 각 장소의 특징에 따라 다른 종류의 물고기가 살고 있다. 사람들이 민물고기에 관심을 가지는 것은 물고기의 생활 환경이 인간의 생활과 직·간접으로 관련되고 식품으로 이용되어 경제적으로 중요한 자원일 뿐만 아니라, 낚시나 관상어 사육처럼 심미적·오락적 측면에서도 이용되고, 의학과 생물학의 연구를 위한 실험 동물로도 널리 사용되기 때문이다.

NELSON(1994)은 현재 지구상에 알려진 어류는 모두 57목 482과 4248속, 2만 4618종이고, 그 가운데 민물고기는 9966종이라 하였다. 최근 우리 나라에 서식하는 물고기에 대한 조사에서는 모두 41목 203과 584속 961종으로 알려졌고, 민물고기는 50여 종의 한국 특산종을 포함한 212종이었다. 그 중에는 외국에서 도입되어 우리 나라 하천에 사는 민물고기도 11종이나 된다. 자연 속의 생물은 이처럼 종수가 많을 뿐만 아니라, 종마다 유전적 변이가 많이 포함되고 그들의 서식 환경이 각각 다르게 나타나는 양상을 보이고 있는데, 우리는 이것을 생물 다양성이라고 한다. 이러한 점에서 다양한 민물고기의 출현은 하천 생태계의 안전성과 지속성을 나타내는 중요한 지표가 된다.

이러한 생물종이 모여 특정 생물 군집이나 생태계를 만들어 현재와 같은 다양한 자연 환경이 형성되었으나, 최근 환경 오염과 무분별한 개발 등으로 다양성이 차츰 감소되고 있어 생태적 위기를 초래하고 있다. 이와 같은 환경 위기를 극복하는 가장 구체적인 방안은 바로 생물 다양성 보존이다. 그러기 위해서는 먼저 생물종의 특징에 근거한 분류학적 지식과 더불어 그들 생물종이 사는 서식처의 보존이 중요하다고 생각된다.

칠성장어   칠성장어과

물고기의
다양성

웅어   멸치과

각시붕어   잉어과

동자개   동자개과

버들붕어   버들붕어과

기름종개속과 참종개속의 다양한 종류

박대   참서대과

황복   참복과

큰볏말뚝망둥어   망둑어과

꺽지   꺽지과

19

3. 물고기의 외부 형태

물고기는 머리, 몸통, 꼬리 및 지느러미의 네 부분으로 구분된다. 머리는 주둥이 앞끝에서 새공 뒤끝까지로서 입, 눈, 비공, 새개골이 있다. 몸통은 새공에서 총배설강까지의 부분이다. 꼬리는 총배설강의 뒤부터 꼬리지느러미 기부까지를 일컫는다. 지느러미는 수직 방향의 1개로 된 홑지느러미(등지느러미, 뒷지느러미, 꼬리지느러미)와 좌우 1쌍으로 된 짝지느러미(가슴지느러미, 배지느러미)가 있다(〈그림 1〉 참조).

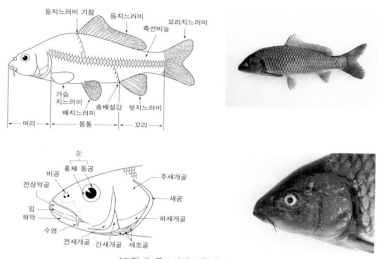

〈그림 1〉 물고기의 외형과 머리 구조

물고기의 측정 부위는 전장, 체장, 두장, 체고, 등지느러미 기점까지의 거리, 가슴지느러미 기점까지의 거리, 미병장, 미병고, 안경 등을 측정기로 계측하여 구분한다(〈그림 2〉 참조).

물고기의 겉모양은 편의상 유선형과 같은 방추형(fusiform), 체고는 높고 체폭이 좁은 측편형(compressiform), 체고는 낮지만 좌우의 체폭이 넓은 종편형(depressiform), 뱀장어과 같은 장어형(anguilliform), 미꾸리와 같은 리본형(taeniform), 복어류와 같은 구형(globiform)으로 구분한다(〈그림 3〉 참조).

꼬리지느러미의 모양도 종류에 따라 다르다. 붕어나 잉어와 같은 양엽형(folked), 눈동자개의 오목형(emarginate), 송사리의 절단형(truncate), 미꾸리의 원형(rounded), 드렁허리의 뾰족형(pointed), 버들붕어의 창형(lanceolate)이 있다(〈그림 4〉 참조).

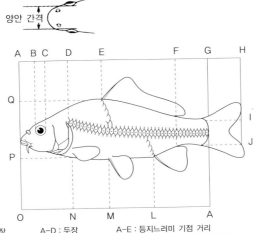

양안 간격

A B C D E F G H

Q

P

O N M L A

I

J

A–B : 문장   A–D : 두장   A–E : 등지느러미 기점 거리
A–G : 체장   A–H : 전장   B–C : 안경   F–G : 미병장
I–J : 미병고   M–L : 배지느러미-뒷지느러미 거리
M–N : 가슴지느러미-배지느러미 거리   O–M : 배지느러미 기점 거리
O–L : 뒷지느러미 기점 거리   O–N : 가슴지느러미 기점 거리   P–Q : 체고

〈그림 2〉 물고기의 측정 부위

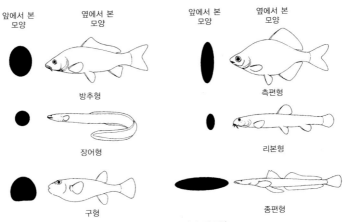

앞에서 본
모양

옆에서 본
모양

앞에서 본
모양

옆에서 본
모양

방추형

측편형

장어형

리본형

구형

종편형

〈그림 3〉 물고기의 겉모양

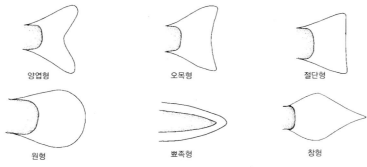

양엽형   오목형   절단형

원형   뾰족형   창형

〈그림 4〉 물고기의 꼬리지느러미의 여러 가지 모양

등지느러미의 기조(fin ray)는 가시처럼 되어 있는 극조(spinous ray)와 끝이 둘로 나뉘고 마디가 있는 연조(soft ray)로 이루어져 있다. 지느러미의 기조 수는 항상 일정하여 분류의 중요한 기준이 된다(〈그림 5〉 참조).

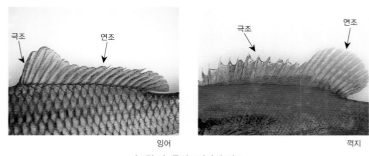

잉어   꺽지

〈그림 5〉 등지느러미의 기조

체측의 반점도 다양한데, 체측 몸통 앞쪽에서 꼬리지느러미 기부까지 줄무늬가 길게 나타나는 종대형(striped), 등 쪽에서 복부로 수직으로 이어지는 횡반형(cross band), 체측에 반점이 이어지는 점열형(spotted)으로 구분된다. 지느러미에도 여러 가지 반점이 있다(〈그림 6〉 참조).

종대형   횡반형   점열형

〈그림 6〉 물고기의 체측 반문형

아가미의 새궁(gill arch) 바깥쪽에는 새엽(gill filaments)이 있고, 그 안쪽에는 새파 (gill raker)라고 하는 골질돌기가 있다(〈그림 7〉 참조).

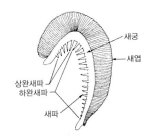

꺽지의 아가미

〈그림 7〉 경골어류의 아가미 구조

경골어류 가운데 잉어과 어류의 인두골(pharyngeal bone)에 발달된 이빨을 인두치 (pharygeal teeth)라고 한다. 인두치의 수와 모양 및 배열상태는 분류학적으로 중요한 형 질이다(〈그림 8〉 참조).

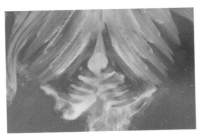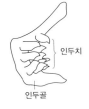

〈그림 8〉 잉어과의 인두골과 인두치(염색)

4. 민물고기의 서식 환경

　민물고기가 서식하는 물 속 환경은 물길의 경사, 유속, 수심, 바닥의 상태, 수생 식물과 먹이 생물의 풍부성, 수질과 염분 등의 정도에 따라 구분되기도 하지만, 일반적으로 강의 상류, 중류, 하류, 그리고 댐, 호와 저수지 및 실개천으로 나누기도 한다.

- **계류** : 강 상류가 시작되는 최상류의 계류는 경사가 심하여 물살이 매우 **빠르고**, 물 길이 자주 굽어지면서 여울과 웅덩이가 반복된다. 버들치, 버들개, 금강모치, 퉁가 리, 자가사리, 열목어, 둑중개, 미유기 등이 살고 있다.

- **상류** : 계류에 이어지는, 경사가 비교적 완만한 하천 상류는 물길이 S자 모양으로 굽 어지면서 깊은 웅덩이와, 물살이 매우 **빠르며** 큰 돌과 자갈 바닥으로 이루어진 여울 이 길게 나타난다. 수온은 비교적 낮고 용존 산소가 많아 어류 서식에 좋은 조건을 지니고 있다. 쉬리, 어름치, 꺽지, 쏘가리, 배가사리, 종개, 새코미꾸리, 꼬치동자개, 돌상어, 꾸구리, 감돌고기, 눈동자개 등이 산다.

- **중류** : 하천의 유폭이 넓어지고 유량이 많은 수역으로, 작은 자갈이 많이 깔린 여울 과, 모래와 진흙이 섞인 깊고 넓은 웅덩이가 천천히 흐르는 물로 이어진다. 우리 나 라 하천에 가장 흔한 피라미와 갈겨니를 비롯하여 붕어, 참마자, 모래무지, 돌고기, 돌마자, 끄리, 참종개, 기름종개, 동자개, 동사리, 밀어, 각시붕어, 납자루, 줄납자루 등의 다양한 물고기가 많이 산다.

- **하류** : 강폭이 넓어지고 굴곡이 없이 반듯하게 흐르는 동안 물 흐름이 약간 빨라지면 서 바다로 이어지기 때문에 해수의 영향을 직·간접으로 받고 물 투명도도 낮다. 바 닥에는 주로 모래가 깔려 있으나 하구에서는 진흙 바닥을 이룬다. 이 수역에서는 생 산량이 많지는 않으나 위로부터 떠내려오는 유기물이 이 곳에 사는 생물들의 먹이가 된다. 염분에 저항력이 있는 붕어, 잉어, 가물치, 끄리, 참붕어, 송사리, 미꾸리, 버들 붕어 등이 살고, 연안에서 주로 생활하는 숭어, 농어, 양태, 학공치, 복섬, 문절망둑, 날개망둑, 큰가시고기, 황어, 웅어 등이 산다.

- **저수지와 용수로** : 농업 용수 사용을 위한 저수지와 용수로도 어류의 좋은 서식처이 나 수위 변동이 심하여 서식처가 불안정하므로 종 다양성이 낮다. 바닥은 주로 진흙 이고, 투명도가 낮으며, 부영양화로 용존 산소도 낮은 편이다. 잉어, 붕어, 떡붕어, 가물치, 왜몰개, 송사리, 치리, 참붕어, 미꾸라지 등이 산다.

계류

상류

중류

하류

5. 물고기의 먹이생물

물 속에는 다양한 동식물이 살고 있는데, 이들은 모두 물고기의 중요한 먹이 생물이면서 동시에 물고기와 함께 하천의 생태적 기능을 담당하고 있다.

육지와 접해 있는 하천 가장자리에서는 부들, 말, 가래, 검정말, 개구리밥, 연꽃 등의 수생 식물이 물고기의 산란 장소와 피난처가 되기도 하지만, 이들의 유기물 조각은 잉어과와 미꾸리과 어류의 먹이가 되고, 특히 살아 있는 식물체는 초어의 중요한 먹이 자원이다.

하천의 물 속에 있는 자갈 바닥이나 큰 돌 표면에는 부착 조류가 붙어 있고, 물 표층에는 식물성 플랑크톤이 떠 있는데, 이것을 현미경으로 관찰하면 장구말, 반달말 등 녹조류와 돌말 등의 규조류, 염주말 등의 남조류가 있어 피라미아과와 모래무지아과 대부분 어류의 먹이 생물이 된다.

또, 물에 떠서 사는 미소한 동물성 플랑크톤인 원생동물, 윤형동물, 물벼룩 등의 다양한 종류는 생물학적으로 매우 흥미 있는 생활 습성을 가지면서 갈겨니, 쉬리, 좀구굴치 등의 먹이 생물이 된다. 그리고 바닥에 기어다니면서 사는 플라나리아, 다슬기, 조개, 수생 곤충의 유충, 환형동물, 새우류 등은 어름치, 꺽지, 쏘가리 등의 먹이 생물로서 하천 생태계의 에너지 흐름과 물질 순환뿐만 아니라 하천 정화 기능에도 기여한다.

수서 곤충 유충

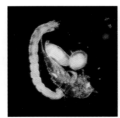
수서 곤충의 깔따구 유충 등

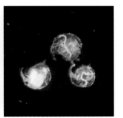
동물성 플랑크톤

수서 곤충 유충

부착 조류

6. 물고기의 성장과 산란 습성

물고기가 수정된 알에서 부화하여 성어가 될 때까지 6단계로 구분한다.
- **전기 자어**(pre-larva) : 부화 직후부터 난황 흡수를 끝마칠 때까지의 어린 개체
- **후기 자어**(post-larva) : 난황 흡수 직후부터 각 지느러미 기조가 정수로 될 때까지의 어린 개체
- **치어**(young 혹은 juveniles) : 후기 자어 이후 물고기의 겉모양은 잘 나타나지만 반문과 체색 등이 성숙한 개체와는 구별되는 어린 개체
- **미성어**(immature) : 체형, 반문, 체색 등은 성어와 거의 같으나 생식소가 성숙하지 않은 개체
- **성어**(adult) : 생식소가 완전히 성숙하여 생식 능력을 갖춘 개체
- **노어**(senility) : 생식소가 폐쇄되어 산란기가 되어도 산란이나 방정이 되지 않는 시기의 개체로, 몸 색깔이 퇴색하거나 비늘이 탈락된다.

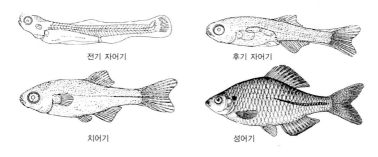

전기 자어기   후기 자어기

치어기   성어기

〈그림 9〉 각시붕어의 성장 단계

대부분의 물고기가 성장하면 생식소가 성숙하여 산란기를 맞이한다. 물고기의 산란은 종류에 따라 산란 습성도 아주 다르다. 잉어나 붕어는 수초가 무성한 곳에 산란하고, 쉬리나 수수미꾸리는 여울의 자갈이 있는 곳에 알을 붙인다. 연어와 송어는 바다에 살다가 산란기에 강으로 올라와 자갈을 파서 그 곳에 산란과 방정을 한 후 암컷이 모래와 자갈로 덮으면 그 곳에서 발생되지만, 뱀장어는 강에서 오랫동안 살다가 바다 깊은 곳으로 내려가 산란 부화하여 어린 새끼로 강에 올라온다. 가물치나 버들붕어는 거품을 내어 물 표면에서 산란하고, 납자루나 중고기는 암컷이 산란기에 민물조개 속에 긴 산란관을 내어 산란하면 수컷이 따라와 그 곳에 방정한다. 밀어, 검정망둑은 물 속에 있는 돌 아랫면에 산란하고, 문절망둑은 모래 진흙 속에 구멍을 깊게 파서 산란하며, 큰가시고기나 가시고기는 수컷이 수초 뿌리나 풀로 둥지를 만들고 그 속으로 암컷을 유인하여 산란을 유도한다.

칠성장어목
Petromyzontiformes

칠성장어과
Petromyzontidae

칠성장어과는 전세계의 온대 담수역과 연안에 6속 41종이 알려져 있다 (VLADYCOV *et al*., 1982 ; HOLICK, 1986). 그 가운데 32종은 담수에만 서식 하고 18종은 기생성이다(NELSON, 1994). 수명은 변태 기간을 포함하여 2~5년이다. 몸은 뱀장어처럼 가늘고 긴 원통형으로 비늘이 없다. 턱이 없 는 둥근 입은 빨판 모양이고, 입천장이나 혀에는 여러 모양의 각질치가 있 다. 등지느러미는 2개로 분리되고, 짝지느러미는 없으며, 일생 동안 척색 을 지니고 연골로 된 골격계를 가진다. 7쌍의 새공이 있고, 아가미는 새낭 속에 있다. 유생(ammocoetes)은 하천이나 호수 등의 진흙 바닥 속에 사는 데, 눈은 있으나 피부에 묻혀 보이지 않는다. 유생은 입이 누두상으로 이빨 은 없다. 성체가 되면 입은 둥근 흡반형으로 그 안에는 여러 개의 잘 발달 한 각질치가 있다. 칠성장어와 같은 기생성은 다른 물고기 피부에 흡반형 입을 부착하여 각질치로 숙주의 피부를 갉아 피를 빨아먹는다. 담수에만 사는 비기생성은 변태 후 섭식하지 않고 산란이 끝나면 죽는다.

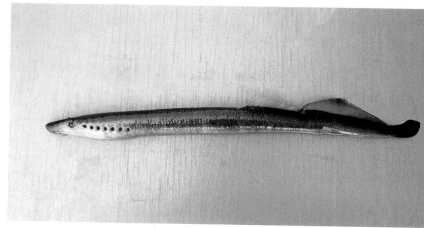

칠성장어

1. 칠성장어

Lampetra japonica
(MARTENS, 1868)
·············· <칠성장어과>

영명⇒ arctic lamprey
전장⇒ 40~50cm

형태⇒ 몸은 뱀장어 모양으로 짝지느러미가 없고, 눈 뒤에는 새공이 7쌍 있다. 비공은 머리 등 쪽에 있고 구강과 연결되어 있지 않다. 턱은 없고 흡반 모양의 입가에 돌기가 있다. 제1등지느러미와 제2등지느러미가 분리되어 있다. 대체로 이빨은 잘 발달되어 있으며, 상구치판(supra-oral laminae)은 2개의 첨두로 되어 있고, 하구치판(infra-oral laminae)은 6~7개의 첨두를 가진다. 몸 등 쪽은 옅은 청색을 띤 진한 갈색이지만 배 쪽은 색이 없다. 꼬리지느러미 가장자리는 갈색 혹은 검은색 색소가 심하게 침적되어 있으나 제2등지느러미는 희미하다.

생태⇒ 바다에서 2~3년을 지내는 동안 다른 어류의 몸에서 피를 빨아 먹고 성장한 후, 5~6월에 강으로 올라와서 모래와 자갈이 깔려 있는 강바닥에 산란한다. 유생은 4년 정도 하천 중·하류 진흙 속에 살면서 밤에 유기물이나 부착 조류를 먹는다.

분포⇒ 동해안으로 유입되는 하천과 낙동강에 출현하고, 일본 중·북부와 시베리아 헤이룽강 수계, 사할린 및 북아메리카에 분포한다.

참고⇒ 현생 어류 가운데 가장 원시적인 분류군으로 학술적으로 중요한 연구 재료이다. *Lampetra* 6아속 가운데 이 종은 *Lethentron* 아속에 해당한다. 칠성장어는 물 속에 사는 다른 물고기 피부에 흡착하여 기생하므로 많은 피해를 주고 있다. 비타민 A가 많이 함유되어 있어서 일부 지역에서는 식용 혹은 약용으로 이용된다.

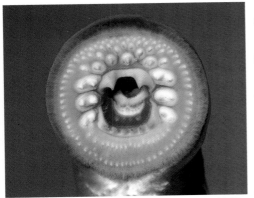

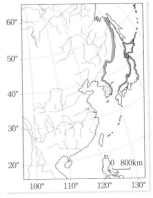

구흡반

서식지(강원 양양 오색 약수)

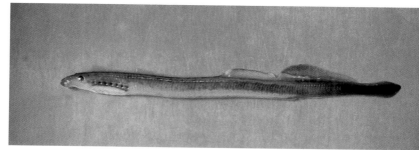

다묵장어

2. 다묵장어

Lampetra reissneri
(DYBOWSKI, 1869)
············ <칠성장어과>

영명⇒ Far Eastern
brook lamprey
방언⇒ 모래칠성장어
전장⇒ 15~20cm

구흡반

형태⇒ 몸은 뱀장어 모양으로 가늘고 길며, 눈 뒤에는 새공이 7쌍 있다. 빨판으로 된 입은 둥글고 턱이 없으며, 구강과 혀에는 각질치가 있다. 머리의 등 쪽에는 1개의 외비공이 있으나 구강과 연결되어 있지 않다. 제1등지느러미와 제2등지느러미 및 꼬리지느러미는 연접되어 있으며, 짝지느러미는 없다. 상구치판(supra-oral laminae)은 짧고 둔하며, 양 쪽에 2개의 첨두로 되어 있다. 내측 순치(inner lateral teeth)는 각각 3개씩이며, 모두 2개의 첨두를 가지고 있으나 매우 무디고 둥글다. 하구치판(infra-oral laminae)에는 6~8개의 둔탁한 첨두가 연속되어 있다. 하순치는 19~23개가 일렬로 배열되어 있으며 흔적적인 반면에, 상순치에는 17~23개의 작은 이빨이 있다. 몸의 등 쪽은 진한 갈색 혹은 옅은 갈색이며, 배 쪽은 색이 없다. 꼬리지느러미에 약간 검은 반점이 있다. 산란기가 되면 지느러미는 황갈색으로 변한다.

생태⇒ 다묵장어는 육봉형으로 일생 동안 주로 모래가 있는 작은 개울의 중·상류나 저수지 등 물 흐름이 정체된 곳에서 서식한다. 산란기는 4~6월이고, 모래나 자갈이 깔린 강바닥에 웅덩이를 파고 산란한다. 알에서 부화한 유생은 강바닥의 모래 속에 묻혀 살면서 그 곳에 있는 유기물을 걸러 먹는다. 유생 기간은 3년 이상으로, 4년째의 가을과 겨울에 걸쳐 변태하여 성어가 된다. 성어는 전혀 먹지 않고, 낮에는 모래 속에 숨어 있다가 밤에만 활동한다. 변태 직후 전장은 14~19cm이고, 산란과 방정이 끝나면 곧 죽는다.

분포⇒ 제주도를 제외한 한강 이남 전 지역의 하천과 저수지 및 중국 북부(헤이룽강), 일본 연해주 및 사할린 등지에 분포한다.

참고⇒ 턱이 없는 원시 척추동물로서 학술적으로 주목되지만, 최근 수질 오염과 개발로 개체 수가 격감되고 있어 매우 희귀하다. 환경부의 보호 야생 동식물로 지정된 종으로, 서식지와 집단의 보호를 위한 방안이 요구된다.

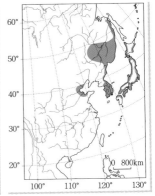

칠성장어과(Petromyzontidae)

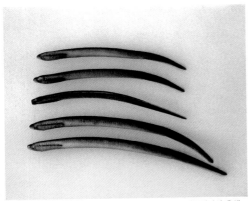

다묵장어의 유생

한강 다묵장어

서식지(경남 거창)

33

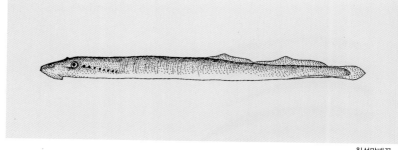

칠성말배꼽

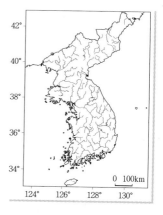

3. 칠성말배꼽

Lampetra morii
BERG, 1931

············ <칠성장어과>

방언⇒ 보천칠성장어
전장⇒ 20cm

형태⇒ 몸 모양은 다묵장어와 비슷하지만 외측 순치가 발달되어 있다. 하구치판이 9~10개이다. 제1등지느러미와 제2등지느러미가 분리되어 있다. 몸 등 쪽과 체측은 회갈색이고, 몸 앞쪽과 복부는 황백색을 띤다.

생태⇒ 겨울 얼음이 얼 때부터 봄 해빙기까지 압록강 지류인 자성강 하류의 진흙 속에 모여들어 겨울을 지낸다. 봄부터 가을까지는 압록강 중·상류에 산다.

분포⇒ 압록강(자성강)에 분포한다.

척추동물의 기원

고생대의 캄브리아기에 현재 지구상에 살고 있는 많은 무척추동물의 종류들이 살고 있었다는 것은 화석으로 알 수 있다. 척추동물의 최초의 화석은 약 4억 5000만 년 전 북아메리카 오르도비스기 중기의 암석 속에서 발견된 턱이 없는 원구류의 일종인 갑피류(Ostracodermes)의 갑피 조각이다. 갑피류의 만족할 만한 모습을 갖춘 화석은 약 4억 년 전에 해당하는 실루리아기 후기의 암석에서 처음으로 나타났다. 현생 원구류인 칠성장어의 화석이 알려진 것은 거의 3억 년 전의 중기 펜실베이니아 지층에서 발견되었지만, 골판을 지닌 갑피류의 화석은 데본기 이후 지층에서는 발견되지 않는 점으로 보아 모두 절멸되었다고 본다.

철갑상어목
Acipenseriformes

철갑상어과
Acipenseridae

철갑상어는 몸이 육중하고 길어서 원통형에 가까운 모양으로 주둥이는 단단하고 뾰족하며, 주둥이 아래쪽에 4개의 수염이 있다. 몸통에는 골판 모양의 경린이 등 쪽에 1열, 측면에 2열, 복측면에 2열 등 모두 5열이 배열되어 있다. 어린 개체의 경린은 예리하고 뚜렷하지만, 성장함에 따라 밋밋해지고 어떤 종은 몸으로 흡수되어 차츰 사라진다. 머리는 골판으로 덮여 있어 단단하고, 몸을 지지하는 척색이 꼬리지느러미의 상엽까지 확장되어 꼬리지느러미는 부정형을 이룬다. 배지느러미는 복부에 있고 진정한 극조는 없다. 등지느러미와 뒷지느러미는 몸 후방의 같은 위치의 위아래에 있다.

온대의 연안과 담수에 서식하는데, 해산형도 담수에 산란한다. 철갑상어는 소하성이다. 전세계적으로 4속 23종이 알려졌으나 국내에는 1속 3종 (철갑상어, 칼상어, 용상어)이 분포한다.

철갑상어

4. 철갑상어

Acipenser sinensis
(GRAY, 1834)
············· <철갑상어과>

영명⇒Chinese
sturgeon
방언⇒줄철갑상어
전장⇒130cm

형태⇒ 몸은 긴 원통형으로 주둥이는 길고 뾰족하며, 입은 주둥이 아래쪽에 있다. 4개의 수염이 있다. 이빨은 없고, 등지느러미 연조 수 50~57개, 뒷지느러미 연조 수 32~40개이다. 등지느러미는 배지느러미의 뒤에 있고 꼬리지느러미는 부정형이다. 등 쪽 비늘 수 10~17개, 체측 비늘 수 29~45개, 배 쪽 비늘 수 8~15개이다. 머리와 몸은 청회갈색, 배 쪽은 회백색이다.

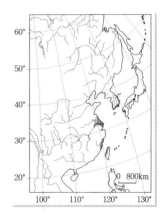

생태⇒ 회유성 어류로 산란기에는 큰 강에 나타난다. 수서 곤충, 조개, 게 및 어린 물고기 등을 먹는다. 만 10년 이상 된 성어는 자갈이 깔려 있는 여울에서 산란과 방정을 한다. 중국 양쯔강에서는 산란기가 10~11월이고, 산란장은 바닥에 자갈이 깔려 있는 여울이다. 수정란은 수온 17~18℃에서 5~6일 만에 부화되는데, 부화 직후 전장은 1.2~1.4cm이다.

분포⇒ 서해 연안으로 유입하는 한강, 금강(군산), 영산강(목포), 여수 및 울산 등의 하천 주변 하구에 가끔 출현하였으나, 최근에는 수질 오염과 개발로 인하여 매우 희귀해졌다. 일본 규슈 연안과 중국 남부 연해에서 서식한다.

철갑상어 머리 부분

철갑상어 머리의 등 쪽 면

서식지(금강 하구둑)

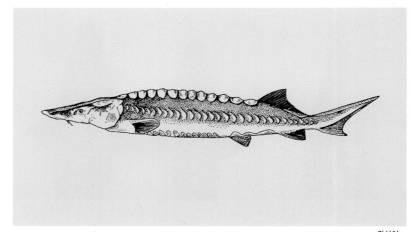

칼상어

5. 칼상어

Acipenser dabryanus
DUMERIL, 1868

·········· <철갑상어과>

영명⇒ daburian grant
sturgeon
방언⇒ 칼철갑상어
전장⇒ 250cm

형태⇒ 몸 모양은 철갑상어와 비슷해서 가늘고 길며, 횡단면은 오각형이고 피부는 전면에 과립이 흩어져 있어 거칠다. 머리는 작은 편이고, 주둥이는 비교적 짧다. 등지느러미 연조 수 49~59개, 뒷지느러미 연조 수 27~29개, 체측 골판 수 29~39개, 배측 골판 수 10~12개, 복측 골판 수 8~15개이다. 머리와 몸 등쪽은 회백색이고, 지느러미는 청회색이다.

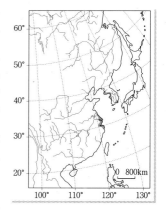

생태⇒ 큰 강의 깊은 곳에 서식하면서 주로 수서 곤충이나 조개, 실지렁이 등을 먹는다.

분포⇒ 압록강(신의주), 대동강(평양), 한강(마포), 금강(군산) 하구에서의 출현 기록이 있다. 북중국, 황허, 양쯔강 일대에 분포한다.

참고⇒ MORI(1936)는 인천 근해와 마포 등지에서 전장 76cm, 227cm, 280cm의 3마리 표본을 채집하여 보고한 바 있으나, 그 이후 표본 출현 기록은 없다.

철갑상어속 어류의 종 검색표

1a. 등지느러미 연조 수는 40개 이상이며, 배지느러미 전 골판 수는 8~15개이다.······ 2
 b. 등지느러미 연조 수는 40개 이하이며, 배지느러미 전 골판 수는 6~10개이다.········
·· 용상어(*Acipenser medirostris*)

2a. 등지느러미 연조 수는 54~60개이며, 뒷지느러미 연조 수는 30개 이상이다. 새
 파 수는 12~24개로 다소 드물게 배열되고, 어린 개체는 피부에 광택이 난다.········
··· 철갑상어(*A. sinensis*)
 b. 등지느러미 연조 수는 49~59개이며, 뒷지느러미 연조 수는 30개 이하이다. 새
 파 수는 30~59개이며, 어린 개체의 피부는 조밀하다. ········ 칼상어(*A. dabryanus*)

철갑상어와 인간

철갑상어류의 일부는 바다에서 생활하다가 담수에서 번식하는데, 일생을 담수에서
보내는 종도 있다. 과거에는 북아메리카와 러시아 사람들에게 철갑상어는 귀중한 자원
이었다. 비늘은 깎는 도구로, 기름은 약으로, 고기는 식량으로, 알은 캐비아로서 이용되
었다. 1885년까지 수천 마리의 철갑상어가 어획되었으며, 2000톤 이상의 훈제된 철갑
상어가 미국 오하이오 주에서 여러 도시로 팔려 나갔다.

철갑상어의 알인 캐비아 거래의 중심지는 러시아의 카스피해 연안이다. 이 지역에서
는 200년 동안이나 대량으로 어획되었기 때문에 1900년이 되자 자원이 급격히 감소되
었다. 1950년대에 철갑상어의 양식장을 조성하여 하천에 방류함으로써 개체 수가 증가
되었으며, 현재 러시아에서는 철갑상어의 어획을 금지하여 보존하고 있으나 환경의 끊
임없는 변화로 많은 종이 위험한 상황에 놓여 있다.

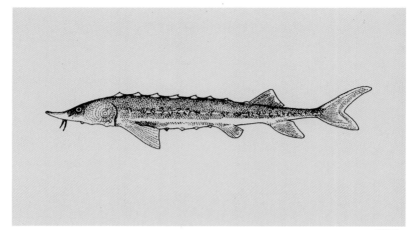

용상어

6. 용상어

Acipenser medirostris
AYRES, 1854

·········· <철갑상어과>

영명⇒ green surgeon
방언⇒ 철갑상어
전장⇒ 150cm

형태⇒ 몸은 긴 원통형이며, 주둥이는 끝이 뾰족하다. 입 주변에는 4개의 수염이 있다. 이빨은 없고 등지느러미는 몸 뒤쪽에 있다. 등지느러미 연조 수 36~40개, 배측 골판 수 7~8개, 배측판과 체측판 사이에는 약 14개의 별 모양 인판이 불규칙하게 늘어서 있다. 등 쪽은 청회색, 배 쪽은 담황색, 몸통 중앙에는 청회색 띠가 있다.

생태⇒ 어린 개체는 바다 연안과 강 하구에 살다가 성어가 되면 6월경 떼지어 강으로 거슬러 올라와 모래와 자갈 바닥이나 수초가 있는 곳에 산란한다.

분포⇒ 국내에서는 동해 연안(원산, 웅기)에 출현 기록이 있다. 국외에서는 일본 북해도 동북 지방, 사할린 연해주, 알래스카 및 북부 캘리포니아 등지에 분포한다.

참고⇒ 어육은 닭고기 비슷하다. 러시아와 유럽 사람들은 알과 난소를 소금에 절여 먹는다.

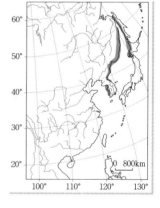

40

뱀장어목
Anguilliformes

뱀장어과
Anguillidae

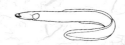

　몸은 뱀과 같은 원통형으로 가늘고 길다. 위턱에는 이빨이 있고, 꼬리 지느러미의 끝은 뾰족하다. 등지느러미는 길고, 뒷지느러미도 많은 기조로 되어 길지만 등지느러미보다는 짧다. 가슴지느러미와 배지느러미 지대(肢帶)는 없다. 가슴지느러미는 체측 중간부에 위치하며, 그 기부는 수직 방향 이다. 비늘은 작고 둥근 모양으로 피부에 매몰되어 있다. 새파와 유문수는 없다. 부레는 식도 부분과 작은 관으로 연결된 유관표로 되었고, 척추골 수 가 많다. 발생 초기에 바다에서 민물로 올라와 대부분의 기간을 보내다가, 바다에 내려가 산란을 마친 뒤 그 곳에서 죽는다. 우리 나라, 일본, 중국 및 해남도, 오스트레일리아 등의 담수와 연안에 분포한다. 전세계의 온대 바다에 널리 분포하는 어류로, 해산이 대부분이지만 담수에서 많은 기간을 생활하는 종류도 있다. 전세계적으로 온대와 열대에 1속 15종이 알려져 있 는데, 우리 나라 담수역에는 뱀장어와 무태장어의 2종이 서식한다.

뱀장어

7. 뱀장어

Anguilla japonica
(TEMMINCK and
SCHLEGEL, 1846)
·············· < 뱀장어과 >

영명⇒ eel
전장⇒ 60~100cm

형태⇒ 몸은 가늘고 길며 원통형이지만 꼬리는 옆으로 납작하다. 미세한 원린이 몸에 깊이 묻혀 있고 옆줄이 뚜렷하다. 턱에는 1줄의 미세한 이빨이 있다. 하악은 상악보다 길고 등지느러미의 기점은 몸의 중앙부에 있다. 배지느러미는 없으며, 등지느러미, 뒷지느러미 및 꼬리지느러미는 서로 연결되어 있다. 체색은 서식처에 따라 다르지만 보통 등쪽은 암갈색 혹은 흑갈색이고, 배 쪽은 은백색이나 연한 노란색이다. 성숙하여 바다로 내려가는 뱀장어는 몸이 짙은 검은색으로 변하고, 체측은 옅은 황금색 광택을 낸다.

생태⇒ 거의 모든 담수의 온난한 수역에서 서식한다. 육식성으로 새우, 게, 수서 곤충, 실지렁이, 어린 물고기 등 거의 모든 수중 동물을 먹는다. 낮에는 굴 속, 돌 밑, 진흙 속에 숨어 있고 주로 밤에 활동한다. 수온이 14℃ 이하로 떨어지면 식욕이 감퇴하고, 진흙 속이나 굴 속에서 월동하며, 4~5월부터 활동을 시작한다. 필리핀과 마리아나 제도 사이의 서태평양 해역에서 4~6월경 산란하여 이듬해 2~4월경 우리 나라 각 하천 연안에 실뱀장어로 올라와 암컷은 4~5년, 수컷은 3~4년 걸려 성숙한다. 성숙한 개체는 9월 중순~10월 중순 사이에 하천 하구를 통하여 깊은 바다로 내려간다.

분포⇒ 삼척 오십천 이남의 동해안과 서해안으로 유입되는 하천 및 일본, 중국, 타이완 및 베트남 등에 분포한다. 최근에는 강 하구와 하천에 대형 댐이 축조되어 상류로 올라가지 못하여 서식 범위가 축소되고 있다.

참고⇒ 식용으로 많이 이용되며, 바다에서 올라오는 실뱀장어를 포획하여 양식에 이용한다.

뱀장어-송호복 박사 제공

동진강 하구 실뱀장어잡이

뱀장어의 산란장은 어디인가?

뱀장어는 식용으로 많이 이용되고 있는데, 바다에서 올라오는 실뱀장어를 포획하여 양식에 이용한다. 최근 일본 동경대 해양연구소 쓰카모토 교수 등은 뱀장어의 산란장을 찾기 위하여 지난 20년 동안 조사를 하던 중, 동북 아시아에서 약 3000km 정도 떨어진 마리아나 제도와 필리핀 사이의 서태평양 해역을 뱀장어의 산란장으로 추정하고 있다(아래 지도 참조). 산란기는 4~6월경으로 부화 후 렙토세팔루스는 반 년 동안 바다 위를 떠서 북적도 해류와 쿠로시오 해류에 실려 동북아로 이동해 오다가 대륙붕과 심해 경계지역인 대륙 사면에 이르면 몸이 원통형으로 바뀌어 바다 밑으로 가라앉아 실뱀장어로 변태한다. 이들이 쓰시마 해류를 타고 한반도까지 오면 전장 5~7cm까지 성장하여 봄철에 우리 나라 서해안과 남해안의 강 하구로 거슬러 온다.

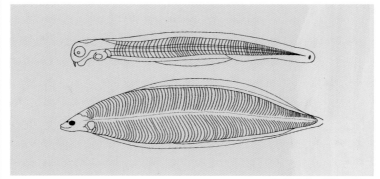

뱀장어의 렙토세팔루스 유생

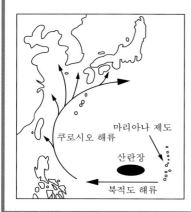

뱀장어의 회유 경로

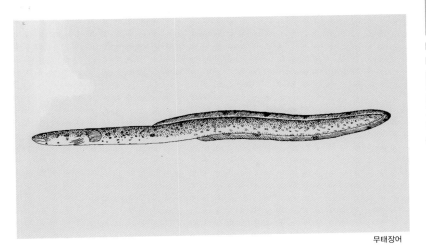

무태장어

8. 무태장어 *Anguilla marmorata* QUOY and GAIAMARD, 1824 ·············· <뱀장어과>

영명⇒ marbled eel   방언⇒ 제주뱀장어   전장⇒ 200cm

형태⇒ 몸 모양은 뱀장어와 거의 비슷하나 몸 전체에 흑갈색 얼룩 모양의 반점이 산재한다. 등지느러미 기점은 가슴지느러미 후단과 뒷지느러미 기점의 중간보다 약간 앞쪽에 있다. 하악은 상악보다 약간 돌출되었다. 몸은 황갈색 바탕에 배 쪽은 희다.

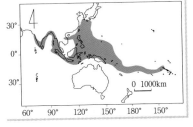

생태⇒ 5~8년간 담수에 살다가 성어가 되면 깊은 바다에 들어가 산란 부화한다. 자어는 난류를 따라 서식지인 하천에 올라온다. 주로 어린 물고기, 패류, 갑각류 및 양서류를 먹고 산다.

분포⇒ 열대성 어류로 제주도 천지연에 서식하고 있다. 일본, 타이완, 중국, 필리핀, 뉴기니, 남태평양까지 분포한다.

참고⇒ 뱀장어목 어류 가운데 가장 널리 분포하는데, 제주도의 분포는 이 종의 분포 범위 중 최북한지가 되기 때문에 학술적으로 주목되어 천연 기념물 제258호로 지정, 보호되고 있다.

청어목
Clupeiformes

멸치과
Engraulidae

　　멸치과는 상악 후단부가 매우 길어서 눈의 후단부를 훨씬 지나 새개 후
연에 이른다. 입이 아주 크고, 주둥이는 둥글고 크다. 잘 발달된 새파가 있
어 플랑크톤을 섭식한다. 100종 이상이나 되는 멸치과는 대부분 얕은 열대
혹은 난·온대에서 살며, 강 하구 근처의 기수로도 자주 간다. 멸치과 어류
는 봄과 여름에 길쭉하고 투명한 부유성 알을 많이 낳는다. 멸치류의 많은
종들은 그물이나 단단한 물체에 부딪치면 쉽게 손상되어 곧 죽는다. 우리
나라에 분포하는 멸치과에는 4속이 있으나 담수에 출현하는 종은 웅어속
에 웅어와 싱어 2종이 알려져 있다.

웅어

9. 웅어 *Coilia nasus* (Temminck and Schlegel, 1846) ················· <멸치과>

영명⇒ estuarine tapertail   전장⇒ 30cm

형태⇒ 몸은 심하게 측편되었고, 꼬리지느러미는 뒷지느
러미와 연결되었다. 등지느러미 연조 수 11~13개, 뒷
지느러미 연조 수 95~97개, 종렬 비늘 수 70~79개,
척추골 수 74~76개이다. 하악은 상악보다 짧고, 상악
의 아래쪽에는 작은 거치가 있다. 상악의 후단은 매우
길어 새막을 지나 가슴지느러미 기부에 이른다. 가슴
지느러미 상단 6개의 연조는 분리되었고, 사상으로 길
이가 매우 길어 뒷지느러미 앞부분까지 이른다. 복부
에는 예리한 인판이 있다. 살아 있을 때 몸은 전체적으
로 은백색을 띤다. 포르말린 수용액에 고정되면 머리
와 등 쪽은 청회색, 배 쪽은 은백색을 띤다.

생태⇒ 회유성 어류로 4~5월에 바다에서 강 하류로 올
라와 갈대가 있는 곳에서 6~7월에 산란한다. 부화한
어린 새끼는 여름부터 가을까지 바다에 내려가 월동한 후 다음 해에 다시 산란지에 출현한
다. 성숙되기까지 2년이 걸리며, 육식성으로 어린 물고기를 주로 섭식하지만 어린 개체는 동
물성 플랑크톤을 먹는다.

분포⇒ 서·남해 연안으로 유입되는 하천의 하류와 연안에 분포하며, 타이완과 중국에도 출현
한다.

참고⇒ 조선 시대에는 왕가에 진상할 만큼 맛이 좋은 것으로 알려져 있다.

싱어

10. 싱어

Coilia mystus
(LINNAEUS, 1758)
···················· <멸치과>

영명⇒ tapertail
anchovy
전장⇒ 24cm

형태⇒ 몸은 길고 옆으로 납작하다. 등지느러미 연조 수 13개, 뒷지느러미 연조 수 79~87개, 종렬 비늘 수 60~67개, 새파 하완 수 26~30개, 척추골 수 65~69개이다. 배 쪽 가장자리는 칼날처럼 날카롭고, 꼬리는 가늘고 길다. 상악의 후단은 가슴지느러미 밑에 도달한다. 가슴지느러미 상단에 있는 6개의 사상 연조는 서로 분리되어 길다. 등 쪽은 암청색이고 배 쪽은 황백색이다.

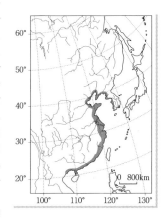

생태⇒ 4월경 강 하구에 나타나 5~8월경 기수역에서 산란한다. 하류로 떠내려오면서 성장하여 전장 3.5cm 정도가 되면 지느러미가 완성되어 8~9월경 바다로 내려가 월동한다. 주로 요각류를 먹고 산다.

분포⇒ 압록강, 대동강, 한강을 비롯한 서해와 남해안으로 유입하는 큰 강의 하류와 중국 연안에 유입하는 큰 강의 하류에 분포한다.

참고⇒ JORDAN and METZ(1913)가 부산과 인천에서 채집된 표본을 근거로 하여 *Coilia ectens*로 기재한 후, MORI(1952)는 이것을 *C. mystus*로 보고하였다. 추후 표본 검토가 요구된다.

청어과
Clupeidae

청어목 가운데 가장 큰 과로서 약 200여 종이 포함된다. 어획량이 아주 많아 경제적으로도 매우 중요하다. 지느러미에 극조가 없다. 등지느러미는 몸의 중앙부에 있고, 복부에는 대부분 예리한 비늘이 있다. 대체로 작아서 30cm 미만이며 유선형이다. 큰 떼를 이루어 생활하며, 바다 플랑크톤을 먹는다.

밴댕이

11. 밴댕이 *Sardinella zunasi* (BLEEKER, 1854) ················· <청어과>

영명⇒ big eye herring   방언⇒ 수문파리   전장⇒ 10cm

형태⇒ 몸은 심하게 측편되어 있고, 배 쪽으로 불룩하게 두드러졌다. 등지느러미 연조 수 15~17개, 뒷지느러미 연조 수 16~19개, 척추골 수 43~45개이다. 눈은 아주 크고 눈 사이에는 2개의 작은 비공이 있다. 몸에는 크고 얇은 비늘이 덮여 있으며 측선은 없다. 하악은 상악보다 전방으로 돌출되어 있으며, 상악은 짧아서 동공의 중심을 지나지 못한다. 뒷지느러미의 마지막 2 연조는 약간 길다. 살아 있을 때의 체측 상단부는 밝은 청색이며, 체측 하단부는 밝은 은백색이다. 배지느러미 복부 전후에 예리한 인판이 발달되었다.

생태⇒ 담수의 영향을 받는 기수역의 모래와 진흙이 있는 곳에서 집단으로 서식한다. 황해의 중·남부에서

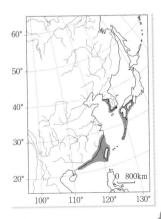

월동하고, 4~6월경 강 하구와 연안에서 수온이 16~18°C가 되면 산란한다. 알은 투명하여 물 위에 뜨고, 부화 후 만 1년이 지나면 성어가 된다. 주로 요각류와 규조류를 먹는다.

분포⇒ 서해와 남해의 연안, 일본, 남중국 및 타이완에 분포한다.

전어

12. 전 어 *Konosirus punctatus* (TEMMINCK and SCHLEGEL, 1846) ········· <청어과>

영명⇒ hickory shad 방언⇒ 빈즈미 전장⇒ 30cm

형태⇒ 몸은 측편되었고, 상악과 하악은 거의 동일하며, 눈에는 눈꺼풀이 있다. 등지느러미 연조 수 12~16개, 뒷지느러미 연조 수 17~23개, 척추골 수 48~50개이다. 가슴지느러미 상단에는 안경 크기의 검은 점이 있다. 새파는 아주 가늘고 길며 빽빽하다. 등지느러미의 마지막 연조는 사상으로 길게 뻗어 있다. 배지느러미 전후방에 복부의 인판이 잘 발달되어 있다. 살아 있을 때 체측 상단부는 담청색을 띠면서 밝은 은색의 종대 반문이 여러 열로 배열되어 있다.

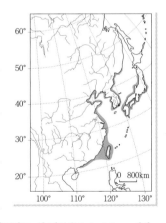

생태⇒ 내만성으로 산란기인 4~5월에는 기수역에 회유하지만 일부는 염분이 거의 없는 순 담수역까지 일시적으로 이동한다. 먹이는 대부분 식물성 플랑크톤이다. 서식에 적당한 수온은 15~18°C이고 어린 개체는 17~20°C이다. 암컷 1마리가 낳는 알은 10만~14만 개 정도이고, 알 지름은 1.4~1.6mm이다.

분포⇒ 우리 나라의 전 해역과 일본, 타이완, 중국 등지에 분포한다.

참고⇒ 우리 나라의 전 연안에서 잡히는 주요한 어업 대상종이다.

잉어목
Cypriniformes

잉어과
Cyprinidae

처음 4개의 척추골로 구성된 웨버 장치(Weberian apparatus)는 부레와 내이(內耳)를 연결하여 소리를 감지하는 데 이용된다. 상악은 전상악골과 주상악골로 되어 있다. 비늘은 원린(圓鱗, cycloid scale)이며, 인두골에 있는 인두치는 먹이 습성에 따라 구조가 약간씩 다르다. 턱과 입천장에는 이빨이 없으나 인두골에는 인두치가 있다. 동남 아시아에서 유래되었으나, 아프리카, 아시아, 북아메리카에 분포되어 세계적으로 약 2000여 종이 출현한다.

많은 종이 관상용과 식용으로 이용된다. 한국산 잉어과 어류는 6개 아과(잉어아과, 모래무지아과, 납자루아과, 강준치아과, 황어아과, 피라미아과)로 구분되고, 66종이 포함된다.

잉어

13. 잉어 *Cyprinus carpio* LINNAEUS, 1758 ······························ <잉어아과>

영명⟹carp 전장⟹50~100cm

형태⟹ 몸은 길고 옆으로 납작하며, 비늘은 크 고 기왓장처럼 배열되어 있다. 등지느러미 연 조 수 19~21개, 뒷지느러미 연조 수 5~6개, 측선 비늘 수 33~38개이다. 머리는 원추형 이고, 주둥이는 둥글며, 그 아래에 입이 있다. 입수염은 2쌍으로 뒤쪽의 것은 굵고 길어서 눈의 지름과 같거나 약간 길지만, 앞쪽의 것 은 가늘고 짧아서 눈 지름의 1/2 혹은 2/3 정도이다. 인두치는 3열이다. 측선은 완전하

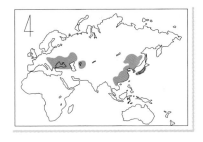

고, 중앙은 배 쪽으로 약간 오목하게 들어갔다. 눈은 작고, 머리의 옆면 중앙보다 앞쪽에 있 다. 체색은 녹갈색 바탕에 등 쪽은 짙고, 배 쪽은 연하다. 등지느러미와 꼬리지느러미는 약 간 어두운 색깔을 보이나 그 이외의 지느러미는 밝은 색이다. 체세포의 염색체 수는 $2n=100$ 개이다. 성숙한 개체는 암수 모두 몸 표면에 과립 모양의 추성이 있지만 수컷이 암컷보다 뚜 렷하다.

생태⟹ 큰 강 하류의 유속이 느린 수역이나 저수지 및 댐 등의 깊은 곳에서 산다. 잡식성으로 부착 조류, 조개, 수서 곤충, 갑각류, 실지렁이 및 어린 물고기를 먹는다. 산란기는 5~6월경 으로 산란 성기의 수온은 18~22°C이다. 산란은 오전에 활발히 이루어지고, 알은 수초에 붙

인다. 만 1년에 전장 10~15cm, 2년에 18~25cm, 3년에 30cm 내외가 되고, 1m 이상이
되기까지는 10년 이상이 걸린다. 3년 정도면 성적으로 성숙하게 되고, 가두어 기르면 40년
이상도 살 수 있다.

분포⟹ 우리 나라 하천, 댐 및 저수지 등의 담수 전역에 서식한다. 아시아와 유럽 대륙의 온대
와 아열대 지방에도 널리 분포한다.

참고⟹ 단위 면적당 많은 양이 생산되므로, 유럽과 아시아에서 식용으로 양식한다.

잉어

잉어

이스라엘잉어

14. 이스라엘잉어 *Cyprinus carpio* LINNAEUS ································· <잉어아과>

영명⇒ Israeli carp   전장⇒ 30~60cm

형태⇒ 외형은 잉어와 비슷하지만 체측에 있는 큰 비늘이 등 쪽과 측선이 있는 방향으로 드문드문 나 있다. 등지느러미 연조 수 18~21개, 뒷지느러미 연조 수 5개, 새파 수 21~23개, 척추골 수 37~38개이다. 비늘이 없거나 측선 혹은 몸 가장자리에만 큰 비늘이 있는 경우도 있다. 체고가 낮은 독일산 가죽잉어와 체고가 높은 이스라엘 토착 잉어와의 교잡에 의하여 개량된 잉어의 한 품종으로, 지금은 이스라엘뿐만 아니라 세계 여러 나라에서 양식하고 있다.

참고⇒ 이스라엘잉어는 성장이 빠르고 육질이 단단하며 비린내가 나지 않고 잔 가시가 없기 때문에 식용으로 많이 이용한다. 현재 우리 나라 담수 양식 어종 중 가두리 양식으로 제일 많은 양이 생산된다. 수온 20~28°C에서 먹이를 가장 잘 먹는다. 수온 10°C 이하에서는 월동에 들어가지만 월동 중에도 먹이를 먹는다.

이스라엘잉어

15. 붕어 *Carassius auratus* (LINNAEUS, 1758) .... <잉어아과>

영명⇒crucian carp   전장⇒10~30cm

형태⇒ 몸은 장타원형으로 옆으로 약간 넓적하
다. 등지느러미 연조 수 16~18개, 뒷지느러
미 연조 수 5개, 측선 비늘 수 29~31개, 새
파 수 44~52개이다. 입은 작고 약간 위로 향
하며, 입가에는 수염이 없고 인두치는 1열이
다. 측선은 완전하고 중앙은 배 쪽으로 약간
휘어져 있다. 등지느러미 기저는 두장보다 약
간 길다. 등 쪽은 녹갈색이고 배 쪽은 은백색
혹은 황갈색이다. 등지느러미와 꼬리지느러

미는 청갈색이고 다른 지느러미는 무색이다. 서식처에 따라 체색의 변화가 심해서, 흐르는
물에 사는 개체는 녹청색, 괸 물에 사는 개체는 황갈색을 띤다.
생태⇒ 환경에 대한 적응성이 크고, 하천 중류 이하의 유속이 느린 수역이나 수초가 많은 곳에
서식한다. 논의 용수로에서도 서식한다. 동물성 플랑크톤인 지각류, 요각류 및 윤충을 주로
먹는다. 산란기는 4~7월로 수초가 무성한 얕은 장소에 모여 산란한다. 산란 성기의 수온은
18°C 정도 되는 5월이다. 1년이 지나면 전장 14~16cm, 2년에 16~18cm, 3년이면 20~
23cm에 달하고, 전장 30cm가 되기까지는 10년 정도 걸린다.
분포⇒ 우리 나라에서는 담수역의 거의 전역에서 서식하며, 아시아에 널리 분포한다.

참고⇒ 1972년 일본으로부터 자원 조성용으로 도입된 떡붕어(*Carassius cuvieri*)가 국내 여러 하천과 저수지에 정착되어 붕어보다 더 우세하게 출현하고 있다. 금붕어는 붕어의 변이로 관상어로 널리 보급되어 애호되고 있다. 금붕어는 자연적인 돌연변이나 인위적인 교잡에 의하여 많은 품종이 만들어졌다. 원종은 서기 3~4세기경 중국 남부 지방에서 발견된 붉은색 붕어로, 우리 나라에는 1502년경에 도입되었다. 체형, 체색, 반문 및 지느러미 모양 등에 다양한 변이가 있다.

붕어

서식지(전북 전주)

붕어의 산란 행동

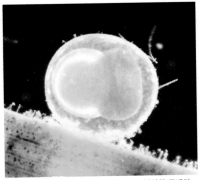

붕어의 포배기

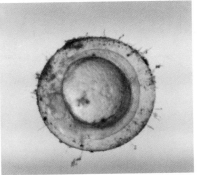

붕어의 배체 형성

붕어의 알

붕어(좌)와 떡붕어(우)의 새파 비교

염색한 붕어의 비늘

떡붕어

16 . 떡붕어

Carassius cuvieri
(TEMMINCK and
SCHLEGEL)
················· <잉어아과>

영명⇒ crucian carp
일명⇒ gengoro-buna
전장⇒ 40cm

형태⇒ 외형은 붕어와 비슷하나 체고가 뚜렷하게 높고, 머리의 앞쪽은 약간 돌출되고 납작하다. 등지느러미 연조 수 17~18개, 뒷지느러미 연조 수 5개, 측선 비늘 수 30~31개, 새파 수 84~114개이다. 입은 주둥이 끝에서 위쪽으로 향해 있으며, 입술은 얇고 수염은 없다. 측선은 완전하며, 새개 상단의 후연에서부터 꼬리지느러미 기부 앞쪽까지 연결되어 있다. 새파의 모양은 가늘고 길며 수가 많다. 체고는 등지느러미 기점 부근에서 가장 높다. 살아 있을 때 몸의 등 쪽은 회색 혹은 약간 푸른빛을 띤 회색이지만 배 쪽은 은백색이다. 등지느러미나 꼬리지느러미는 회색이지만 그 밖의 지느러미는 흰색이다.

생태⇒ 떡붕어는 저수지나 흐름이 완만한 하천 하류의 약간 깊은 곳의 중층에서 생활하나 때로 표층 가까이에서 떼지어 다니는 경우도 있다. 부화한 어린 새끼는 처음에 동물성 플랑크톤을 먹다가 차츰 부착 조류를 먹고, 성어는 주로 식물성 플랑크톤인 녹조류와 규조류를 섭식하지만, 때로는 식물체 조직도 소화관 내용물에서 나타난다. 산란은 붕어의 산란 성기인 5~6월과 거의 비슷하거나 이보다는 약간 빠르게 시작된다고 본다. 전장 30cm의 암컷 개체는 76,271개의 알을, 전장 38cm의 암컷 개체는 149,396개의 알을 가지고 있고, 알의 지름도 붕어에 비하여 작아서 1.31~1.41mm이다. 붕어보다 성장이 빨라서 만 1년에 10cm, 2년이면 15~17cm, 3년이면 25cm로 자라고, 5~6년이 지나면 40cm를 넘는다.

분포⇒ 일본 비와 호(Biwa Lake)가 원산이나 일본 전역에 이식되었고,

국내에도 이식 정착되어 저수지와 대형 댐의 여러 곳에 우점적으로 분포한다.

참고⟹ 1972년에 일본으로부터 이입되어 전국 하천과 저수지에 방류, 현재는 전국의 저수지 및 댐에 정착되어 재래종 붕어보다 우세하게 출현하고 있다.

떡붕어

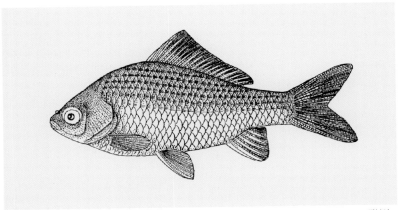

떡붕어

초어

17. 초어 *Ctenopharyngodon idellus* (Cuvier and Valenciennes) …… <잉어아과>

전장⇒ 50~100cm

형태⇒ 몸은 길지만 옆으로 납작하지는 않다. 등지느러미 연조 수 7개, 뒷지느러미 연조 수 7~8개, 측선 비늘 수 38~40개, 새파 수 16~19개이다. 머리 앞쪽이 넓고, 머리 아래쪽에 입이 있다. 입수염은 없고 인두치는 2열이다. 등지느러미는 약간 둥글고 그 기점은 배지느러미보다도 약간 앞쪽에 있다. 새개골에는 방사 줄무늬가 있다. 측선은 완전하고 아래쪽으로 완만하게 굽어 있으며, 미병부 중앙을 따라 지난다. 새파는 짧고 그 간격은 넓다. 몸 등 쪽은 회갈색, 체측과 복면은 은백색이다. 모든 지느러미는 약간 검게 보이고, 비늘의 기부는 진한 갈색이다.

생태⇒ 습성은 잉어류와 비슷하여 15~30℃에서 활발히 움직이고, 수초나 육상의 부드러운 식물의 풀 또는 나뭇잎을 잘 먹는 초식성이다. 산란 성기는 6월 하순~7월 상순으로 수온이 18~24℃가 되는 하천 상류의 모래나 진흙이 깔린 바닥을 산란장으로 선택한다. 암컷 1마리당 포란 수는 50만~80만 개 정도이고 100km 정도를 아래로 떠내려오면서 부화한다. 수정 후 42~45시간 만에 부화한다(19.5~22.0℃). 산소 결핍에 견디는 힘이 강하고, 양식 대상종으로 아주 양호하다.

분포⇒ 원산지는 아시아 대륙 동부로 양쯔강과 헤이룽강 등의 큰 강에서 자연 번식이 가능한 것으로 알려졌고, 중국, 베트남, 라오스 등지에 자연 분포하며, 양식 대상종으로 세계적으로 널리 분포한다.

참고⇒ 국내에서는 타이완과 일본 등지에서 도입하여 낙동강 및 소양 댐에 방류하였으나, 자연번식이 이루어진다는 증거는 아직 없다. 방류된 초어가 서식하는 동안 수중의 수초를 대량으로 섭식하기 때문에 어류 서식지를 교란시키는 등 생태계에 피해를 주고 있다. 그러나 제초를 위한 목적으로 저수지나 하천에 방류하기도 한다.

납자루아과

Acheilognathinae

몸이 매우 납작하고 체고가 높은 소형 민물고기로 전세계에 약 40여 종이 알려졌는데, 그 가운데 납줄개(*Rhodeus sericeus*) 1종만이 유럽까지 분포하고 그 나머지 종류는 한반도를 포함하여 중국 대륙, 시베리아 남부, 베트남 북부, 일본 및 타이완 등지에 분포한다. 납자루아과 암컷은 산란기에 긴 산란관을 내어 민물에 사는 조개류의 새강 안에 산란하고, 알은 그 곳에서 부화하여 자유 유영기가 될 때까지 성장한다. 수컷은 매우 화려한 혼인색을 내는 특성이 있다. 이 종류는 형태적으로 아주 다양하여 분류학적으로 논란이 많다. 우리 나라에 분포하는 납자루아과는 3속 14종이다.

흰줄납줄개(♂)

18. 흰줄납줄개　*Rhodeus ocellatus* (KNER, 1867) ·························· <납자루아과>

영명⇒ rose bitterling　방언⇒ 망성어　전장⇒ 6~8cm

형태⇒ 몸은 옆으로 아주 납작하고 체고가 높으며 체형은 타원형이다. 등지느러미 연조 수 11~12개, 뒷지느러미 연조 수 10~11개, 종렬 비늘 수 31~34개, 척추골 수 34~35개이다. 입은 아주 작고, 머리의 뒷부분은 오목하다. 입수염은 없고 입술은 얇다. 눈은 비교적 크고 머리 옆면 중앙보다 약간 앞쪽 위에 치우쳐 있다. 측선은 불완전하다. 성숙된 수컷의 주둥이

납자루아과(Acheilognathinae)

61

양 끝에는 각각 추성이 밀집된 추성반을 이루고, 산란기의 암컷은 항문 뒤에 긴 산란관을 낸다. 몸은 옅은 갈색으로 등 쪽은 짙고 배 쪽은 연하다. 살아 있을 때 몸의 옆구리 중앙의 후단부에는 청록색의 가로줄 무늬가 있는데, 앞쪽은 아주 가늘고 뒤쪽에서는 약간 굵어지다가 꼬리지느러미 기부에서는 사라진다. 산란기에 수컷은 눈, 아가미구멍의 뒤쪽, 가슴지느러미, 배지느러미, 등지느러미 및 꼬리지느러미 기부의 중앙에 적색 혹은 분홍색이 뚜렷하다. 배지느러미의 앞쪽 가장자리의 흰색 줄은 뚜렷하지 않다.

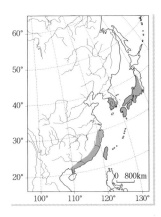

생태⇒ 유속이 완만하고 수초가 우거진 하천이나 저수지에 서식한다. 산란기는 4~6월로, 암컷의 산란관이 길어지면서 살아 있는 담수 이매패의 몸 속에 산란한다. 1년이 지나면 전장 4~5cm, 2년이 지나면 6~8cm까지 자란다.

분포⇒ 동해안으로 유입되는 하천을 제외한 전국의 담수역에 출현하며, 일본, 중국 대륙의 남부 및 타이완 등지의 동아시아 지역에도 분포한다.

흰줄납줄개

흰줄납줄개-송호복 박사 제공

서식지(전북 임실 관촌 사선대)

한강납줄개(♂)

19. 한강납줄개　*Rhodeus pseudosericeus* ARAI, JEON and UEDA

···································· < 납자루아과 >

영명⇒ hangang bitterling　전장⇒ 5~9cm

형태⇒ 몸이 납작하고 체고가 높아 옆에서 보면 타원형으로 보인다. 등지느러미 연조 수 9개, 뒷지느러미 연조 수 9~10개, 종렬 비늘 수 34~37개, 척추골 수 33~34개이다. 등지느러미의 기저는 거의 직선을 이루다가 갑자기 내려간다. 몸의 등 쪽과 배 쪽은 대칭을 이룬다. 머리는 아주 작고 주둥이는 앞으로 돌출되어 있다. 주둥이의 아래쪽에 있는 입은 아주 작고 비스듬히 위를 향해 있다. 비늘은 아주 크고 기와 모양으로 밀착되어 있다. 미병부는 측편되고 길어서 앞쪽은 높으나 뒤로 갈수록 낮아진다. 일반적으로 수컷의 체고가 높다. 성숙한 수컷은 주둥이에 추성이 넓게 밀집되어 있으나 암컷에서는 보이지 않는다. 산란기의 암컷은 항문부에 산란관이 길어진다. 몸의 등 쪽은 어두운 회갈색을 띠지만 체측 아래쪽은 은백색이다. 몸의 후반부 중앙에는 진한 청색의 가느다란 줄이 꼬리지느러미 기부까지 이어진다. 등지느러미와 뒷지느러미 기조에는 3열의 암점이 배열한다. 수컷의 등지느러미 가장자리는 다른 지느러미보다 진한 노란색을 띤다. 산란기에는 체측에 노란색이 뚜렷하다.

생태⇒ 수초나 갈대가 많고 유속이 느리고 돌이 있는 곳의 저수지나 하천에 살면서 미소한 동식물 플랑크톤 혹은 유기물을 먹는다. 산란기는 4~6월경으로 담수산 이매패의 몸 속에 산란한다. 만 1년생은 전장 4.5cm, 2년생은 5.5~6.5cm, 3년생은 7.5~8.5cm이다.

분포⇒ 한국 고유종으로, 남한강의 상류(강원 횡성과 경기 양평)에 제한 분포한다.

참고⇒ 이전에는 납줄개(*Rhodeus sericeus*)로 알려졌으나 ARAI *et al.*(2001)은 최근 분류학적 검토로 이 종을 신종으로 기재 보고하였다. 함경 북도 동해안에 분포하는 납줄개와는 표본의 비교 검토가 요구된다.

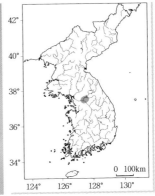

한강납줄개(우)

서식지(강원 횡성)

각시붕어(♂)

20. 각시붕어　*Rhodeus uyekii* (MORI, 1935) ⸻⸻⸻⸻⸻ <납자루아과>

영명⇒Korean rose bitterling　방언⇒남방돌납저리　전장⇒4~5cm

형태⇒ 몸은 옆으로 납작하나 체고가 그다지 높지 않아서 체형은 긴 난원형이다. 등지느러미 연조 수 8~9개, 뒷지느러미 연조 수 8~10개, 종렬 비늘 수 32~34개이다. 입은 주둥이 앞쪽 아래에 있고 하악은 상악보다 약간 짧다. 수염은 없다. 눈은 비교적 크고, 머리의 옆면 중앙보다 약간 위쪽에 있다. 측선은 불완전해서 3~4째 번 비늘까지 개공되었다. 등지느러미와 뒷지느러미 가장자리의 뒤쪽은 약간 둥글게 되었고, 꼬리지느러미의 후연 중앙은 안쪽으로 깊이 패어 있다. 성숙한 수컷의 주둥이 앞 양쪽에 추성이 밀집된 추성반이 발달한다. 산란기가 되면 암컷은 항문의 뒤쪽에 회갈색의 긴 산란관이 나온다. 살아 있을 때 몸의 등 쪽은 청갈색을 띠고, 복부는 담황색 혹은 회색을 띤다. 아가미구멍 뒤의 위쪽에는 동공 크기의 암청색 점이 있고, 등지느러미 기점의 바로 아래 중앙에서 꼬리지느러미 기부까지 암청색의 줄이 뚜렷하게 이어진다. 산란기의 수컷은 주둥이 아랫부분과 뒷지느러미, 배지느러미, 꼬리지느러미의 위와 아래쪽에 노란색이 더욱 진해지고, 등지느러미 가장자리와 꼬리지느러미의 중앙부, 뒷지느러미의 가장자리에는 선홍색의 띠가 선명해진다.

생태⇒ 유속이 완만하며 수초가 비교적 많이 있는 얕은 하천이나 저수지에 산다. 돌이나 수초에 붙어 있는 부착 조류나 미세한 동물성 플랑크톤을 먹는다. 산란기는 5~6월로, 서식처의 바닥에 사는 조개의 몸 속에 산란한다.

분포⇒ 한국 고유종으로, 서해와 남해로 흐르는 각 하천에 분포한다.

참고⇒ 관상 가치가 높다.

각시붕어

서식지(전북 완주)

떡납줄갱이(♂)

21. 떡납줄갱이　　*Rhodeus notatus* Nichols, 1929 ························ <납자루아과>

방언⇒ 돌납저리　전장⇒ 5cm

형태⇒ 몸은 측편되어 있으나 체고는 비교적 낮아서 몸
이 긴 편이다. 등지느러미 연조 수 9~10개, 뒷지느러
미 연조 수 9~10개, 종렬 비늘 수 32~33개, 새파 수
5~7개이다. 측선은 불완전해서 4째 번 비늘까지만 개
공되었다. 등지느러미와 뒷지느러미의 가장자리는 약
간 둥글게 되었고, 꼬리지느러미 뒤쪽 가장자리 중앙
은 안쪽으로 깊이 패어 있다. 등지느러미 마지막 불분
기조의 말단은 마디로 되어서 끝이 부드럽다. 등 쪽은
담갈색으로 등지느러미 앞쪽은 비교적 진하지만 배 쪽
은 담회색이다. 몸의 중앙부에는 새개 바로 뒷부분과
등지느러미 기점 바로 아래의 중간 지점으로부터 미병
부의 후단까지 이어지는 흑갈색 혹은 청흑색 종대가
있다. 새공의 위쪽 후단에는 희미한 작은 암점이 있다.

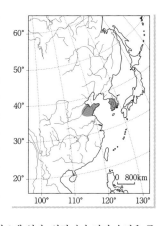

등지느러미의 앞쪽 기조부에는 흑갈색의 뚜렷한 반점이 1개 있다. 산란기가 되면 수컷은 주
둥이 밑부분, 동공의 위쪽, 등지느러미 및 뒷지느러미의 가장자리가 주홍색을 띤다. 복부는
검은색으로 뚜렷해지고, 꼬리지느러미 기부 중앙도 검은색을 띤다.

생태⇒ 흐름이 완만한 하천이나 수초가 많은 곳의 바닥 가까이에서 3월 중순~4월 중순에 우
점 출현한다. 잡식성으로 부착 조류나 플랑크톤을 먹는다. 산란기는 4~7월이다. 산란기에

암컷은 긴 산란관에서 알을 내어 담수산 이매패 몸 속에 넣은 후 새강에서 수정 발생된다.

분포⇒ 서해와 남해로 흐르는 각 하천과 그 주변의 저수지에 서식하며, 중국에도 분포한다.

참고⇒ MORI(1935)가 기재한 *Pseudoperirhampus suigensis*는 이 종의 동종 이명이다.

떡납줄갱이

서식지(전북 고산)

서호납줄갱이

22. 서호납줄갱이

Rhodeus hondae
(JORDAN and
METZ, 1913)

·················· <납자루아과>

영명⇒ seoho bitterling
방언⇒ 서호돌납저리
전장⇒ 5cm

형태⇒ 체고가 높고, 입은 아주 작아서 상악 뒤쪽 끝이 눈까지 미치지 않는다. 입수염은 없다. 등지느러미 연조 수 13개, 뒷지느러미 연조 수 11개, 종렬 비늘 수 34개이다. 꼬리지느러미는 안쪽으로 깊이 패어 두 갈래로 나뉜다. 측선은 불완전하여 체측 중앙부의 약간 뒤쪽에 이른다. 등과 배는 모두 바깥쪽으로 굽어 있다. 등지느러미 기점은 몸의 거의 중앙에 있고, 가슴지느러미와 배지느러미는 아주 작고 가슴지느러미는 배지느러미에 달한다. 몸 옆면의 등 쪽은 갈색이고 측면과 배 쪽은 밝다. 새공의 모서리 바로 뒤에는 분명한 검은 점이 있다. 등 쪽에 있는 비늘은 가장자리가 진하다. 몸의 측면 중앙의 등지느러미 기점 바로 아랫부분부터 미병부까지 뚜렷한 흑청색의 가로줄이 있는데, 너비는 동공 지름의 1/2보다 작다. 등지느러미와 뒷지느러미에는 줄무늬가 3개씩 있다.

생태⇒ 저수지나 작은 도랑에서 서식한다.

분포⇒ 한국 고유종으로, 경기도 수원의 서호에서만 출현이 보고되었다.

참고⇒ 1935년에 MORI가 수원 서호에서 채집한 이후 지금까지 채집 기록이 전혀 없어 절멸된 종으로 추정하고 있다. 이 종의 모식 표본은 현재 미국 시카고에 있는 자연사 박물관(Field Museum of Natural History)에 보존되어 있다.

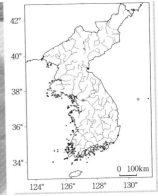

서호납줄갱이(모식 표본)

서식지(경기 수원 서호)

납자루(♂)

23. 납자루 *Acheilognathus lanceolatus* (TEMMINCK and SCHLEGEL, 1846)

<납자루아과>

영명⇒ slender bitterling   방언⇒ 끌납저리   전장⇒ 5~9cm

형태⇒ 몸은 옆으로 납작하고 체고는 비교적 낮다. 등지느러미 연조 수 9~10개, 뒷지느러미 연조 수 9~11개, 측선 비늘 수 36~39개, 척추골 수 33~36개이다. 체측에 암점은 없고, 등 지느러미 기점 아래의 후방에서 시작하는 가느다란 줄무늬가 있다. 입수염은 1쌍으로 눈의 지름보다 약간 길다. 등지느러미와 뒷지느러미의 가장자리는 거의 직선형에 가깝고, 등지느 러미의 중앙부 기조 사이의 기조막에는 방추형의 담홍색 반점이 있다. 측선은 거의 직선이 다. 수컷의 문단 양쪽에는 추성이 밀집된 추성반이 있으나 다른 종에 비하여 뚜렷하지 않다. 몸은 금속성 광택을 띠며, 은백색 바탕에 등 쪽은 청갈색이고 배 쪽은 은백색이다. 몸통의 중앙 후반부에 가느다란 청흑색줄이 미병부까지 이어진다. 등지느러미와 뒷지느러미의 가 장자리는 선홍색이다. 산란기가 되면 수컷은 몸 앞쪽의 체색이 약간 붉어지고 등 쪽은 녹청 색, 배 쪽은 보라색을 띤다.

생태⇒ 납자루류의 다른 종류에 비하여 유속이 빠르고 수심이 얕으며, 바닥에 자갈이 많이 깔 린 곳에 주로 서식한다. 작은 수서 곤충이나 부착 조류를 먹고 산다. 산란기는 4~6월로 암 컷이 담수산 이매패의 새강 속에 알을 낳으면 수컷이 바로 같은 조개에 방정, 수정시켜 조개 몸 속에서 발생 부화한다.

분포⇒ 서해와 남해로 유입하는 하천에 서식하며, 일본에도 분포한다.

참고⇒ 일본산 납자루(*Acheilognathus lanceolatus*)와는 분류학적 조사 검토가 요구된다.

일본산 납자루 – Dr. Y. Yabumoto 제공

서식지(전남 보성 문덕)

납자루(♂)

조개 속의 납자루 알

납자루의 분류학적 위치

납자루아과 어류는 소형으로 체고가 높고 혼인색이 매우 아름다우며, 민물 조개에 산란하는 습성이 있어 생물학적으로 많은 주목을 받아 왔으나 형태적 변이가 많고 자연 잡종이 빈번히 나타나고 있어 분류학적으로 논란이 많았던 어류이다.

납자루(*Acheilognathus lanceolatus*)는 TEMMINCK and SCHLEGEL(1846)이 일본 나가사키 부근에서 채집된 표본에 처음으로 명명 기재한 종이다. SUZUKI and JEON(1990)은 한국 웅천산 납자루의 개체 발생에 대한 보고에서, 웅천산 납자루의 알은 긴 방추형이지만 일본산 납자루의 알은 서양 배와 같은 모양으로 차이가 있고, 동일한 난 발생 조건에서도 한국산 납자루는 일본산에 비하여 10시간 정도 일찍 부화한다고 하였다. 그리고 한국과 일본의 두 집단을 교잡 실험한 결과 교배는 완전했고, 자어의 생존율도 높은 점으로 보아 아종 정도의 수준의 분화 단계에 있는 것으로 추정했으나, 알의 모양과 혼인색이 다른 점에서 별종이 될 가능성이 높다고 보아, 추후 면밀한 조사가 요구된다.

일본의 ARAI and AKAI(1988)는 납자루의 등지느러미 기조막 사이에 방추형의 진한 반점을 가진 점을 근거로 하여 *Tanakia*속으로 구분하고 있으나, 그 이외에 형태적 특징을 구별하기 어렵기 때문에 종전과 같이 *Acheilognathus* 속명을 사용한다.

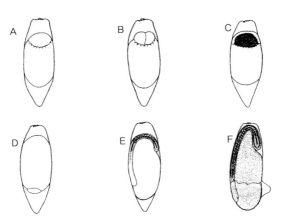

납자루의 난 발생
A. 배반 형성   B. 2세포기   C. 상실기   D. 낭배기   E. 체절 형성   F. 부화

묵납자루(♂)

24 . 묵납자루

Acheilognathus
signifer
BERG, 1907
.... <납자루아과>

영명⇒ Korean
bitterling
방언⇒ 청납저리
전장⇒ 5~7cm

형태⇒ 몸은 옆으로 납작하고 체고는 높다. 등지느러미 연조 수 8~9개, 뒷지느러미 연조 수 8~10개, 측선 비늘 수 35~38개, 새파 수 7~8개 이다. 주둥이는 둥글고 등지느러미와 뒷지느러미의 가장자리는 다른 납자루류에 비하여 둥글다. 입가에 1쌍의 수염이 있으며, 입술은 얇고 각질화되었다. 측선은 완전하며 중앙은 아래로 약간 굽었다. 암컷은 산란기에 항문 돌기 부분에 회갈색의 산란관이 길어진다. 몸은 검푸른 색을 띠는데, 등 쪽은 더욱 짙고 체측 아래쪽은 노란색을 띠며, 배 쪽의 가장자리는 검게 보인다. 등지느러미와 뒷지느러미의 기부는 회갈색이지만 중앙부는 노란색의 넓은 띠가 뚜렷하고, 가장자리는 흑갈색을 띤다. 수컷은 양쪽 가슴지느러미의 사이가 검게 보이고, 산란기가 되면 수컷의 색깔이 더욱 뚜렷해진다.

생태⇒ 하천의 흐름이 완만한 곳 또는 여울과 여울이 이어지면서 바닥은 모래와 자갈이 섞인 곳에 주로 서식한다. 동식물질을 먹고 산다. 산란기는 5~6월로, 담수산 조개의 작은 말조개(*Unio douglasiae sinolatus*) 새강에 알을 낳는다. 암컷 1마리의 복강에는 25~58개의 알이 있다.

분포⇒ 한국 고유종으로, 한강, 임진강, 대동강 및 압록강 등에 분포한다.

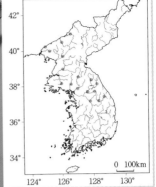

묵납자루-경상북도 내수면 시험장 제공

서식지(충북 단양 어상천)

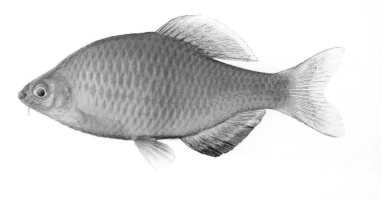

칼납자루(♂)

25. **칼납자루** *Acheilognathus koreensis* Kɪᴍ and Kɪᴍ, 1990 ·········· <납자루아과>

영명⇒ oily bitterling   방언⇒ 기름납저리   전장⇒ 6~8cm

형태⇒ 몸은 옆으로 납작하고 방추형이다. 등지느러미 연조 수 8~9개, 뒷지느러미 연조 수 10개, 측선 비늘 수 34~36개, 새파 수 8~10개, 척추골 수 29~33개이다. 체측에는 반점과 반문이 없다. 주둥이는 둥글고, 등지느러미와 뒷지느러미는 약간 둥글다. 입가에 있는 1쌍의 수염은 길고, 눈은 약간 커서 머리 옆면 중앙보다 조금 앞쪽에 있다. 등지느러미와 뒷지느러미의 마지막 불분기조는 대부분 견고하나 말단부는 유연하다. 몸은 암갈색으로 등 쪽은 짙고 배 쪽은 연하다. 등지느러미와 뒷지느러미의 기부는 암갈색이고 안쪽 가장자리는 너비가 넓은 노란색 띠가 있으며, 바깥쪽 가장자리는 가느다란 검은색 선이 있다. 꼬리지느러미도 담황색을 띤다. 산란기의 수컷은 녹색이 더욱 진해지며, 미병부에 노란색을 띤다. 등지느러미와 뒷지느러미의 바깥 가장자리의 흑갈색 띠가 더욱 뚜렷해지고, 흉복부는 노란색이 뚜렷해진다. 암컷의 산란관은 검은색이고, 산란 성기에 산란관은 길지 않다.

생태⇒ 평야부 하천의 수초가 있고 바닥에 큰 돌이나 바위가 있는 중·하층에서 작은 무리를 지어 산다. 잡식성으로 수서 곤충이나 부착 조류 등을 주로 섭식한다. 산란기는 5~6월이다. 알은 난괴를 형성한다. 담수산 이매패의 새강 속에 알을 낳으면 새강 안에서 수정, 발생하여 부화한다.

분포⇒ 한국 고유종으로, 금강 이남의 서해로 유입하는 하천과 남해로 유입하는 하천에 분포한다.

참고⇒ 이전에는 학명을 *Acheilognathus limbatus*라고 하였으나 알 모양을 비롯하여 계수, 계측 형질이 잘 구별되어 별종으로 기재, 보고되었다(Kɪᴍ and Kɪᴍ, 1990).

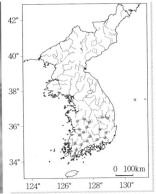

칼납자루(♂)

칼납자루(♀)와 산란관

조개 속의 칼납자루 알

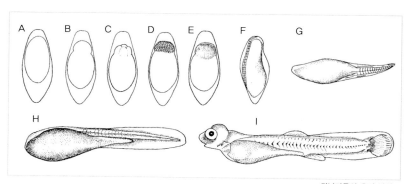

칼납자루의 초기 발생

A. 수정란　　B. 배반 형성　　C. 4세포기　　D. 상실기　　E. 낭배기　　F. 근절 형성(20체절기)
G. 부화 직후　　H. 부화 후 1일　　I. 부화 후 29일

서식지(전북 진안 마령)

임실납자루(♂)

26. 임실납자루 *Acheilognathus somjinensis* Kɪᴍ and Kɪᴍ, 1991

<납자루아과>

영명⇒ somjin bitterling   전장⇒ 5cm

형태⇒ 몸은 옆으로 매우 납작하고 방추형이며 칼납자루보다 소형이다. 등지느러미 연조 수 7~9개, 뒷지느러미 연조 수 9~11개, 측선 비늘 수 34~36개, 새파 수 9~10개, 척추골 수 29~33개이다. 체고는 비교적 높고 등지느러미와 뒷지느러미는 바깥쪽으로 둥글다. 입가에 는 1쌍의 수염이 있고 측선은 완전하며, 그 중앙은 아래쪽으로 약간 오목하게 되어 있다. 산 란기에 암컷의 산란관은 두장보다 길어서 꼬리느러미의 기부를 넘는다. 수컷은 주둥이의 위쪽과 눈 주변에 추성이 나타난다. 체측의 등 쪽은 어둡고 체측 중앙은 갈색을 띤다. 복부는 노란색 또는 무색이며, 미병부에 보랏빛을 띤다. 등지느러미와 뒷지느러미의 기부는 담색의 넓은 띠가 있고, 중앙에 너비가 넓은 검은색 띠가 있으며, 가장자리 역시 검은색 띠가 있다. 연조막에는 붉은색은 없고 노란색을 띤다. 산란기가 가까워지면 수컷은 선홍색을 띤다.

생태⇒ 수심이 얕고 진흙 바닥으로 되어 있으며, 수초가 있는 곳에 서식한다. 산란 성기는 6월 중순경으로, 8월 중순에도 완숙란을 가진 개체가 있다. 알은 각각 분리되고 난괴를 형성하지 않는다. 이 종이 출현하는 수역의 상류와 하류에서 칼납자루가 출현하지만 칼납자루보다는 산란 성기가 1개월 정도 늦다.

분포⇒ 한국 고유종으로, 섬진강 수계의 전북 임실군 수역에서만 서식이 확인되었다.

참고⇒ 임실납자루의 외형은 칼납자루와 매우 비슷하여 구별하기 어려우나, 알 모양이 임실납 자루는 둥근 마름모꼴인 데 비해 칼납자루는 긴 타원형이다.

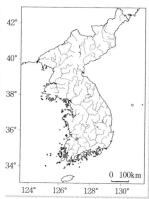

임실납자루(우)와 산란관

서식지(전북 임실 관촌)

줄납자루(♂)

27. 줄납자루 *Acheilognathus yamatsutae* MORI, 1928 ·················· <납자루아과>

영명⇒ Korean striped bitterling   방언⇒ 줄납저리   전장⇒ 6~10cm

형태⇒ 몸은 옆으로 납작하고, 체고는 납자루속 어류 가운데 가장 낮다. 등지느러미 연조 수 7~9개, 뒷지느러미 연조 수 7~9개, 측선 비늘 수 37~41개, 새파 수 8~13개, 척추골 수 31~37개이다. 주둥이는 앞으로 약간 돌출되었다. 고정된 표본은 새공 상단에 선명한 검은 점이 있으며, 여기에서부터 꼬리자루까지 검은색 종대가 있다. 등지느러미와 뒷지느러미의 가장자리는 거의 직선형에 가깝고, 꼬리지느러미 뒤쪽 가장자리도 거의 직선형에 가까우며, 꼬리지느러미 뒤쪽 가장자리의 중앙은 안쪽으로 깊이 패어 있다. 성어의 수컷은 암컷보다 체고가 높고 등지느러미와 뒷지느러미의 기조도 훨씬 길다. 또, 상악의 위쪽에 추성이 밀집된 추성반이 있고, 주둥이 측면, 안와의 아래쪽, 외비공과 안와 사이에도 추성이 줄지어 있다. 암컷은 산란기가 되면 항문 뒤쪽에서 회색의 산란관이 길게 연장된다. 살아 있는 개체의 몸은 푸른색 바탕에 등 쪽은 암색이고 복부는 은백색이다. 몸의 옆구리에는 여러 줄의 암청색 줄무늬가 있으며, 꼬리자루의 중앙을 지나는 줄무늬가 가장 길어 뚜렷하고, 앞으로는 아가미 뒤쪽 가장자리에 이른다. 등지느러미와 뒷지느러미에는 3줄의 검은색 줄무늬가 있으며, 배지느러미와 뒷지느러미의 가장자리는 흰색 광택을 띤다.

생태⇒ 물이 흐르고 하천의 바닥이 펄과 자갈이 섞여 있고 수심 30~80cm인 곳에서 주로 식물성 플랑크톤을 먹고 산다. 산란 성기는 5~6월이다. 암컷 1마리당 포란 수는 289~514개이고, 줄납자루가 알을 낳는 데 선호하는 조개는 말조개, 작은말조개, 곳체두드럭조개 등이다.

분포⇒ 한국 고유종으로, 동해로 유입하는 하천과 섬진강을 제외한 한반도 전역에 분포한다.

줄납자루

줄납자루(우)와 산란관

줄납자루(含)

84

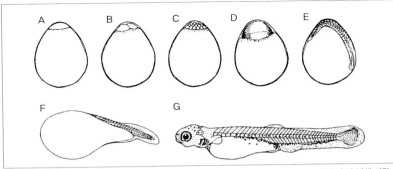

줄납자루의 난 발생 과정
A. 난황과 난막의 분리   B. 2세포기   C. 상실기   D. 배체 형성
E. 근절 형성   F. 부화 직후   G. 부화 후 20일

서식지(전북 완주 봉동)

큰줄납자루(♂)

28. 큰줄납자루

Acheilognathus
majusculus
KIM and YANG, 1998
············· <납자루아과>

영명⇒ large striped
bitterling
전장⇒ 9~11cm

형태⇒ 몸은 비교적 크고 옆으로 납작하며 체고는 그다지 높지 않다. 등지느러미 연조 수 8개, 뒷지느러미 연조 수 8개, 측선 비늘 수 37~40개, 새파 수 17~21개, 척추골 37~40개이다. 머리는 비교적 작고 주둥이는 납작하며 약간 앞으로 돌출되었다. 눈은 비교적 크고 상악은 짧다. 아래쪽에 있는 말굽 모양의 입은 비교적 크고, 수염은 안경의 반보다 약간 크다. 양안 간격은 넓고 중간이 약간 볼록하다. 비늘은 크고 원린이며, 측선은 완전하다. 등지느러미의 기점은 배지느러미의 기점보다 약간 앞쪽에 있어서 꼬리지느러미 기부보다 주둥이 끝에 더 가깝다. 등지느러미 바깥쪽 가장자리는 볼록하다. 몸은 초록색을 띠고 측선 비늘의 5~6째 번 비늘부터 꼬리지느러미 기부까지 진한 초록색 띠가 선명하다. 등지느러미와 꼬리지느러미의 가장자리는 붉고 그 안쪽은 하얗다. 배지느러미는 약간 거무스름하고 작은 검은 점이 밀집되었으나, 가장자리에 흰색 띠는 없다. 산란기 수컷의 혼인색은 뚜렷하고, 주둥이 주변에 추성이 밀집되어 있다.

생태⇒ 줄납자루와 비슷하지만 큰줄납자루는 수심이 약간 깊고(1m), 큰 돌이 깔려 있는 흐르는 곳의 바닥 가까이에 산다. 먹이는 대부분이 수서 곤충의 유충이다.

분포⇒ 한국 고유종으로, 섬진강의 모든 수역과 낙동강 일부 수역에 산다. 낙동강에서는 줄납자루와 함께 서식하지만 섬진강에는 줄납자루가 분포하지 않는다.

참고⇒ 이전에는 줄납자루로 알려졌으나 혼인색과 주둥이 모양 등의 차이로 최근에 새로운 종으로 기재, 발표되었다(KIM and YANG, 1998).

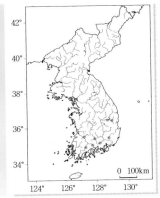

큰줄납자루(♂)

서식지(전북 임실 관촌)

납지리(♂)

29. 납지리

Acheilognathus
rhombeus
(TEMMINCK and
SCHLEGEL, 1846)
·············· <납자루아과>

영명⇒ flat bitterling
방언⇒ 납저리아재비
전장⇒ 6~8cm

형태⇒ 몸은 옆으로 납작하고 체고는 비교적 높다. 등지느러미 연조 수 11~13개, 뒷지느러미 연조 수 9~10개, 측선 비늘 수 37~39개, 새파 수 9~13개, 척추골 수 33~36개이다. 주둥이는 앞으로 돌출되어 있다. 입의 가장자리에는 수염이 있다. 새공 상단의 1~2째 번 비늘이 있는 곳에는 안경보다 약간 작은 암갈색 반점이 있고, 등지느러미 기점의 아래보다 약간 앞부분의 체측 중앙으로부터 시작하여 미병부까지는 암갈색의 종대가 있다. 측선은 완전하며, 가운데 부분은 약간 아래로 굽어진다. 등지느러미의 가장자리는 외만되어 있다. 등 쪽은 청갈색, 배 쪽은 은백색이다. 아가미뚜껑 바로 뒤에는 암청색의 작은 반점이 있다. 등지느러미와 뒷지느러미 기조의 담갈색 바탕에 2줄의 담색 줄무늬가 있다. 산란기가 되면 수컷은 등 쪽이 진한 청록색, 배 쪽이 선홍색을 띠고, 등지느러미, 배지느러미 및 뒷지느러미의 가장자리는 선홍색으로 변한다.

생태⇒ 하천의 중·하류나 저수지에 서식하며, 주로 수초의 잎을 먹고 산다. 산란기는 납자루속 어류로는 유일하게 9~11월이지만 7월에 산란하는 개체도 있다. 산란은 역시 담수산 이매패의 새강 내에서 이루어진다.

분포⇒ 동해로 유입되는 하천을 제외한 전 하천에 서식하며, 일본에도 분포한다.

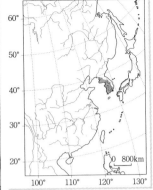

납지리

서식지(전북 완주 봉동)

큰납지리

30. 큰납지리

Acheilognathus macropterus
(Bleeker, 1871)
·········· <납자루아과>

영명⇒ deep body
bitterling
방언⇒ 큰가시납저리
전장⇒ 6~15cm

형태⇒ 몸은 옆으로 납작하고 체고가 높아 체형은 거의 둥글게 보인다. 등지느러미 연조 수 15~17개, 뒷지느러미 연조 수 12~13개, 측선 비늘 수 36~38개, 새파 수 7~8개, 척추골 수 31~34개이다. 주둥이는 뾰족하고, 입은 작고 말굽 모양이며, 입가의 수염은 흔적적이다. 등지느러미와 뒷지느러미의 기조에는 2~3줄의 불분명한 줄무늬가 있다. 측선은 완전해서 새공 상단부터 미병부 후단 중앙까지 이어지며, 측선 가운데 부분은 아래로 약간 굽는다. 미병부는 납작하고 짧으며 높다. 몸은 거의 금속 광택을 띠는 은백색으로, 등 쪽은 녹갈색, 배 쪽은 은백색이다. 살아 있는 표본은 체측에 암색 줄무늬가 나타나지만 고정된 표본은 몸의 후단부 중앙에 검은색의 줄무늬가 분명하게 보인다. 새공 상단 바로 위에 동공 크기의 불명료한 검은 점이 있고, 그 뒤쪽의 4~5째 번 비늘이 있는 곳에 동공보다 약간 큰 검은 점이 있다. 산란기가 되면 등지느러미, 뒷지느러미 앞부분은 노란색을 띠며, 가슴과 배지느러미는 담색이 된다. 뒷지느러미의 가장자리는 금속성 광택을 내는 은색 선이 나타난다.

생태⇒ 유속이 완만한 하천의 깊은 곳이나 수초가 우거진 저수지의 바닥 근처에 서식한다. 식성은 잡식성이고, 산란기는 4~6월로 담수산 이매패의 새강 안에 알을 낳는다.

분포⇒ 동해로 유입하는 하천을 제외한 전국의 하천과 저수지에 서식하며, 중국에도 출현한다.

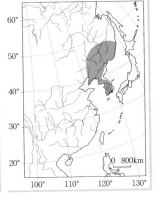

큰납지리

서식지(전남 영광)

가시납지리

31. 가시납지리

Acheilognathus
chankaensis
(DYBOWSKY, 1872)
············· <납자루아과>

영명⇒ Korean spined
bitterling
방언⇒ 가시납저리
전장⇒ 10cm

형태⇒ 몸은 측편되고 체고는 그다지 높지 않아 타원형으로 보인다. 등지느러미 연조 수 12~13개, 뒷지느러미 연조 수 10~11개, 측선 비늘 수 36~37개, 새파 수 15~18개, 척추골 수 35~36개이다. 머리는 작고 입은 주둥이의 아래쪽에 있으며, 상악은 하악보다 약간 앞으로 나와 있고 수염은 없다. 등지느러미 기조 사이의 기조막에는 작은 검은 점이 밀집된 2열의 폭넓은 암대가 있다. 수컷의 등지느러미 뒤쪽 가장자리는 밖으로 약간 볼록하게 되었고, 상악과 외비공의 앞쪽에는 2개의 추성판이 있다. 몸 전체가 금속성 광택을 보이며, 등 쪽은 약간 청록색을 띠지만 배 쪽은 차츰 옅어지면서 앞쪽은 옅은 보랏빛을 띠고 미병부의 아래쪽은 청색을 띤다. 등지느러미 기점 아래의 뒤쪽부터 미병부까지 흑갈색의 가느다란 선이 있다. 각 지느러미는 밝은 보라색을 띤다. 암컷의 산란관은 회색을 띤다. 산란기의 수컷은 복부에 검은 색 소포가 밀집되고, 배지느러미와 뒷지느러미 가장자리에는 뚜렷한 흰색 띠가 나타난다.

생태⇒ 중·하류의 물흐름이 느리고 탁하며 바닥에 진흙이 있는 곳에 산다. 생활사나 습성은 잘 알려지지 않았다.

분포⇒ 한국 고유종으로, 서해 연안과 남해 연안으로 흐르는 여러 하천에 분포한다.

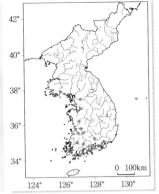

가시납지리

서식지(전북 완주)

모래무지아과
Gobioninae

잉어과 어류 가운데 가장 큰 아과로서 대부분이 동북 아시아에 분포한 다. 몸은 작고, 입은 대체로 아래쪽에 있으며, 등지느러미 분지 연조 수는 보통 7개(예외적으로 9개), 뒷지느러미의 분지 연조 수는 6개(드물게 5개, 예외적으로 7개)이다. 비늘은 몸 전체에 있고, 측선은 완전하며 거의 직선 이다.

참붕어-송호복 박사 제공

32. 참붕어 *Pseudorasbora parva* (TEMMINCK and SCHLEGEL, 1846)

<모래무지아과 >

영명⇒ false dace   전장⇒ 6~8cm

형태⇒ 몸은 길고 옆으로 납작하며 비늘은 크다. 등지느러미 연조 수 7개, 뒷지느러미 연조 수 6개, 측선 비늘 수 35~39개, 새파 수 8~10개, 척추골 수 33~34개이다. 입은 작아서 앞에 서 보면 일자형이며, 상악의 말단은 비공의 앞에도 미치지 않는다. 하악은 상악보다 길다. 눈은 머리 옆면 중앙보다 약간 앞쪽 위에 있으며 수염은 없다. 몸 바탕은 은색이며, 등 쪽은 암갈색을 띤다. 몸 측면에 있는 각 비늘의 뒤쪽 가장자리는 초승달 모양의 검은 작은 반점이 규칙적으로 배열되어 있다. 체측면 중앙에는 뚜렷한 갈색의 가로줄 무늬가 있고, 지느러미는 옅은 회색이다. 산란기가 되면 수컷은 몸 전체가 검어지고, 암컷은 밝은 노란색을 띤다.

생태⇒ 저수지와 하천의 얕은 곳 표면층 가까이에서 떼를 지어 산다. 잡식성으로 부착 조류, 수서 곤충, 그 밖에 작은 동물 등을 먹고 산다. 수질 오염에 내성이 강하다. 산란기는 5~6월로, 작은 돌이나 조개 껍데기 표면에 산란하며, 방정한 수컷은 그 주변을 돌면서 수정란을 적극적으로 보호한다.

분포⇒ 우리 나라 전 담수역에 서식하며, 헤이룽강 수계, 중국, 타이완, 일본에 분포한다.

참고⇒ 간디스토마의 제2 중간 숙주가 되는 피낭 유충(metacercaria)이 담수어류 가운데 비교적 많다.

참붕어(♂)

참붕어(♀)

참붕어-경상북도 내수면 시험장 제공

서식지(전북 전주)

돌고기(우)

33. 돌고기

Pungtungia herzi
HERZENSTEIN, 1892
··· <모래무지아과>

영명⇒ striped shinner
방언⇒ 깨고기
전장⇒ 10~15cm

형태⇒ 몸은 길고, 전반부는 옆으로 약간 납작한 원통형이며, 미병부는 옆으로 납작하다. 등지느러미 연조 수 7개, 뒷지느러미 연조 수 6개, 측선 비늘 수 36~41개, 새파 수 7~12개, 척추골 수 35~37개이다. 머리는 위아래로 납작하고, 주둥이 말단은 더욱 납작하다. 입은 작으며, 윗입술은 두껍고 그 양측 끝부분은 두꺼워져서 부푼 모습을 띤다. 입가에는 1쌍의 수염이 있다. 측선은 완전하며, 체측 중앙에 직선으로 이어진다. 몸의 등 쪽은 진한 갈색이고 배 쪽은 밝은 노란색을 띤다. 체측 중앙에는 주둥이 앞 끝부터 눈을 지나서 미병부까지 너비가 넓은 갈색 줄무늬가 뚜렷하다. 전장 10cm가 넘으면 암갈색 줄무늬는 분명하지 않다. 각 지느러미는 갈색 반점이 없다.

생태⇒ 유속이 완만한 맑은 물의 바닥에 자갈이 있는 곳에서 주로 생활한다. 어린 새끼는 수면 가까이에서 떼지어 유영 생활을 하나 성장하면서 저층으로 내려간다. 주로 부착 조류와 수서 곤충의 유충을 먹는다. 산란기는 5~6월로, 수심 50~60cm 되는 바닥에 있는 큰 돌이나 바위틈에 산란한다.

분포⇒ 함경 남·북도의 동해 유입 하천을 제외한 전국 하천과 북한 지역에 서식한다. 중국 북부와 일본 남부에도 분포한다.

참고⇒ 1892년 러시아의 어류학자 HERZENSTEIN이 우리 나라 중부 풍동(현재 충북 충주시)에서 채집된 표본을 근거로 하여 처음으로 기재, 발표하였다.

 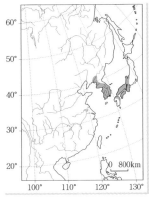

돌고기

서식지(강원 영월)

감돌고기

34. 감돌고기 *Pseudopungtungia nigra* MORI, 1935 ·················· <모래무지아과>

영명⇒ black shinner   방언⇒ 금강돗쟁이   전장⇒ 7~10cm

형태⇒ 몸은 길고 입은 작다. 등지느러미 연조 수 7~8개, 뒷지느러미 연조 수 6~7개, 측선 비
늘 수 38~41개, 새파 수 6~7개, 척추골 수 37~38개이다. 입은 주둥이 끝의 아래쪽에 있으
며 말굽 모양이지만, 돌고기처럼 입술 가장자리가 두껍지는 않다. 상악의 뒤쪽은 비공 뒤에
달하고, 하악은 상악보다 짧다. 수염은 눈의 지름보다 작다. 등지느러미의 후연은 약간 불룩
하고, 꼬리지느러미 후연 중앙은 안쪽으로 패었다. 측선은 완전하나 전반부는 아래쪽으로
약간 휘었다. 몸의 옆면에는 구름 모양의 흑갈색 반문이 있으며, 체색은 거의 검은색 바탕으
로 측선 아랫부분까지 검지만 배 쪽은 약간 옅은 색이다. 체측 중앙에는 흑갈색 줄무늬가 뚜
렷하다. 등지느러미, 뒷지느러미, 꼬리지느러미 및 배지느러미 기조에는 2개의 검은색 띠가
있어 잘 구별된다.

생태⇒ 맑은 물이 흐르는 자갈 바닥 위에서 무리를 이루어 서식하며, 부착 조류를 주로 섭식한
다. 산란기는 5~6월로, 수심이 30~90cm이고 유속이 완만한 곳의 돌 밑이나 바위틈에 산
란한다.

분포⇒ 한국 고유종으로, 금강 중·상류, 만경강, 웅천천에 서식하고 있으나, 최근 들어 웅천
천은 하천 생태계의 변화로 이 종의 서식이 확인되지 않는다.

참고⇒ 환경부에서 멸종 위기 야생 동식물로 지정하여 보호하고 있다.

감돌고기

감돌고기

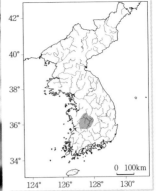

감돌고기

서식지(전북 진안 용담)

가는돌고기

35. 가는돌고기

Pseudopungtungia tenuicorpa JEON and CHOI, 1980

········· < 모래무지아과 >

영명⇒ slender shinner

전장⇒ 8~10cm

형태⇒ 몸은 아주 가늘고 길며, 주둥이는 끝이 뾰족하다. 등지느러미 연조 수 7개, 뒷지느러미 연조 수 6개, 측선 비늘 수 42~45개, 새파 수 5개, 척추골 수 37~38개이다. 입은 작고 주둥이 밑에 있으며, 입수염은 아주 짧다. 눈은 비교적 크며, 머리 옆면 중앙에 있다. 상악은 돌고기처럼 양측이 비대하지 않다. 측선은 완전하고 직선으로 이루어져 있다. 몸의 등 쪽은 진한 갈색이고 배 쪽은 옅은 회색이다. 몸의 옆

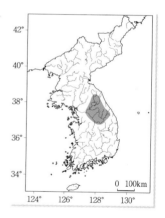

면 중앙에는 주둥이 끝에서부터 꼬리지느러미 기부까지 이어지는 흑갈색의 폭넓은 줄무늬가 있다. 등지느러미 기조의 상단 부근에는 흑갈색의 작은 줄무늬가 있다.

생태⇒ 하천 상류의 맑은 물이 흐르고 자갈이 있는 여울부의 바닥에 산다. 먹이와 산란 습성 등은 아직 알려지지 않았다.

분포⇒ 한국 고유종으로, 한강과 임진강 중·상류의 지류에 분포한다.

가는돌고기

서식지(강원 홍천)

쉬리

36. 쉬리

Coreoleuciscus
splendidus
MORI, 1935
········· <모래무지아과>

전장⇒ 10~13cm

형태⇒ 몸은 가늘고 길며 원통형이지만 미병부는 납작하다. 등지느러미 연조 수 7개, 뒷지느러미 연조 수 6개, 측선 비늘 수 40~43개, 새파 수 6~9개, 척추골 수 36~37개이다. 머리는 길고 주둥이 끝이 뾰족하다. 입은 작고 말굽 모양이며 주둥이 앞 끝의 아랫면에 있다. 입가에는 수염이 없다. 측선은 완전하고 직선이다. 등지느러미 기점은 배지느러미 기점보다 약간 앞쪽에 있고, 꼬리지느러미의 후연 중앙은 안쪽으로 깊이 패었다. 산란기에 성숙한 수컷은 뒷지느러미 기조 위에 추성이 뚜렷하고, 가슴지느러미와 배지느러미의 외측 기조 아래쪽에도 추성이 약간 나타난다. 살아 있을 때 머리의 등 쪽은 녹갈색이고, 몸통의 등 쪽은 흑남색이다. 측선이 있는 중앙에 폭넓은 노란색 줄무늬가 있고, 그 등 쪽에서 위쪽으로 주황색, 보라색 및 흑남색 줄로 이어지며, 옆줄의 아래쪽은 은백색이다. 머리의 옆면에는 주둥이 끝에서 눈을 지나 아가미뚜껑에 이르는 검은색 띠가 있다. 모든 지느러미 기조에는 2개 내외의 검은색 줄무늬가 있다.

생태⇒ 하천 중·상류의 맑은 물이 흐르는 곳의 여울부 자갈 바닥에 살면서 주로 수서 곤충이나 작은 동물을 섭식한다. 산란기는 4~5월로, 여울부의 자갈이나 큰 돌의 아래쪽에 산란하며 두꺼운 난막에 싸인다.

분포⇒ 한국 고유종으로, 우리 나라 남부의 한강, 금강, 만경강, 동진강, 울진 왕피천, 삼척 오십천, 섬진강, 낙동강 수계와 거제도 등의 여러 하천에서 서식하고 있다.

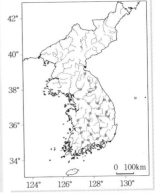

쉬리

서식지(전북 무주 설천)

새미

37. 새미

Ladislabia taczanowskii
Dʏʙᴏᴡsᴋɪ, 1869
········· < 모래무지아과 >

전장⇒ 10~12cm

형태⇒ 몸은 길고 옆으로 납작하다. 등지느러미 연조 수 7개, 뒷지느러미 연조 수 6개, 새파 수 11~13개, 척추골 수 38~39개이다. 주둥이는 둥글고 머리는 옆으로 약간 납작하다. 입은 주둥이 밑에 있으며, 일자형으로 작다. 입가에는 1쌍의 작은 수염이 있고, 눈은 작으며, 머리의 옆면 중앙보다 약간 앞 위쪽에 치우쳐 있다. 측선은 거의 직선이며, 등지느러미 기점은 배지느러미 기점보다 약간 앞쪽에 있다. 등 쪽은 진한 갈색이고 배 쪽은 회색이다. 몸 옆면 중앙에는 폭넓은 흑갈색 종대가 있는데, 어린 개체는 뚜렷하나 비교적 큰 개체는 희미하다. 등지느러미 기조 중앙에는 그것을 가로지르는 폭넓은 흑갈색의 넓은 띠가 있다. 꼬리지느러미 기부에는 흑갈색이 수직으로 나타난다. 산란기의 수컷은 주둥이부터 눈 아래와 새개부에 걸쳐 흰색의 추성이 밀집되어 있으며, 가슴지느러미, 배지느러미 및 뒷지느러미의 극조부에는 선홍색이 엷게 나타난다. 꼬리지느러미 기조의 중앙부에도 수직으로 폭넓은 선홍색 띠가 있고, 그 주변은 연한 노란색을 띤다. 등지느러미의 가장자리도 연한 노란색이다.

생태⇒ 하천의 상류나 계류의 바위틈 사이에 서식하면서 바위 표면에 붙어 있는 부착 조류와 소량의 수서 곤충도 섭식한다.

분포⇒ 김화, 임진강, 한강 및 삼척 오십천 등의 수계와 압록강, 청천강, 대동강, 장진강 등의 북한의 하천 및 중국 헤이룽강 수계에 분포한다.

참고⇒ 북방 수계의 냉수성 어류로, 새미속에 이 종 1종만이 있고, 한강 수계가 이 종의 최남한지이다.

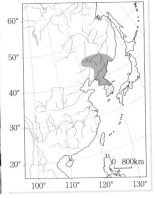

모래무지아과(Gobioninae)

새미

서식지(강원 삼척 미로)

참중고기(우)

38. 참중고기

Sarcocheilichthys
variegatus wakiyae
MORI, 1927
········· < 모래무지아과 >

영명⇒ oily shinner
방언⇒ 중고기
전장⇒ 8~10cm

형태⇒ 몸은 옆으로 납작하며 길다. 등지느러미 연조 수 7개, 뒷지느러미 연조 수 6개, 측선 비늘 수 38~43개, 새파 수 6~7개, 척추골 수 36~38개이다. 머리는 옆으로 납작하고 주둥이 앞쪽은 둥글다. 입은 작고 주둥이 밑에 있으며, 가장자리에 입수염이 1쌍 있다. 눈은 작고 머리 옆면 중앙보다 약간 앞쪽 위에 있다. 측선은 거의 직선이다. 등지느러미 기점은 배지느러미 기점보다 약간 앞쪽에 있다. 산란 시기의 암컷은 산란관을 가지며, 수컷은 주둥이 주변에 미소한 추성이 나타난다. 몸의 등 쪽은 진한 녹갈색이고 배 쪽은 회백색이다. 옆구리 중앙에는 폭넓은 암갈색 줄무늬가 있는데, 어린 것은 뚜렷하지만 큰 개체는 검은색 반점이 있고, 등지느러미 기조 중앙부에는 폭넓은 검은색 띠가 있으나, 다른 지느러미에는 없다. 산란기에 수컷은 등지느러미, 가슴지느러미 및 뒷지느러미가 선홍색을 띠며, 꼬리지느러미 기조의 아랫부분도 선홍색을 띤다. 성숙한 수컷은 각 지느러미가 진한 흑남색이다.

생태⇒ 주로 맑은 하천이나 저수지에 서식하는데, 소리에 민감하여 잘 놀라며 수초나 돌 밑에 잘 숨는다. 주로 수서 곤충, 갑각류 및 실지렁이 등을 먹고 산다. 산란기는 4~6월로, 이 시기에 암컷은 산란관을 길게 내어 담수산 이매패인 대칭이 새강에 산란한다.

분포⇒ 한국 고유 아종으로, 서해와 남해로 흐르는 각 하천에 분포한다.

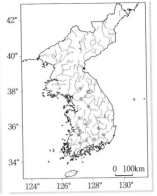

참중고기(♂)

서식지(전남 보성)

중고기(♂)

39. 중고기

Sarcocheilichthys nigripinnis morii
JORDAN and HUBBS,
1925
········· < 모래 무지 아과 >

영명⇒ Korean oil
shinner
방언⇒ 써거비
전장⇒ 10~16cm

형태⇒ 몸의 단면은 원통형이며, 몸은 길고, 옆으로 납작하다. 등지느러미 연조 수 7개, 뒷지느러미 연조 수 6개, 측선 비늘 수 38~41개, 새파 수 4~7개, 척추골 수 35~37개이다. 주둥이의 앞 끝은 둔하고 둥글며, 입은 주둥이 밑에 있고 말굽 모양이다. 입가에는 입수염이 아주 미세하여 없는 것처럼 보인다. 측선은 완전하고 거의 직선이다. 등지느러미 기점은 배지느러미 기점보다 앞에 있다. 산란기에 암컷은 산란관을 가지며, 수컷은 머리 측면 하반부에 아주 작은 추성이 나타난다. 등쪽은 암녹갈색이고 배 쪽은 은백색이다. 어린 개체에서는 체측 중앙에 검은 갈색의 종대가 뚜렷하나 성체에서는 불분명하다. 몸의 측면에는 불규칙한 흑갈색의 반점이 산재한다. 등지느러미 기조의 기저부와 말단부에 흑갈색 줄무늬가 있으나, 가슴지느러미, 배지느러미 및 뒷지느러미에는 없다. 꼬리지느러미의 상엽과 하엽에는 갈색 줄무늬가 있다. 산란기의 수컷은 몸에 주황색을 띠고, 가슴지느러미, 배지느러미 및 뒷지느러미는 적색을 띠며, 배지느러미와 뒷지느러미의 가장자리는 흰색의 금속성 광택을 보인다.

생태⇒ 진흙이 섞인 모랫바닥과 자갈이 깔려 있는, 유속이 완만한 강이나 저수지, 수초가 있는 곳을 선호한다. 산란기는 5~6월로, 암컷은 이 시기에 긴 산란관을 내어 담수산 이매패인 대칭이나 펄조개의 새강에 알을 낳는다. 수서 곤충, 갑각류, 실지렁이 등 동물질의 먹이를 선택한다.

분포⇒ 한국 고유 아종으로, 서해와 남해로 유입하는 하천에 분포한다.

110

중고기(우)-송호복 박사 제공

서식지(전북 고산)

북방중고기(BANARESCU and NALBANT, 1973)

40. 북방중고기

Sarcocheilichthys
nigripinnis czerskii
(BERG, 1914)
········· < 모래무지아과 >

방언⇒ 압록써거비
전장⇒ 9~11cm

형태⇒ 체고는 비교적 낮고 약간 측편되었다. 등지느러미 연조 수 7개, 뒷지느러미 연조 수 6개, 측선 비늘 수 38~43개, 인두치는 2열이다. 등지느러미 기점은 중앙보다 약간 앞쪽에 있고, 그보다 뒤쪽 아래에 배지느러미가 있다. 등지느러미 후연은 안쪽으로 약간 오목하다. 등 쪽은 회녹색이고 측면은 은빛 혹은 금빛 광택이 나며, 몸통 앞쪽에는 작은 검은색 반점이 있다. 산란기에는 색채가 더욱 뚜렷하여 검게 보인다.

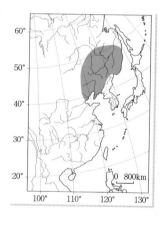

생태⇒ 하천이나 저수지에서 수서 곤충의 유충이나 실지렁이를 먹고 산다. 만 2년생의 암컷은 담수산 이매패의 새강에 알을 낳는다.

분포⇒ 압록강을 비롯하여 만주, 시베리아 동·남부 유역, 헤이룽강, 우수리강, 싱카이호에 분포한다.

참고⇒ MORI(1927)는 임진강과 한강 수계에서 서식한다고 하였으나 아직까지 표본을 확인하지 못하였다. 지금까지 기록으로 보아 압록강과 그 이북의 수역에 분포한다고 생각된다. *Sarcocheilichthys soldatovi*는 이 아종의 동종 이명이다.

줄몰개

41. 줄몰개 *Gnathopogon strigatus* (REGAN, 1908) ················· <모래무지아과>

영명⇒ stripe false gudgeon　　방언⇒ 줄버들붕어　　전장⇒ 8~10cm

형태⇒ 몸은 소형으로 장타원형이고 수직 방향으로 약간
납작하다. 등지느러미 연조 수 7개, 뒷지느러미 연조
수 6개, 측선 비늘 수 36~38개, 새파 수 6~10개, 척
추골 수 33개이다. 입은 전방으로 수평이거나 약간 위
쪽을 향해 있으며, 입가에는 1쌍의 작은 수염이 있다.
눈은 비교적 작고 머리의 중앙보다 약간 앞의 위쪽에
있다. 측선은 완전하고 거의 직선이다. 몸은 약간 어두
운 바탕에 황록색을 띠고 배 쪽은 담황색이다. 체측 중
앙에는 주둥이 끝에서 꼬리지느러미 기부까지 폭넓은
한 줄의 흑갈색 줄무늬가 있으며, 이 띠의 등 쪽과 배
쪽에 모두 8~9줄의 검은 점으로 이어진 희미한 줄무늬
가 있다. 각 지느러미에는 뚜렷한 색이나 반점은 없다.

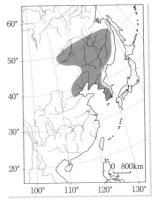

생태⇒ 유속이 느리고 바닥에 모래와 진흙이 깔린 비교
적 깨끗한 하천 중류에 서식한다. 주로 소형 동물성 플랑크톤과 수서 곤충의 유충을 섭식한
다.

분포⇒ 서해와 남해로 흐르는 각 하천에 분포하며, 중국 헤이룽강과 랴오허강 수계에도 서식
한다.

몰개속의 무리

서식지(전북 완주 봉동)

몰개속 어류의 종 검색표

1a. 측선은 거의 직선으로 되어 있고, 측선 상부 비늘 수는 3, 1/2개이다. .... 긴몰개(*Squalidus gracilis majimae*)

 b. 측선의 전반부는 아래쪽으로 오목하게 구부러졌다. 측선 상부 비늘 수는 4, 1/2 개이다. 2

2a. 입수염은 아주 짧아서 안경의 1/2 이하이며, 체측에는 검은색 반점이 뚜렷하지 않다. .... 몰개(*Squalidus japonicus coreanus*)

 b. 입수염은 길어서 안경의 1/2 이상이며, 체측에는 불명확한 동공 크기 혹은 그보 다 작은 검은색 반점이 있다. 3

3a. 측선 비늘 수는 37~39개, 눈은 커서 안경/두장의 백분비는 28~38%이다. 체고 는 낮다(체고/체장의 백분비는 17~21%). .... 참몰개(*Squalidus chankaensis tsuschigae*)

 b. 측선 비늘 수는 34~35개, 눈은 작아서 안경/두장의 백분비는 23~27%이고, 체 고는 높다(체고/체장의 백분비는 17~24%). .... 점몰개(*Squalidus multimaculatus*)

긴몰개

몰개

참몰개

점몰개

긴몰개

42. 긴몰개 *Squalidus gracilis majimae* (Jordan and Hubbs, 1925)

< 모래 무지 아과 >

영명⇒ Korean slender gudgeon   전장⇒ 7~10cm

형태⇒ 소형으로 몸은 길고 옆으로 약간 납작하다. 등지느러미 연조 수 7개, 뒷지느러미 연조 수 6개, 측선 비늘 수 33~35개, 새파 수 4~6개, 척추골 수 30개이다. 주둥이는 뾰족하고 그 밑에 입이 있다. 하악은 상악보다 약간 짧고 상악 후단은 후비공 아래에 달한다. 입가에는 가느다란 수염이 1쌍 있는데, 길이는 대체로 눈의 지름과 같다. 측선은 거의 일직선을 이루고, 전반부는 아래쪽으로 약간 굽었다. 등지느러미 위쪽 가장자리는 안쪽으로 깊이 패었고, 꼬리지느러미의 뒤가장자리 중앙은 안쪽으로 깊이 패었다. 가슴지느러미는 작아서 그 끝부분이 배지느러미에 미치지 않는다. 살아있을 때의 몸은 은백색으로 등 쪽은 약간 어둡고 배 쪽은 은백색이다. 측선 비늘 부분은 갈색 줄로 이어지고,

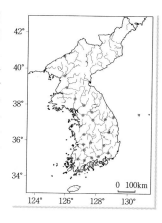

후반부는 더욱 진하게 보인다. 머리와 몸통의 등 쪽에는 불규칙한 작은 검은 점이 산재한다. 각 지느러미는 담황색으로 검은색 반점이 없다.

생태⇒ 유속이 완만한 하천이나 저수지에 살고, 수초가 우거진 곳에 많이 모여든다. 작은 갑각류나 수서 곤충의 유충을 먹고 산다. 산란기는 5~6월이고, 얕은 물 속의 수초에 알을 붙인다.

분포⇒ 한국 고유 아종으로, 서해와 남해로 유입하는 하천에 분포한다.

긴몰개-경상북도 내수면 시험장 제공

서식지(전북 고산 봉동)

몰개

43. 몰개 *Squalidus japonicus coreanus* (BERG, 1906) ·················· <모래무지아과>

영명⇒ short barbel gudgeon   전장⇒ 10~14cm

형태⇒ 몸은 비교적 짧고 체고는 높다. 등지느러미 연조
수 7개, 뒷지느러미 연조 수 6개, 측선 비늘 수 36~38
개, 척추골 수 40개이다. 입은 약간 커서 그 기저부가
비공을 지난다. 눈은 크고 수염의 길이는 동공의 지름
보다 짧다. 꼬리지느러미 뒤쪽 가장자리 중앙은 안쪽
으로 패었으며, 측선의 전단부는 아래쪽으로 약간 굽
었다. 몸 등 쪽은 약간 어둡고 배 쪽은 밝은 색이다. 체
측의 중앙부를 연결하는 가로줄 무늬에는 검은색 반점
이 없다. 지느러미는 무색이고, 등지느러미 기부에 작
은 검은 점이 있다.

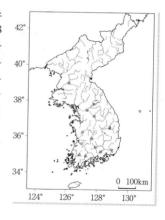

생태⇒ 유속이 완만한 하천이나 저수지의 표층 또는 중
층에 떼를 지어 살면서 민첩하게 행동한다. 잡식성이
고, 수질 오염에 비교적 내성이 강하다. 산란기는 6~8
월로 추정된다.

분포⇒ 한국 특산 아종으로, 대동강, 한강, 금강, 낙동강, 동진강, 만경강, 영산강 수계 등에 분
포한다.

몰개-경상북도 내수면 시험장 제공

서식지(전북 완주 삼례)

참몰개

44 . 참몰개

Squalidus
chankaensis
tsuchigae
(JORDAN and HUBBS,
1925)
········· < 모래무지아과 >

영명⇒ Korean
gudgeon
전장⇒ 8~14cm

형태⇒ 몸은 측편되어 있으며 길다. 등지느러미 연조 수 7개, 뒷지느러미 연조 수 6개, 측선 비늘 수 37~40개, 새파 수 5~7개, 척추골 수 37~38개이다. 주둥이는 뾰족하고, 입가의 수염은 동공의 지름보다 길다. 눈은 크며 머리의 앞쪽과 위쪽에 치우쳐 있다. 측선은 완전하고, 그 전반부는 아래쪽으로 휘어져 있다. 살아 있는 개체는 온몸이 은백색을 띤다. 고정된 표본의 경우, 등쪽은 갈색이고 배 쪽은 은백색이

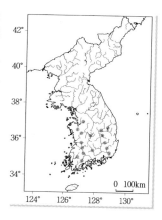

다. 몸의 옆면 중앙보다는 등 쪽에 갈색 가로줄이 있으며, 작은 검은색 반점이 산재한다. 측선을 사이에 두고 위아래로 검은색 반점으로 이어진 줄이 있다.

생태⇒ 수심이 비교적 얕고 수초가 우거진 하천이나 저수지에서 살며, 수질 오염에 대한 내성이 강하다. 동식물의 조각, 식물의 씨 및 수서곤충의 유충을 먹고 산다. 산란기는 6~8월이다.

분포⇒ 한국 고유 아종으로, 대동강, 한강, 금강, 동진강, 낙동강, 섬진강 수계 등에 분포한다.

참몰개

모래무지아과(Gobioninae)

서식지(전북 임실 관촌)

점몰개

45. 점몰개

Squalidus
multimaculatus
HOSOYA and JEON,
1984
········· <모래무지아과>

영명⇒ spotted barbel
gudgeon
전장⇒ 5~7cm

형태⇒ 몸은 길지 않으며 옆으로 납작하다. 등지느러미 연조 수 6~7개, 뒷지느러미 연조 수 6개, 측선 비늘 수 34~37개이다. 머리는 납작하고 길며, 주둥이는 길다. 입은 주둥이 밑에 있고, 입가에는 1쌍의 수염이 있다. 수염 길이는 눈의 지름과 거의 같거나 약간 짧다. 측선은 완전하며 배 쪽으로 약간 굽어 있다. 몸은 황갈색으로 등 쪽은 약간 짙고 배 쪽은 회백색이다. 측선의 바로 위쪽에는 6~12개의 둥근 갈색

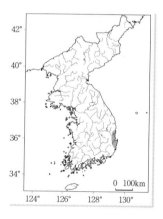

반점이 종렬되어 있다. 각 지느러미에는 반점이 없고 무색이다.

생태⇒ 모래와 자갈 바닥을 가진, 비교적 맑고 천천히 흐르는 얕은 곳에서 생활한다. 생활사는 아직 잘 알려지지 않았다.

분포⇒ 한국 고유종으로, 동해 남부 연안에 유입되는 형산강, 영덕 오십천, 죽산천, 송천천과 경남 울주군 회야강까지 분포한다. 분포지가 매우 제한되어 있어서 학술적으로 주목된다.

점몰개-경상북도 내수면 시험장 제공

서식지(경북 영덕)

모샘치

잉어목(Cypriniformes)

46. 모샘치

Gobio cynocephalus
DYBOWSKI, 1869
······ <모래무지아과>

영명⇒ gudgeon
전장⇒ 12~18cm

형태⇒ 몸은 약간 납작하고 길다. 등지느러미 연조 수 7개, 뒷지느러미 연조 수 6개, 측선 비늘 수 41~43개, 새파 수 13~16개, 척추골 수 37~38개이다. 인두치는 2열이다. 머리는 길고 주둥이는 짧으며 그 끝은 둥글다. 입은 주둥이 아래 말굽 모양이고 입술은 민틋하다. 하악은 상악보다 짧고, 입수염은 1쌍으로 그 길이는 눈의 지름보다 길다. 측선은 완전하며 거의 직선이고, 등지느러미 후연은 안쪽으로 약간 오목하게 되어 있다. 등 쪽은 담녹갈색이고 배 쪽은 은백색이다. 체측에는 안와 크기의 암색 반점 10~13개가 중앙에 일렬로 배열되어 있다. 등지느러미와 꼬리지느러미에는 기조를 가로지르는 작은 검은 점이 여러 열 있다.

생태⇒ 바닥에 모래와 자갈이 깔려 있는 하천의 여울에 산다. 겨울에는 깊은 늪에서 지내고, 봄이 되면 얕은 곳으로 떼를 지어 이동한다. 하천 바닥 가까이에 살면서 수서 곤충의 유충, 실지렁이, 패류 및 갑각류 등을 먹고 산다. 산란기는 5~6월이다.

분포⇒ 서해안으로 흐르는 한강, 청천강, 대동강, 압록강과 동해안으로 유입하는 두만강으로부터 함경 남도 안변천에 산다. 중국 북부와 헤이룽강 수계에 분포한다.

참고⇒ 본 종의 분류에 관하여 많은 논란으로 오랫동안 혼돈되었다. 국내에서는 이 종을 *Gobio gobio*의 학명을 사용하여 왔으나 BANARESCU and NALBANT(1973)에 따라서 등지느러미 후연과 측선 비늘 수가 *G. cynocephalus*에 해당되어 이 학명을 사용하였다.

124

게톱치

47. 게톱치

*Coreius
heterodon*
(BLEEKER, 1864)
··· <모래무지아과>

방언⇒ 긴수염돌
고기
전장⇒ 25cm

형태⇒ 몸은 길지만 머리는 아주 작고 납작하다. 등지느러미 연조 수 7개, 뒷지느러미 연조 수 6개, 측선 비늘 수 52~57개, 새파 수 10개, 인두치는 일렬이다. 작은 눈은 머리 위쪽 앞부분에 있고, 양안 간격의 중앙부는 볼록하다. 수염은 아주 길어서 전새개골에 달하거나 그보다 길다. 복부와 가슴은 비늘로 덮여 있다. 측선은 완전하고 직선으로 이어진다. 등지느러미, 배지느러미 및 꼬리지느러미의 기부는 비늘로 덮여 있다. 고정된 표본은 등 쪽은 회색이고 배 쪽은 담황색이며, 분명한 반점이나 반문은 없다.

생태⇒ 비교적 큰 강에서 서식하지만 생태와 생활사는 알려지지 않았다.

분포⇒ 인천 부근에서 채집된 기록이 있다. 중국 북부 황허와 양쯔강 수계에 분포한다.

참고⇒ JORDAN and METZ(1913)가 인천 부근에서 채집된 표본을 *Coreius cetopsis*라고 처음 보고하였으나, BANARESCU and NALBANT (1973)는 *C. cetopsis*는 *C. heterodon*의 동종 이명이라고 하였다. 처음 발견된 이후 국내에서는 아직까지 출현 기록이 없어 이미 절멸되었다고 본다.

48. 누치

Hemibarbus labeo
(PALLAS, 1707)
········· <모래무지아과>

영명⇒ steed barbel
방언⇒ 누부라치
전장⇒ 15~45cm

형태⇒ 몸은 측편되어 있고 길다. 등지느러미 연조 수 7개, 뒷지느러미 연조 수 5~6개, 측선 비늘 수 47~52개, 새파 수 19~25개, 척추골 수 41~42개이다. 주둥이는 길고 끝이 돌출되었다. 주둥이 밑에 있는 입은 말굽 모양이며 입술은 두껍다. 입가에는 눈의 지름보다 약간 짧은 1쌍의 입수염이 있다. 눈은 비교적 크고, 머리 옆면 중앙의 약간 위쪽에 있다. 하악은 상악보다 짧다. 측선은 완전하고 거의 직선이며, 미병부는 옆으로 납작하다. 몸은 은색으로 등 쪽은 어두운 색이지만 배 쪽은 은백색이다. 어린 개체는 측선의 약간 위쪽에 동공만한 6개의 암색 반점이 몸 옆으로 배열되어 있는데, 성장하면 거의 없어진다. 꼬리지느러미의 가장자리는 암색이고 뚜렷하지 않은 점이 산재하지만 다른 지느러미는 담색이다.

생태⇒ 맑고 깊은 물이 흐르는 큰 강의 모래와 자갈이 깔려 있는 바닥에서 산다. 수서 곤충의 유충, 실지렁이 및 소형 갑각류를 섭식하고, 모래와 함께 부착 조류도 먹는다. 산란기는 5월경이다.

분포⇒ 서해와 남해로 흐르는 하천과, 베트남, 일본(북해도 제외) 및 중국에 분포한다.

누치-경상북도 내수면 시험장 제공

서식지(경남 하동)

참마자

49. 참마자 *Hemibarbus longirostris* (REGAN, 1908) ·············· <모래무지아과>

영명⇒ long nose barbel   전장⇒ 15~22cm

형태⇒ 몸은 길게 측편되어 있으며 배는 편평하다. 등지
느러미 연조 수 7개, 뒷지느러미 연조 수 6개, 측선 비
늘 수 41~43개, 새파 수 6~8개, 척추골 수 35~36개
이다. 주둥이는 길고 머리는 뾰족하며, 입은 주둥이 밑
에 있다. 입가에는 눈 지름의 1/2 정도 되는 짧은 입수
염이 1쌍 있다. 눈은 머리의 옆면 중앙보다 위쪽에 있
다. 하악은 상악보다 짧고, 측선은 전반부가 아래쪽으
로 약간 굽어 있다. 미병부는 옆으로 납작하다. 꼬리지
느러미 후연 중앙은 안쪽으로 깊이 패었다. 몸 전체가
금속 광택을 띠는 밝은 은색이며, 등 쪽은 갈색이고 배
쪽은 은백색이다. 몸 옆면에는 작은 흑점이 8줄 정도
일정한 간격으로 배열되어 있다. 등지느러미와 꼬리지

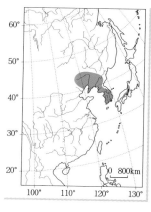

느러미에는 매우 작은 검은색 반점이 흩어져 나타난
다. 산란기에 수컷은 가슴지느러미가 주황색, 암컷은 노란색이다.

생태⇒ 물이 맑은 하천 중·상류의 자갈 바닥에서 주로 수서 곤충의 유충을 먹지만, 일부는 부
착 조류도 섭식한다. 때로는 모래 속에 숨어 있기도 한다. 산란기는 5~6월이고, 모래나 자
갈 바닥에 산란한다.

분포⇒ 서해와 남해로 유입되는 하천의 중·상류에 흔히 서식하며, 중국과 일본에 분포한다.

128

참마자

서식지(경기 양평)

어름치

50. 어름치

Hemibarbus
mylodon
(BERG, 1907)
·········· <모래무지아과>

영명⇒ Korean barbel
전장⇒ 20~40cm

형태⇒ 몸은 원통형에 가깝지만 뒤쪽으로 갈수록 가늘어져 미병부가 가늘다. 등지느러미 연조 수 7개, 뒷지느러미 연조 수 6개, 측선 비늘 수 43~44개, 새파 수 9~12개, 척추골 수 37개이다. 주둥이는 길지만 뾰족하지 않고 입술은 얇다. 입가에는 눈의 지름보다 약간 긴 수염이 1쌍 있다. 눈은 머리의 중앙 위쪽에 치우쳐 있고, 상악은 반원형으로 하악보다 약간 길다. 측선의 앞부분은 아래쪽으로 약간 굽어 있으며, 후반부는 직선으로 이어진다. 등 쪽은 갈색, 배 쪽은 은백색이다. 몸의 측면에는 동공보다 약간 작은 검은색 점으로 이어지는 7~8개의 줄이 있다. 체측 중앙에는 안와보다 약간 큰 불분명한 담갈색의 둥근 반점이 배열되어 있다. 가슴지느러미와 배지느러미는 밝은 색이지만, 등지느러미와 꼬리지느러미 및 뒷지느러미에는 3줄 이상의 검은색 줄무늬가 있다.

생태⇒ 큰 하천 중·상류의 물이 맑고 자갈이 깔려 있는 깊은 곳에 산다. 수서 곤충을 주로 섭식하지만 갑각류나 소형 동물도 먹는다. 산란기는 4~5월로, 유속이 완만한 맑은 물 속 자갈이 깔려 있는 바닥을 파고 알을 낳은 후 잔 자갈을 쌓아 알을 덮는다.

분포⇒ 한국 고유종으로, 한강과 금강 상류에만 분포한다. 한강 상류에서는 이 종이 집단 서식하고 있으나 금강에서는 남획과 서식지 교란 등으로 생존하고 있는 개체를 찾아보기 힘들다.

참고⇒ 이 종은 천연 기념물 제259호 및 제238호(충북 옥천군 금강 상류)로 지정되어 법적으로 보호되고 있다.

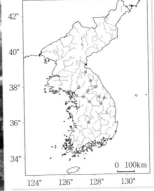

어름치

산란탑 · 서식지(강원 영월 어라연)

모래무지

51. 모래무지

Pseudogobio esocinus
(TEMMINCK and SCHLEGEL, 1846)

········· < 모래무지아과 >

영명⇒ goby minnow
방언⇒ 모래무치
전장⇒ 12~25cm

형태⇒ 몸은 길고 원통형이며 뒤쪽으로 갈수록 차츰 가늘어진다. 등지느러미 연조 수 7개, 뒷지느러미 연조 수 6개, 측선 비늘 수 40~44개, 새파 수 13~17개, 척추골 수 38개이다. 머리는 길고 뾰족하며, 주둥이는 길고 그 밑에 입이 있다. 입은 작고 말굽 모양이며, 윗입술과 아랫입술의 기부는 피질 소돌기로 덮여 있다. 입가에는 1쌍의 수염이 있는데 길이가 눈의 지름과 거의 같다. 눈은 비교적 작으며, 머리 중앙보다 뒤쪽에 있다. 비늘은 크고 측선은 완전하여 일직선이다. 등 쪽은 흑갈색이고 배 쪽은 회색이다. 몸 옆면의 중앙에는 안와 크기의 6~7개의 검은 반점이 거의 같은 간격으로 배열되어 있고, 그 반점 사이에는 그보다 훨씬 작은 검은 점이 산재되어 있다. 등지느러미, 꼬리지느러미, 가슴지느러미와 배지느러미에도 작은 검은 점이 있으나 뒷지느러미에는 검은 점이 없다.

생태⇒ 물이 맑고 모래가 깔린 바닥에 살고, 모래 속을 파고드는 습성이 있다. 수서 곤충과 소형 동물을 모래와 같이 섭식한 후, 모래는 새개 밖으로 뿜어 내고 먹이는 삼킨다. 산란기는 5~6월이다. 만 1년에 전장 6~7cm, 2년에 11cm, 3년에 13~15cm, 5년이 되면 22~23cm로 자란다.

분포⇒ 서해와 남해로 흐르는 하천 등에 널리 서식하며, 중국과 일본에도 분포한다.

참고⇒ 국내 하천에 자주 출현하는 어류이다.

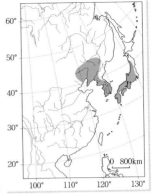

모래무지

서식지(경북 예천)

버들매치(♂)

잉어목(Cypriniformes)

52. 버들매치

Abbottina rivularis
(BASILEWSKY, 1855)
········· <모래무지아과>

영명⇒ Chinese false
gudgeon
방언⇒ 알락마재기,
각시뽀돌치
전장⇒ 8~12cm

형태⇒ 모래무지와 매우 유사하지만 모래무지보다 더 뭉툭하다. 등지느러미 연조 수 7개, 뒷지느러미 연조 수 5개, 측선 비늘 수 36~39개, 척추골 수 30~31개, 새파 수 10~15개이다. 머리는 크지만 주둥이는 짧은 편이고, 입은 주둥이 끝의 아래쪽에 있다. 입술은 두터운 육질로 되어 있고, 피질 돌기가 없이 민틋하며, 입가에는 굵고 짧은 수염이 1쌍 있다. 머리의 눈 앞부분은 오목하며, 눈은 작고 머리의 중앙에 있다. 측선은 거의 직선이다. 산란기의 수컷 성어는 새개부, 주둥이와 눈 주변에 커다란 추성이 뚜렷하고, 가슴지느러미 기조의 외연에도 추성의 열이 뚜렷하다. 몸은 옅은 갈색으로 등 쪽은 어둡고 배 쪽은 은백색에 가까우며, 몸 옆 중앙에는 안와 크기의 불분명한 흑갈색 반점이 8~9개 배열되어 있다. 각 지느러미는 담황색으로 가슴지느러미에는 약간의 검은색 반점이 있고, 등지느러미와 꼬리지느러미에는 검은색 줄무늬가 있다. 산란기의 수컷은 등 쪽이 남색이고, 배지느러미는 주황색을 띤다.

생태⇒ 유속이 완만하고 바닥에 모래나 진흙이 깔려 있는 하천이나 저수지에 산다. 모래나 진흙 속으로 파고들어가서 몸을 묻기도 한다. 잡식성으로 산란기는 4~6월이고, 성기는 5월이다. 산란장은 유속이 완만하고 수초가 있으며, 수심 10~50cm가 되는 진흙 바닥이다.

분포⇒ 서해와 남해로 유입하는 하천에 분포하며, 중국과 일본에도 분포한다.

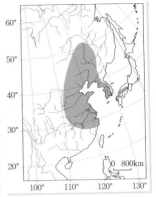

버들매치(우)

서식지(전남 영광)

왜매치(♂)

53. 왜매치 *Abbottina springeri* Banarescu and Nalbant, 1973 … <모래무지아과>

영명⇒ Korean dwarf gudgeon   전장⇒ 6~8cm

형태⇒ 돌마자와 비슷하지만 소형이다. 등지느러미 연조 수 7개, 뒷지느러미 연조 수 5~6개, 측선 비늘 수 34~37개, 척추골 수 36~37개이다. 머리는 작고 약간 납작하며 주둥이는 짧고 둔하다. 입은 주둥이 밑에 초승달 모양으로 되어 있고, 입술은 두꺼우나 피질 소돌기가 없고 1쌍의 짧은 입수염이 있다. 눈은 비교적 크며 머리의 등 쪽에 있다. 측선은 완전하여 거의 직선에 가깝지만 전반부는 배 쪽으로 약간 굽어 있다. 등지느러미 가장자리는 약간 오목하거나 거의 직선이다. 은갈색 바탕의 몸에 등 쪽은 약간 짙으며, 배 쪽은 밝은 색이다. 몸의 상단부에는 작은 검은 점이 산재하고, 체측 중앙에는 불분명한 검은색 반점이 측선을 따라 7~8개 배열되어 있다. 가슴지느러미, 등지느러미 및 꼬리지느러미에는 작은 검은 점이 산재되어 있다. 산란기의 수컷은 몸이 흑갈색으로 변한다.

생태⇒ 모래나 펄이 깔려 있고, 물살이 그다지 빠르지 않은 여울의 바닥 가까이에서 부착 조류와 수서 곤충의 유충을 먹고 살며, 5~6월이 산란 성기이다. 산란은 만 2년생부터 시작한다.

분포⇒ 한국 고유종으로, 동해로 유입되는 하천을 제외한 우리 나라 서·남부 지방의 대부분 하천 중·하류에 분포한다.

참고⇒ 1952년 6·25 전쟁 당시 미국인 Springer(현재 미국 스미스소니언 박물관 연구관)가 경상 남도 김해시 한림면 신천리에서 채집한 표본을 스미스소니언 박물관에 보존하였는데, Banarescu and Nalbant(1973)가 처음으로 기재, 발표하였다.

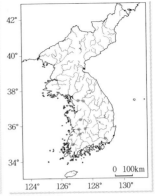

왜매치(우)

서식지(전북 삼례)

꾸구리

54 . 꾸구리 *Gobiobotia macrocephala* MORI, 1935 ·························· < 모래무지아과 >

방언⇒ 돌메자   전장⇒ 10~13cm

형태⇒ 몸은 약간 길고 전반부는 굵으며 후반부는 가늘
다. 등지느러미 연조 수 7개, 뒷지느러미 연조 수 5~6
개, 측선 비늘 수 38~41개, 새파 수 8개, 척추골 수
35개이다. 머리는 약간 뾰족하고 납작하며 머리 아래
쪽은 편평하다. 입은 주둥이 밑에 있으며, 아래에서 보
면 반원형이다. 입수염은 4쌍으로 1쌍은 입가에, 3쌍
은 아래턱 밑에 있다. 그 중 맨 뒤에 있는 수염이 가장
길어서 그 길이가 눈의 지름보다 길다. 눈은 머리 옆면
중앙에 있으며, 피막이 있어서 여닫이가 가능하다. 측
선은 완전하고 거의 직선이나 전반부에는 배 쪽으로
약간 굽어 있다. 몸은 다갈색 바탕이며, 체측에는 등지
느러미와 꼬리지느러미 사이에 3개의 짙은 갈색 횡대
반문이 뚜렷하지만, 이보다 앞쪽에도 유사한 무늬가

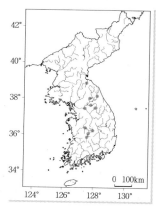

있으나 불분명하다. 가슴지느러미, 등지느러미 및 꼬리지느러미에 매우 작은 검은 점이 줄
처럼 이어진다. 산란기에 암컷의 몸에 노란색을 띠지만 수컷은 진한 밤색을 띤다.
생태⇒ 물살이 빠르고 자갈이 많이 깔린 하천 중·상류에 서식하며, 수서 곤충을 먹고 산다.
산란 성기는 6월 상순경으로 수온이 18~21℃ 되는 때 자갈 사이에 산란한다.
분포⇒ 한국 고유종으로, 한강, 임진강, 금강에 제한 분포한다.

서식지(전북 무주)

모래무지아과(Gobioninae)

꾸구리의 산란과 발생

　최기철과 백윤걸(1972)은 강원도 영월읍 삼옥리와 영흥리 나루터에서 꾸구리의 생활사에 대하여 조사한 결과를 『한국육수학회지』에 발표하였다. 산란기는 5월 하순~6월 하순(산란 성기는 6월 초순)으로 수온은 18~21℃였다. 산란 장소는 여울 하단부로서 바닥에 자갈이 깔리고 수심이 8~15cm였으며, 유속이 초속 88~100cm 되는 곳이다. 산란은 수표면으로부터 8~15cm 깊이의 자갈 속에 하며, 전장 9~10cm의 암컷은 1200~1300개의 알을 품고 있었다. 수정란의 지름은 0.8mm로부터 1.5mm까지 팽창하였으며, 부화하기까지 3일, 난황이 완전히 흡수되기까지 6일, 성체의 형태를 갖추기까지 약 30일이 걸렸으며, 이 때 몸길이는 15mm였다. 부화 후 2개월이 지나 전장 3cm가 되었고, 만 1년에 5~6cm, 2년에 8~9cm, 3년이 지나면 10cm 이상이 된다고 하였다.

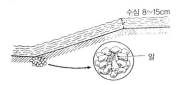

수심 8~15cm

알

돌상어

55. 돌상어

Gobiobotia
brevibarba
Mori, 1935

········· <모래무지아과>

전장⇒ 10~15cm

형태⇒ 몸은 약간 길고 배는 편평하며 등 쪽은 둥글다. 등지느러미 연조 수 7개, 뒷지느러미 연조 수 6개, 측선 비늘 수 42~43개, 새파 수 11~13개, 척추골 수 37개이다. 머리는 위아래로 납작하고, 주둥이는 돌출되어 뾰족하다. 입은 주둥이 밑에 있고, 입수염은 4쌍이나 꾸구리에 비하여 모두 짧다. 눈은 머리 옆면 중앙보다 약간 위에 있다. 측선은 완전하며 후반부는 직선이다. 살아 있을 때의 몸은 옅은 노란

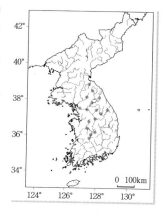

색으로 등 쪽에 폭넓은 암색 반점이 불분명하게 나타난다. 가슴지느러미, 등지느러미 및 꼬리지느러미에는 꾸구리에서 볼 수 있는 반점은 없다.

생태⇒ 물이 깨끗하고 유속이 빠르며, 바닥에 자갈이 깔린 곳에 서식하면서 주로 수서 곤충을 먹고 산다. 자갈 바닥에 잘 숨고, 민첩해서 돌에서 돌로 자주 옮겨 간다. 산란 성기는 5월로 추정된다. 암컷 1마리의 포란 수는 평균 2000개 정도이다.

분포⇒ 한국 고유종으로, 한강, 임진강, 금강에 서식한다.

참고⇒ 학술적으로도 매우 진귀한 종이므로 보호가 요구된다.

돌상어

돌상어의 등 쪽(상)과 배 쪽(하)

서식지(강원 홍천 서면)

모래무지아과(Gobioninae)

흰수마자

56 . 흰수마자

Gobiobotia
naktongensis
MORI, 1935
········· <모래무지아과>

방언⇒ 락동돌상어
전장⇒ 6~10cm

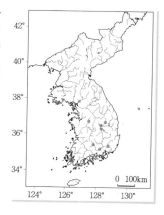

형태⇒ 몸은 대체로 길고, 후반부로 갈수록 가늘다. 등지느러미 연조 수 7개, 뒷지느러미 연조 수 6개, 측선 비늘 수 37~40개, 새파 수 10개, 척추골 수 33개이다. 머리는 대체로 위아래로 납작하고 배 쪽은 편평하다. 입은 주둥이 밑에 있고, 아래에서 보면 반원형이다. 턱은 아래쪽에 있고, 입수염은 4쌍으로 모두 길고 희다. 측선은 완전하지만 전반부는 배 쪽으로 약간 휘어 있고, 후반부는 직선이다. 눈은 비교적 크고 머리 옆면 중앙에 있으며 등 쪽에 위치한다. 등 쪽은 어두운 갈색을 띠고 배 쪽은 밝은 색이다. 체측 중앙에는 동공보다 약간 작은 검은 점 5~6개가 일렬로 배열되고, 등 쪽에도 몇 개의 검은 점이 있다. 모든 지느러미에 반문이 없고 기조막은 투명하다.

생태⇒ 바닥에 모래가 깔린 여울부에 살며 주로 수서 곤충의 유충을 먹고 산다. 산란기는 6월경으로 추정되며, 생활사는 아직 알려지지 않았다.

분포⇒ 한국 고유종으로, 낙동강, 금강, 임진강에 희소하게 분포한다.

참고⇒ 학술적으로 매우 진귀한 종이며, 분포 범위도 좁을 뿐만 아니라 희소하게 출현하고 있어, 환경부의 멸종 위기 야생 동식물로 지정되었다.

흰수마자

흰수마자의 복부

서식지(경북 예천)

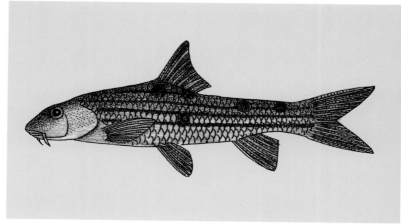

압록자그사니

57. 압록 자그사니

Mesogobio lachneri
BANARESCU and
NALBANT, 1973
········ <모래무지아과>

전장⇒6~12cm

입의 복면

형태⇒ 몸은 소형으로 가늘고 납작하다. 등지느러미 연조 수 7개, 뒷지느러미 연조 수 6개, 측선 비늘 수 41~42개, 척추골 수 41개이다. 등지느러미 후연은 오목하고 미병부는 길고 납작하다. 주둥이 끝은 뭉툭하며, 그 아래에 있는 입은 말굽 모양이다. 입술에는 작은 유두 돌기가 잘 발달해 있으나 구엽은 없다. 상악에는 1쌍의 긴 수염이 있다. 꼬리지느러미 후연 중앙은 안쪽으로 깊이 패었다. 측선은 완전하고 거의 직선이다. 고정된 표본은 등 쪽은 회갈색, 측선 아래는 노란색이다. 체측에는 작은 검은 점들이 여러 줄로 배열되어 있다. 등지느러미와 꼬리지느러미에는 여러 줄의 갈색 반점이 있다.

생태⇒ 흐르는 물에서 사는 것으로 추정될 뿐 생태에 관해서는 아직 알려지지 않았다.

분포⇒ 압록강 유역에 분포한다.

두만강자그사니

58. 두만강
자그사니

*Mesogobio
tumensis*
CHANG, 1979
<모래무지아과>

전장⇒ 3~17cm

입의 복면

형태⇒ 몸은 원통상으로 길고 뒤쪽은 가늘다. 등지느러미 연조 수 7개, 뒷지느러미 연조 수 6개, 측선 비늘 수 42~43개, 새파 수 4~7개, 척추골 수 41개이다. 머리는 비교적 작고 원추형이며 끝은 뭉툭하다. 주둥이 아래쪽에 있는 입은 말굽 모양이고, 입술에는 유두 돌기가 있고, 상악 후단에 1쌍의 수염이 있다. 눈은 작고 양안 간격은 오목하다. 비늘은 크고 가슴부에 비늘은 없다. 측선은 완전하고 거의 직선이다. 등지느러미와 뒷지느러미 후연은 오목하다. 등 쪽은 황갈색이고 배 쪽은 은백색이다. 체측 중앙에는 9~10개의 검은색 반점이 있다.

생태⇒ 자갈이 깔려 있는 맑은 물에서 부착 조류와 수서 곤충의 유충을 먹고 산다. 산란기는 5~6월이다.

분포⇒ 두만강에 분포한다.

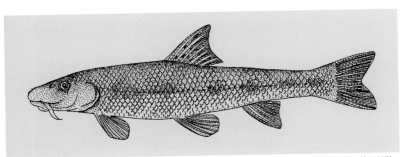

두만강자그사니(鄭 等, 1979)

모래주사

59. 모래주사

Microphysogobio
koreensis
MORI, 1935
········· < 모래무지아과>

방언⇒ 돌붙이
전장⇒ 8~10cm

형태⇒ 몸은 가늘고 길며 옆으로 약간 납작하고, 머리와 배 쪽 앞가슴에는 비늘이 있다. 등지느러미 연조 수 7개, 뒷지느러미 연조 수 6개, 측선 비늘 수 38~41개, 척추골 수 37개이다. 주둥이는 원추형으로 끝이 약간 뾰족하며, 입은 말굽 모양으로 주둥이 밑에 있다. 윗입술과 아랫입술에는 피질 돌기가 잘 발달되어 있는데, 윗입술의 피질 돌기는 중앙부가 일렬이고 양측부는 여러 줄로 흩어져 나타난다. 아랫입술의 가운데 봉합부 뒤에는 주름이 많이 있는 심장형의 구엽이 있다. 입가에 있는 1쌍의 수염은 길이가 동공의 지름과 거의 같다. 눈은 머리 옆면 중앙보다 약간 뒤쪽 위에 있다. 하악은 상악보다 짧다. 측선은 완전하며 몸 옆구리 중앙을 거의 직선으로 이어지나 그 앞부분은 배 쪽으로 약간 굽어 있다. 등 쪽은 청갈색, 배 쪽은 은백색이다. 체측 중앙에는 윤곽이 뚜렷하지 않은 갈색의 크고 작은 반점이 5~13개 있다. 뒷지느러미는 어두운 색이나 다른 지느러미는 작은 암갈색 반점이 있다. 살아 있을 때 체측 중앙에 푸른색 종대가 있다.

생태⇒ 하천 중·상류의 유속이 다소 빠르고 자갈과 모래가 많은 바닥 가까이 살며 주로 부착 조류를 먹는다.

분포⇒ 한국 고유종으로, 섬진강과 낙동강 수계에 분포한다.

참고⇒ MORI(1935)는 모래주사속 모식종으로 이 종을 사용하였다. 오랫동안 돌마자와 혼돈되었으나, 김(1997)은 입술 모양과 흉복부에 있는 비늘의 유무로 종을 구분하였다. 서식처에 있어서도 돌마자와는 구별된다.

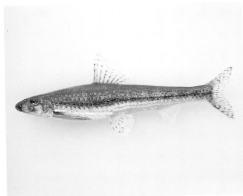

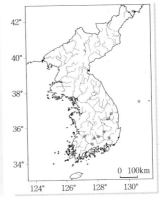

모래주사

서식지(전남 구례)

돌마자

60. 돌마자

Microphysogobio yaluensis
(MORI, 1928)
········· < 모래무지아과 >

방언⇒ 압록돌붙이
전장⇒ 5～10cm

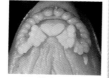

입의 구조

형태⇒ 몸은 길고 위아래로 약간 납작하며 머리와 배는 편평한 편이다. 등지느러미 연조 수 7~8개, 뒷지느러미 연조 수 6개, 측선 비늘 수 34~39개, 새파 수 12~20개, 척추골 수 35~37개이다. 주둥이는 짧고, 입은 말굽 모양으로 주둥이 아래에 있으며, 윗입술에는 비교적 큰 피질 돌기가 일렬로 되어 있다. 배의 복면에는 비늘이 없다. 입가에는 안경보다 작은 1쌍의 수염이 있다. 측선은 완전하고 그 전반부는 배 쪽으로 약간 굽어 있으나 후반부는 거의 직선이다. 산란기에 성숙한 수컷은 주둥이 위아래, 그리고 가슴지느러미 첫째 번 기조 주변에 추성이 밀집되어 나타난다. 머리와 몸의 등 쪽은 옅은 청갈색이고 배 쪽은 은백색이다. 체측 상단부에는 검은색 반점이 약간 지저분하게 널려 있으며, 중앙에는 윤곽이 뚜렷하지 않은 검은색 종대가 있고, 그 위쪽에는 검은색 반점이 8개 정도 종렬된다. 등지느러미와 꼬리지느러미에는 작은 검은 점들이 배열되어 3~4개의 줄무늬를 이룬다. 산란기가 되면 수컷의 가슴지느러미와 몸 전체가 검은색을 띤다.

생태⇒ 유속이 완만한 하천의 자갈이나 모랫바닥에 살며, 부착 조류와 수서 곤충을 주로 섭식한다. 산란기는 5~7월이다.

분포⇒ 한국 고유종으로, 한강, 금강, 만경강, 영산강, 탐진강, 섬진강, 낙동강, 압록강, 대동강에 분포한다.

돌마자

서식지(전북 무주)

여울마자

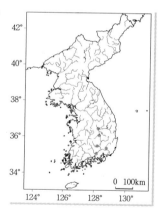

61. 여울마자

Microphysogobio rapidus
CHAE and YANG, 1999

·········· < 모래무지아과 >

전장⇒ 5~10cm

형태⇒ 몸은 길고 위아래로 약간 납작하며 머리와 배는 편평하다. 등지느러미 연조 수 7개, 뒷지느러미 연조 수 6개, 측선 비늘 수 39~42개, 척추골 수 37~40개이다. 주둥이는 짧고, 입은 말굽 모양으로 아래에 있다. 윗입술에는 비교적 큰 유두 돌기가 일렬로 있으며, 중앙의 것은 비교적 크다. 아랫입술의 봉합부는 분리되지 않는 심장형 구엽이다. 입가에는 안경보다 짧은 수염이 있다. 측선은 완전하고 그 전반부는 아래로 약간 굽어져 있으며 후반부는 직선이다. 등지느러미와 뒷지느러미의 외연은 거의 직선이다. 살아 있을 때 몸 중앙에는 노란색의 넓은 종대가 있고, 가슴지느러미와 배지느러미는 약간 붉은빛을 띤다.

생태⇒ 하천의 모래와 자갈이 섞인 여울부의 아래쪽 유속이 빠른 곳에 산다.

분포⇒ 한국 고유종으로, 낙동강의 문경, 예천, 안동, 밀양에서 돌마자와 함께 서식한다.

참고⇒ CHAE and YANG(1999)에 의하여 낙동강에서 채집된 표본을 근거로 처음으로 보고되었다.

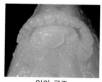

입의 구조

잉어목(Cypriniformes)

150

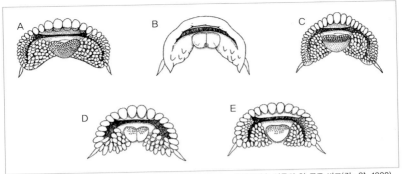

모래주사속 어류의 입 구조 비교(김·양, 1999)

A. 배가사리   B. 됭경모치   C. 모래주사   D. 돌마자   E. 여울마자

서식지(경북 문경)

뒹경모치

62. 뒹경모치

Microphysogobio
jeoni
KIM and YANG,
1999

········· < 모래무지 아과>

전장⇒ 7~9cm

형태⇒ 몸은 가늘고 길며, 전단부는 옆으로 약간 납작하나 후반부는 많이 납작하다. 등지느러미 연조 수 7개, 뒷지느러미 연조 수 6개, 측선비늘 수 36~39개이다. 체고는 비교적 낮고, 입은 활 모양으로 주둥이 밑에 있다. 윗입술의 피질 소돌기는 일렬로 배열되거나 축소되어 있으며, 수염은 안경의 2/3 정도이다. 아랫입술 중앙의 봉합부는 거꾸로 된 심장형이거나 쌍을 이룬 난형의 구엽이다. 눈은 크고, 머리 옆면의 거의 중앙 위쪽에 있다. 측선은 완전하며, 전반부는 배 쪽으로 약간 굽었으나 후반부는 거의 직선이다. 가슴지느러미 기부의 복부에는 비늘이 없다. 등 쪽은 담갈색이고 배 쪽은 은백색이다. 등 쪽에 있는 각 비늘의 가장자리는 검은색 소포가 침착되어 마름모꼴 무늬를 띠며, 체측중앙에는 불분명한 긴 줄무늬가 있고, 그 위에 겹쳐서 7~11개의 갈색 반점이 나타난다. 각 지느러미는 반문이 없고 투명하다.

생태⇒ 하천 중·하류의 모랫바닥에서 미세한 부착 조류와 수서 곤충을 먹고 산다.

분포⇒ 한국 고유종으로, 낙동강, 금강, 한강 등에 분포한다.

참고⇒ UCHIDA(1939)가 처음으로 *Microphysogobio* sp.라고 보고하였던 것을 BANARESCU and NALBANT가 1973년 *M. tungtingensis uchidai*를 기재하면서 *Microphysogobio* sp.를 동종 이명으로 처리하였으나, 김·양(1999)의 모식 표본 조사 결과 *M. t. uchidai*는 *M. yaluensis*의 어린 개체였음을 확인한 후 *Microphysogobio* sp.는 *M. jeoni*로 기재, 보고되었다(KIM and YANG, 1999).

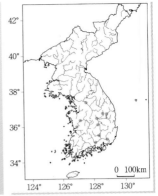

됭경모치

서식지(경북 예천)

배가사리

63 . 배가사리

Microphysogobio longidorsalis MORI, 1935

·········· <모래무지아과>

방언⇒ 큰돌붙이
전장⇒ 8~14cm

입의 구조

형태⇒ 몸의 뒷부분이 약간 납작한 난원형이다. 등지느러미 연조 수 7개, 뒷지느러미 연조 수 5~6개, 측선 비늘 수 40~41개, 새파 수 8~11개이다. 등지느러미 가장자리는 뚜렷하게 볼록하나 배지느러미는 편평하다. 주둥이는 뭉툭하고, 그 위쪽은 약간 오목하다. 주둥이 밑에 있는 입은 활 모양으로, 윗입술의 피질 소돌기가 일렬이지만 양측으로 갈수록 차츰 작아져 여러 줄로 되어 있다. 하악은 상악보다 짧다.

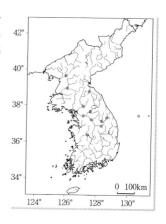

눈은 머리 옆면 중앙보다 약간 위쪽에 있다. 측선은 완전하나 전반부는 약간 아래쪽으로 굽어 있고 후반부는 직선이다. 등 쪽은 암갈색이고 배 쪽은 흰색이다. 몸 옆구리에는 불분명한 갈색 줄무늬가 있고, 체측 중앙에 8~9개의 갈색 점이 일렬로 배열한다. 등지느러미와 꼬리지느러미에는 작은 검은 점이 규칙적으로 배열하여 줄무늬를 이룬다. 산란기 수컷은 몸 전체가 검게 변하며, 등지느러미 가장자리는 선명한 붉은색을 띤다.

생태⇒ 맑고 깨끗한 중·상류의 여울이 있는 자갈 바닥 가까이 살며, 주로 부착 조류를 먹고 산다. 산란기는 6~7월로 추정된다.

분포⇒ 한강, 임진강, 금강 및 대동강에 분포한다.

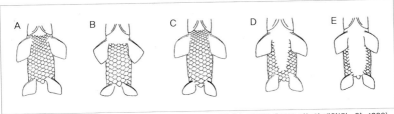

모래주사속 어류의 흉복부 비늘의 배열(김·양, 1999)
A. 배가사리   B. 됭경모치   C. 모래주사   D. 돌마자   E. 여울마자

서식지(강원 영월)

두우쟁이

64. 두우쟁이 *Saurogobio dabryi* (BLEEKER, 1871) ····················· <모래무지아과>

영명⇒Chinese gudgeon   방언⇒생새미   전장⇒20~25cm

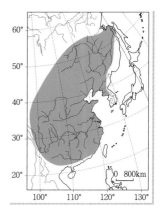

형태⇒ 몸은 가늘고 길며 거의 원통형에 가깝다. 머리는 약간 크고 낮다. 등지느러미 연조 수 8개, 뒷지느러미 연조 수 6개, 측선 비늘 수 49~51개, 새파 수 13~15개, 척추골 수 43~45개이다. 주둥이는 길고 그 앞 끝은 둔하며, 입은 주둥이 밑에 있고 거의 수평이다. 입술은 위아래 모두 두껍고 피질 소돌기가 있다. 눈은 큰 편이고 머리의 옆면 중앙보다 약간 뒤쪽 위에 있다. 측선은 완전하고, 등지느러미 기점 밑까지는 배 쪽으로 약간 굽었지만 그 뒤로는 거의 직선이다. 등지느러미는 몸통의 앞쪽에 있다. 등 쪽은 청갈색이고 배 쪽은 은백색이다. 몸 옆면의 중앙에는 어두운 종대가 있고, 그 위에 동공만한 10~15개의 암점이 불규칙하게 배열되어 있다. 머리의 등 쪽은 암갈색이고, 아가미뚜껑에는 삼각형 모양의 어두운 반점이 있다. 가슴지느러미, 배지느러미 및 뒷지느러미는 밝은 색이지만 등지느러미와 꼬리지느러미는 검은색이다.

생태⇒ 큰 하천의 모래가 깔린 바닥 가까이 살면서 주로 부착 조류와 갑각류, 그리고 수서 곤충을 먹고 산다. 산란기는 4월경으로 알은 수초에 붙인다.

분포⇒ 임진강, 한강, 금강, 압록강 및 대동강에 분포하고, 중국과 베트남 및 시베리아에도 서식한다.

황어아과
Leuciscinae

몸은 길고 측편되어 있으며, 복부 중앙은 약간 둥글다. 입수염은 없고, 측선은 완전하지만 불분명한 경우도 있다. 등지느러미 연조 수는 7~11개이고 새파는 짧지만 잘 발달되었다. 부레는 2개의 방으로 구분된다. 안상관(supraorbital canal)과 안하관(infraorbital canal)은 연결되지 않았다.

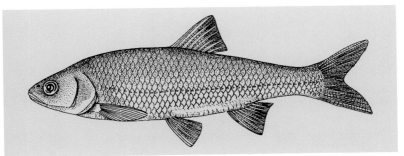

야레

65. 야레 *Leuciscus waleckii* (DYBOWSKI, 1869) ·················· <황어아과>

전장⟹ 15~30cm

형태⟹ 몸은 길고 납작하다. 등지느러미 연조 수 7개, 뒷지느러미 연조 수 9~10개, 측선 비늘 수 47~51개, 새파 수 11~12개, 척추골 수 42개, 인두치는 2열이다. 눈은 크고, 입술의 위아래는 모두 미끈하다. 측선은 완전하고, 전반부는 아래쪽으로 굽어 있다. 꼬리지느러미 후연은 안쪽으로 깊이 패었다. 살아 있는 표본은 몸 전체가 은백색으로 등 쪽은 담갈색을 띠며, 모든 지느러미는 붉은색을 띤다.

생태⟹ 물 흐름이 빠른 하천 상·중류에서 주로 수서 곤충을 먹고 산다. 생활사에 대해서는 알려진 점이 별로 없다.

분포⟹ 압록강, 두만강, 함경 북도 남대천 상·중류에 서식한다. 중국 대륙의 헤이룽강, 랴오허강, 황허와 사할린에도 분포한다.

백련어

66. 백련어

Hypophthalmichthys
molitrix
(CUVIER and
VALECIENNES)
.... < 황어아과 >

영명⇒ silver carp
방언⇒ 기념어
전장⇒ 40~100cm

형태⇒ 몸은 측편되었고 체고는 높다. 등지느러미 연조 수 7개, 뒷지느러미 연조 수 11~12개, 측선 비늘 수 97~104개이다. 눈은 작고 체측 중앙보다도 아래쪽에 있다. 입은 주둥이 끝에 비스듬히 위쪽을 향해 있고, 수염은 없다. 인두치는 일렬, 새파는 유합되어 스펀지 모양이다. 비늘은 원린이고, 측선은 완전하며, 앞부분에서는 아래쪽으로 내려가다가 미병부 가까이에서 약간 위로 올라가 직선이 된다. 배 쪽 중앙에는 융기연이 형성되어 항문에 이른다. 등 쪽은 녹갈색을 띠며, 복부는 은백색, 배지느러미와 가슴지느러미의 가장자리는 노란색을 띤다. 산란기에 암수 모두 암갈색으로 된 주름 모양의 반문이 나타난다.

생태⇒ 큰 강의 하류나 그 곳과 연결되는 큰 저수지의 수면 가까이에서 주로 식물성 플랑크톤을 먹고 산다. 온수성 어류로 수온 22~23℃에서 활동하다가 16℃ 이하로 떨어지면 수심이 깊은 곳으로 이동한다. 알의 수는 50만 개 정도로, 수정된 지 2일 만에 부화한다. 치어는 주로 규조류와 녹조류 등을 먹으며 빠르게 성장한다.

분포⇒ 원산지는 아시아 동부로서, 북쪽은 헤이룽강 수계로부터 남쪽은 화남(華南) 또는 북베트남에 분포한다.

참고⇒ 세계적으로 중요한 양식 대상종이다. 1963년 일본으로부터 치어 20,000마리를 수입하여 낙동강에 방류하였으나 정착되지 않았다. 간혹 대형 댐에서 전장 100cm에 달하는 개체가 출현하기도 한다.

대두어

67. 대두어

Aristichthys nobilis (Richardson)
········· < 황어아과 >

영명⇒ bighead carp

전장⇒ 100cm

형태⇒ 몸은 긴 난원형으로 측편되었고 체고는 높다. 등지느러미 연조 수 7개, 뒷지느러미 연조 수 12~13개, 측선 비늘 수 96~103개이다. 입수염은 없고, 배 쪽 중앙 배지느러미 기부 앞쪽부터 항문까지 융기 연이 있다. 비늘은 둥글고, 측선은 완전하며, 앞부분에서는 아래쪽으로 굽어져 내려오고 그 다음부터는 거의 직선으로 이어진다. 백련어보다 체색이 더 검고 등 쪽에는 암녹색의 구름 모양 반점이 있다.

생태⇒ 용존 산소가 적은 수중에서도 잘 견딘다. 주로 동식물성 플랑크톤을 섭식한다. 백련어보다 더 깊은 곳을 좋아한다.

분포⇒ 원산지는 중국 대륙 남부와 라오스, 베트남 등의 온대 및 열대 지방의 호수이다. 세계적으로 중요한 양식 대상종으로 널리 이식되어 분포한다. 한강 수계에서도 가끔 출현한다.

참고⇒ 국내에서는 1967년에 대만에서 치어를 수입하여 양식을 시도하였으나, 우리 나라 기후에 적응하지 못하여 자연 번식이 이루어지지 못하였다. 이 종의 국명에 대하여 정(1977)은 '흑연'이라고 하였으나, 일반적으로 '대두어'라는 이름이 널리 사용되고 있으며, 이 종류 가운데 머리가 가장 큰 특징을 가지고 있어서 '대두어'라고 하였다.

황어

잉어목(Cypriniformes)

68. 황어

Tribolodon hakonensis
(GÜNTHER, 1880)
·············· <황어아과>

영명⇒ sea rundace
전장⇒ 15~20cm

형태⇒ 몸은 길게 측편되었고 주둥이 앞 끝은 뾰족하다. 등지느러미 연조 수 7개, 뒷지느러미 연조 수 7~8개, 측선 비늘 수 76~89개, 새파 수 14~16개, 척추골 수 43~46개이다. 입술은 말굽 모양으로 비스듬히 위쪽을 향해 있고, 상악의 후단은 안와 전단의 바로 아래에서 끝난다. 측선은 완전하다. 두부의 측선 감각계 가운데 전새개 하악관(POM)과 안하관 후부(POC)가 불연속이다. 등지느러미 기저는 짧고 정상부는 뾰족하며 상후연은 거의 직선이다. 미병부는 옆으로 납작하다. 산란기에 수컷은 몸 전체에 추성이 나타나는데, 특히 머리와 몸 등 쪽 면에 뚜렷하다. 등 쪽은 진한 청갈색 혹은 황갈색이고 배 쪽은 은백색이다. 산란기인 봄에는 암수 모두 몸의 옆면과 지느러미의 일부에 적황색 띠가 나타나는데, 이러한 혼인색은 수컷에서 더욱 뚜렷하다. 수컷의 체측에 3열의 적황색 띠가 나타난다.

생태⇒ 물이 비교적 맑은 하천에서 산다. 회유성 어류로서 대부분 일생을 바다에서 보내고 산란기인 3월 중순경 하천으로 소상한다. 잡식성이다.

분포⇒ 동해와 남해로 유입하는 하천에 분포하며, 일본과 사할린에도 서식한다.

참고⇒ 이전에는 *Tribolodon taczanowskii*를 학명으로 하였으나 (UCHIDA, 1939; 정, 1977), MORI(1936, 1952)는 한반도에 *T. hakonensis*와 *T. brandti* 2종이 서식함을 보고했다. 그 후 JEON and SAKAI(1984)는 두부 측선 감각계 구조 확인으로 2종의 국내 출현을 보고하였다.

황어의 산란 행동

황어의 산란장

서식지(전남 구례)

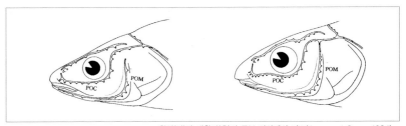

황어(좌)와 대황어(우)의 두부 감각계의 비교(JEON and SAKAI, 1984)

대황어

69. 대황어

Tribolodon brandti
(DYBOWSKI, 1872)

········ < 황어아과 >

방언⇒ 강황어
전장⇒ 35~55cm

형태⇒ 몸은 황어와 비슷하지만 주둥이가 뾰족하다. 등지느러미 연조 수 7개, 뒷지느러미 연조 수 7~8개, 측선 비늘 수 81~96개, 척추골 수 43~46개, 새파 수 13~16개, 인두치 2열이다. 윗입술이 아랫입술을 덮고 있으며, 측선은 완전하다. 두부 측선 감각계 가운데 전새개 하악관과 안하관 후부가 접속된다. 등 쪽은 암청색 또는 황갈색이고 배 쪽은 은백색이다. 산란기에는 암수 모두 배 쪽을 지나는 일렬의 적황색 줄무늬가 있다.

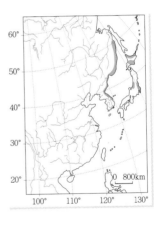

생태⇒ 하천의 기수역과 연해의 비교적 얕은 곳에 살면서 패류나 갯지렁이를 먹고 산다. 산란기는 4~5월이다.

분포⇒ 동해안 죽산천, 송천천, 추천천 및 광정천에 서식하고, 일본과 오호츠크해 서부, 사할린에 분포한다.

연준모치

70. 연준모치 _Phoxinus phoxinus_ (Linnaeus, 1758) ······················· <황어아과>

영명⇒ minnow   방언⇒ 모치   전장⇒ 6~8cm

형태⇒ 몸은 길고 측편되었다. 등지느러미 연조 수 7개, 뒷지느러미 연조 수 7개, 종렬 비늘 수 71~90개, 새파 수 7~10개, 척추골 수 40개이다. 입의 전단은 뭉툭하고 아래쪽에 있으며, 하악은 상악보다 짧다. 수염은 없다. 체측에는 불분명한 반문이 14~17개 종렬한다. 측선은 미병부까지 있으나 미병부 중간에서는 불완전해서 볼 수 없는 경우가 있다. 비늘은 작고 얇아 벗겨지기 쉽다. 등지느러미는 배지느러미보다 뒤쪽에 있고, 꼬리지느러미는 깊게 갈라져 있다. 성숙한 수컷은 머리에 추성이 뚜렷하며, 암컷에서도 추성이 나타난다. 등 쪽은 녹갈색 혹은 보랏빛을 띤 갈색이고, 배쪽은 은백색이다. 눈동자는 은백색이나 황금색으로 빛난다. 산란기에 수컷은 체측에 진한 주황색을 띤다.

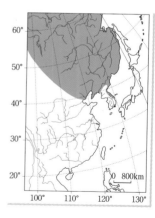

생태⇒ 물이 맑고 찬 계류의 자갈이 깔린 곳에 떼지어 살며, 수서 곤충, 소형의 갑각류, 부착 조류 및 동식물의 조각을 먹고 산다. 산란기는 4월이며, 자갈 밑으로 파고들어가 산란한다.

분포⇒ 삼척 오십천과 남한강 상류, 압록강, 두만강과 유럽, 시베리아, 중국 대륙에 널리 분포한다.

연준모치

서식지(강원 삼척 미로)

버들치

71. 버들치 *Rhynchocypris oxycephalus* (SAUVAGE and DABRY, 1874)

························<황어 아과>

영명⇒ Chinese minnow   **전장**⇒ 10cm

형태⇒ 몸은 가늘고 길며 약간 납작하다. 등지느러미 연조 수 6~7개, 뒷지느러미 연조 수 6~7개, 측선 비늘 수 72~78개, 새파 수 5~7개, 척추골 수 40~42개이다. 입은 주둥이 끝에서 약간 아래쪽에 있다. 상악은 하악을 둘러싸고 그 전단은 뾰족하고 돌출되었으며 입수염은 없다. 측선은 완전하고, 그 앞부분은 배 쪽으로 약간 휘었다. 등지느러미 기점은 안와 후연과 꼬리지느러미 기저의 중간에 있다. 몸은 황갈색 바탕에 등 쪽은 암갈색이고 배 쪽은 담색이다. 체측의 등 쪽에는 흑갈색의 작은 반점이 산재한다. 가슴지느러미, 등지느러미 및 꼬리지느러미의 기조는 암색을 띠지만 배지느러미와 뒷지느러미는 담색을 띤다. 가슴지느러미와 배지느러미는 수컷이 암컷에 비하여 약간 길고, 산란기의 성숙한 수컷의 머리에는 미소한 과립이 있다.

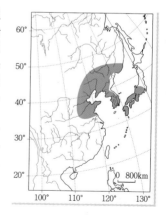

생태⇒ 산간 계류의 차가운 물이나 강 상류에서 수서 곤충이나 갑각류, 실지렁이, 부착 조류를 먹고 산다. 산란기는 4월 중순~5월 중순이다.

분포⇒ 서·남해로 유입되는 하천의 상·중류와 남부 동해안에 있는 하천, 그리고 중국 북부, 일본의 중·남부에 분포한다.

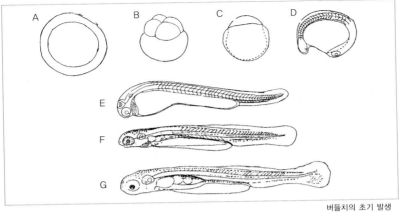

버들치의 초기 발생

A. 수정란   B. 4세포기   C. 낭배기   D. 2구 체절기   E. 부화 직후   F. 부화 후 2일   G. 부화 후 4일

서식지(무주 구천동)

버들개

72. 버들개

*Rhynchocypris
steindachneri*
(DYBOWSKI, 1869)
·········· < 황어아과>

영명⇒ Amur minnow
방언⇒ 동북버들치
전장⇒ 12cm

형태⇒ 몸은 가늘고 길며 옆으로 약간 넓적하다. 등지느러미 연조 수 7개, 뒷지느러미 연조 수 7개, 측선 비늘 수 80~88개, 새파 수 8~9개, 척추골 수 41~42개이다. 주둥이는 끝이 뾰족하며, 하악이 상악보다 약간 짧다. 입수염은 없고 측선은 완전하다. 등지느러미 기점은 외비공과 꼬리지느러미 기저의 중간에 있다. 몸은 황갈색이나 버들치보다는 노란색이 옅다. 반문의 변이는 심하나 체측에 작은 검은 점이

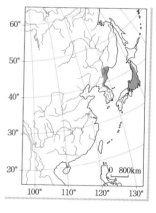

불규칙하게 나열되어 있고, 체측 중앙을 가로지르는 희미한 검은색 줄 무늬가 미병부까지 걸쳐 있다.

생태⇒ 산간 계류의 맑고 차가운 수역에서 큰 개체와 작은 개체들이 무리지어 유영하면서 수서 곤충, 플랑크톤 및 부착 조류 등을 먹고 산다. 산란기는 4월 중순~5월 중순이다.

분포⇒ 동해안으로 유입되는 하천 가운데 강릉 남대천과 그 이북에 있는 하천에 주로 분포하지만, 임진강 일부 수역에서도 출현한다. 중국의 북부, 만주 및 일본의 북부와 연해주 등지에도 분포한다.

버들개

서식지(강원 양양 오색 약수)

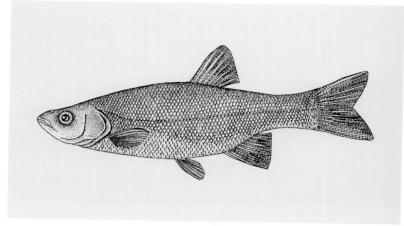

동버들개

73 . 동버들개

Rhynchocypris
percnurus
(PALLAS, 1811)
················ < 황어아과 >

방언⇒ 못버들치
전장⇒ 6~10cm

형태⇒ 체고는 높고 머리는 납작하다. 등지느러미 연조 수 7개, 뒷지느러미 연조 수 7~8개, 측선 비늘 수 74~83개, 새파 수 10~16개, 척추골 수 37개, 인두치 2열이다. 주둥이 끝은 둥글고 짧다. 큰 눈은 옆면에서 앞쪽에 치우쳐 있고, 양안 간격은 넓다. 측선은 완전하다. 꼬리지느러미 기부에 1개의 검은 점이 있다. 노란색 바탕에 등 쪽은 암갈색 띠가 있고 배 쪽은 밝은 색이다.

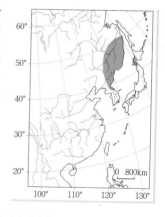

생태⇒ 맑은 하천의 중ㆍ하류의 작은 하천이나 염분이 약간 포함된 저수지에서 작은 갑각류와 수서 곤충, 부착 조류 등을 먹고 산다. 산란기는 6~7월이며, 물가의 수초가 있는 곳에 산란한다.

분포⇒ 함경 남ㆍ북도의 동해안으로 유입하는 작은 하천이나 저수지 등에 서식하며, 일본 북해도, 시베리아 연해주와 사할린에 분포한다.

버들치속 어류의 종 검색표

1a. 등지느러미 기부에 뚜렷한 검은색 반점이 없다. ···························· 2

 b. 등지느러미 기부에 검은색 반점이 있다. ···························· 4

2a. 체고가 낮아서 체고/체장 백분비는 18~26%, 안경/두장 백분비는 15~21%이다.
··················· 3

 b. 체고는 높아서 체고/체장 백분비는 27~31%, 안경/두장 백분비는 26~28%이다.
················· 동버들개(*Rhynchocypris percnurus*)

3a. 등지느러미 기점은 동공 후연과 꼬리지느러미 기부의 중간에 있고, 미병고/미병
장 백분비는 63~77%이다. 측선 상부 비늘 수는 18~22개이다.··········
················· 버들치(*R. oxycephalus*)

 b. 등지느러미 기점은 후비공 후연과 꼬리지느러미 기부의 중간에 있고, 미병고/미
병장 백분비는 53~62%이다. 측선 상부 비늘 수는 23~28개이다.··········
················· 버들개(*R. steindachneri*)

4a. 산란기에 체측에 2개의 노란색 띠가 길게 이어지며, 미병고/미병장 백분비는
40~45%이다. ··················· 금강모치(*R. kumkangangensis*)

 b 산란기에 체측에 노란색 띠가 없고, 미병고/미병장 백분비는 52~63%이다. ·······
················· 버들가지(*R. semotilus*)

버들치

버들개

동버들개

금강모치

금강모치

74. 금강모치

Rhynchocypris
kumgangensis
(KIM, 1980)

.... < 황어아과>

영명⇒Kumgang
fat minnow

전장⇒ 7~8cm

형태⇒ 몸은 길고 납작하며, 주둥이는 뾰족하고 눈은 비교적 크다. 등지느러미 연조 수 7개, 뒷지느러미 연조 수 7~8개, 측선 비늘 수 59~66개, 새파 수 7~9개, 척추골 수 42~44개이다. 체측에는 작은 비늘이 덮여 있고, 측선은 완전하며 거의 직선이다. 배지느러미 기점은 등지느러미 기점보다 훨씬 앞쪽에 있고, 등지느러미 정상부는 뾰족하며 뒤쪽 가장자리는 직선이다. 미병부는 길며, 꼬리지느러미 뒤쪽 가장자리의 중앙은 비교적 깊이 패었다. 등 쪽은 황갈색이고 배 쪽은 은백색이다. 산란기의 수컷은 체측 중앙에 2줄의 주황색 띠가 머리 뒤에서 미병부까지 이른다. 가슴지느러미 기부에도 주황색을 띤다. 등지느러미 기부 위에는 뚜렷한 검은색 반점이 있어 버들치나 버들개와 잘 구별된다.

생태⇒ 심산 유곡의 물이 맑고 찬 계류에 서식하면서 주로 수서 곤충이나 작은 갑각류를 먹고 산다. 산란기는 4~5월이다. 산란 장소는 깨끗한 자갈이 깔려 있는 여울부의 바닥이다.

분포⇒ 한국 고유종으로, 한강의 최상류와 금강의 무주 구천동 계곡에서만 제한적으로 분포한다. 대동강과 압록강에도 분포한다.

참고⇒ UCHIDA는 1939년 압록강과 북한강의 이 종 표본에 대하여 미확인 종 *Moroco* sp.로 기재, 보고하면서 명명을 하지 않았으나, 북한의 김리태(1980)가 *Phoxinus kumgangensis*라 명명하고 국문으로 간단히 기재하였다. 속명은 HOWES(1985)에 따라 *Rhynchocypris*라 하였다.

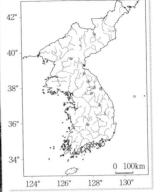

금강모치

서식지(강원 오대산 명계 계곡)

버들가지

75. 버들가지 *Rhynchocypris semotilus* (Jordan and Starks, 1905)

<황어아과>

영명⇒ black star fat minnow   방언⇒ 등점버들치   전장⇒ 10cm

형태⇒ 버들치나 버들개와 유사하지만 몸이 비교적 짧고 굵은 편이다. 등지느러미 연조 수 7~8개, 뒷지느러미 연조 수 7개, 측선 비늘 수 66~76개, 새파 수 6개, 척추골 수 37~39개이다. 머리는 약간 크고, 주둥이는 그 끝이 둥글고 하악이 상악보다 짧으며 눈은 크다. 비늘은 작아 육안으로 거의 구별되지 않는다. 등지느러미 기점은 배지느러미 기점보다 약간 뒤에 있으며, 등지느러미 기조의 바깥쪽 가장자리의 중앙은 얕게 패었다. 수컷에는 2차 성징으로 추성이 나타난다. 몸은 갈색 바탕에 등 쪽은 진하고 배 쪽은 옅다. 등지느러미 기부에 검은색 반점이 있다. 체측의 비늘에는 가장자리에 갈색 색소포가 밀집되어 있어 초승달 모양으로 보인다. 살아 있을 때 가슴지느러미 기부는 진한 노란색을 띠고, 등지느러미와 뒷지느러미 및 가슴지느러미 앞부분에는 노란색 띠가 있는 경우가 많다.

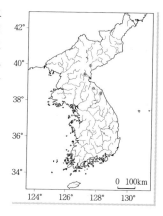

생태⇒ 산간 계류의 물이 맑고 찬 곳에 서식하며, 수서 곤충을 주로 먹고 산다. 산란기는 4~5월로 추정되지만 생활사는 거의 알려지지 않았다.

분포⇒ 한국 고유종으로, 강원도 고성군 송현천, 고성 남강, 금강산의 적벽강 상류 안변천에 서식한다.

잉어목(Cypriniformes)

댐 건설이 하천 생태계에 미치는 영향

우리 나라의 평균 강수량은 1298mm로 많은 양의 비가 내리지만 대부분 6~9월에 집중되어 홍수와 가뭄이 연례적으로 반복되기 때문에 댐 건설이 요구되어 왔다. 그러나 댐 건설로 인하여 다음과 같은 예기치 않은 문제가 야기되었다.

첫째, 댐이 건설되면 하천이 정체되므로 부영양화 등 심각한 수질 오염이 나타나 원래의 목적대로 물을 이용할 수 없다.

둘째, 댐이 완공되면 하천에 서식하는 많은 종류의 생물들이 그들의 원래 서식처를 잃게 되므로 생물 다양성이 현저하게 감소된다.

셋째, 댐, 호가 완성되면 기상 조건 등의 변화로 수증기 증발량 증가와 안개로 농업 생산량이 감소되고, 이전에 없던 주민들의 호흡기 질병이나 풍토병이 빈발한다.

입은 크고 주둥이 끝에 있으며 뒤쪽을 향해 있다. 등지느러미 연조 수는 7개이고, 새파는 짧고 수가 적으며, 비늘은 크다. 산란기에 수컷의 머리에는 각질의 추성이 뚜렷하며 혼인색을 띤다.

왜몰개

76. 왜몰개 *Aphyocypris chinensis* GÜNTHER, 1868 ·························· <피라미아과>

영명⇒ Venus fish   방언⇒ 농달치   전장⇒ 6cm

형태⇒ 몸은 소형으로 옆으로 납작하며 체고가 높다. 등지느러미 연조 수 7개, 뒷지느러미 연조 수 6~7개, 측선 비늘 수 31~34개, 새파 수 6~10개, 척추골 수 33~36개이다. 입은 크고 머리 전단에서 위쪽으로 향해 있고, 그 후단은 안와 전연의 바로 아래에 이르며, 하악은 상악보다 길고 입수염은 없다. 비늘은 크고 측선은 불완전해서 새개 상후단에서 시작하여 4~9째 번 비늘까지 아래쪽으로 굽어지다가 그 다음부터는 보이지 않는다. 배지느러미 기부 뒤에는 뒷지느러미 기점 앞까지 약간 돌출된 융기연이 있다. 등 쪽은 갈색, 배 쪽은 은백색이다. 체측 중앙에서 미병부까지 불투명한 폭넓은 갈색 띠가 있다. 등지느러미와 꼬리지느러미는 어두운 색이고 다른 지느러미는 무색이다.

생태⇒ 하천 중·하류의 소하천이나 농수로의 흐름이 거의 없는 곳에서 떼를 지어 서식한다.

산란기는 5~6월로 수초에 알을 붙인다. 공중으로부터 물 속으로 낙하하는 곤충을 먹으며 송사리와 혼서한다.

분포⇒ 동해로 유입되는 하천을 제외한 서해와 남해로 흐르는 여러 하천에 서식하며, 타이완, 중국과 일본에도 분포한다.

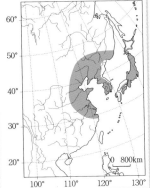

왜몰개-송호복 박사 제공

서식지(전북 심례)

피라미아과(Danioninae = Rasborinae)

177

갈겨니(含)

77. 갈겨니

Zacco temminckii
(TEMMINCK and
SCHLEGEL, 1846)
.... <피라미아과>

영명⇒ dark chub
방언⇒ 불지네
전장⇒ 10~15cm 내외
이나 20cm에
달하는 개체도
있다.

형태⇒ 머리는 비교적 큰 편이고 눈도 크다. 등지느러미 연조 수 7~8개, 뒷지느러미 연조 수 9~10개, 측선 비늘 수 48~52개, 측선 상부 비늘 수 11~12개, 새파 수 9~11개, 척추골 수 42~45개이다. 주둥이는 짧고 끝은 다소 뭉툭하다. 입수염은 없다. 측선은 완전하고 몸통 중앙부에서는 아래쪽으로 오목하게 이어진다. 뒷지느러미는 가운데 기조가 다른 기조보다 길다. 등 쪽의 체색은 녹갈색이며, 배

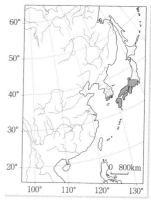

쪽은 은백색, 체측 하단부는 분홍색, 체측 상단부는 연한 녹갈색이다. 등지느러미 기점 아래의 체측 중앙에서부터 미병부까지에는 청색이나 담흑색의 폭넓은 띠가 있다. 동공의 위에 적색 띠가 있다. 산란기가 되면 수컷은 온몸이 분홍색을 띠는데, 아가미뚜껑, 배의 위쪽, 가슴지느러미, 배지느러미, 뒷지느러미, 그리고 꼬리지느러미는 담황색을 띠고, 복면의 중앙과 뒷지느러미 기부의 체측, 그리고 등지느러미 아래의 옆면은 보랏빛이나 홍적색을 띤다. 피라미와 혼동하는 경우가 많으나, 갈겨니는 눈이 크고 체측에 세로로 뻗은 줄무늬가 있다. 그러나 피라미는 눈이 작고 가로로 뻗은 여러 개의 띠가 있어 쉽게 구분된다.

생태⇒ 하천 중·상류의 물의 흐름이 완만한 곳에 서식하며, 상류 계곡

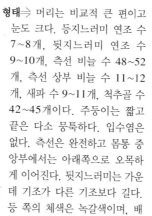

추성

까지 올라가면서 주로 수서 곤충을 먹고 산다. 산란기는 5~8월이다.

분포⇒ 우리 나라에서는 영산강, 탐진강 및 낙동강과 인근 섬에 출현한다. 일본에도 분포한다.

갈겨니(우)

서식지(전북 무주 내도리)

피라미(♂)

78. 피라미 *Zacco platypus* (TEMMINCK and SCHLEGEL, 1902) ········· <피라미아과>

영명⇒ pale chub　방언⇒ 행베리　전장⇒ 12~15cm 내외이나 17cm에 달하는 개체도 있다.

형태⇒ 몸은 옆으로 납작하고 길다. 등지느러미 연조 수 7개, 뒷지느러미 연조 수 9개, 측선 비늘 수 42~45개, 새파 수 13~16개, 척추골 수 40~41개이다. 입은 주둥이 전단 아래에서 위쪽을 향해 있고, 상악이 하악보다 앞으로 돌출되었으며, 상악의 후단은 눈의 앞쪽 가장자리의 밑에 달한다. 측선 비늘은 완전하며, 배 쪽으로 심하게 휘어 있다. 몸은 진한 청색에 등 쪽은 더 짙고 배는 은백색이다. 체측에는 10~13개의 청갈색 횡반이 있으며, 그 중간은 연한 적색이나 노란색을 띤다. 수컷은 산란기에 연한 청색에 밝은 적색이 군데군데 나타나므로 '붉거지'라는 방언으로 불리기도 한다. 등지느러미의 앞 가장자리, 가슴지느러미, 배지느러미, 그리고 뒷지느러미의 기조막은 밝은 적색을 띠며, 몸의 배와 측면의 진한 청색 반문 사이에 붉은색을 띤다.

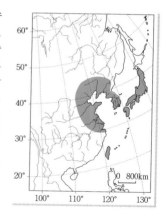

생태⇒ 물이 맑은 하천 중류의 여울에 많이 나타나며, 자갈이나 모래에 붙어 있는 수서 곤충의 유충을 먹기도 하지만 주로 부착 조류를 섭식한다. 산란기는 5~7월이다.

분포⇒ 서해와 남해로 유입하는 하천과 저수지에 분포한다. 중국, 타이완, 일본에도 분포한다.

참고⇒ 우리 나라 민물고기 가운데 중·상류에 가장 흔한 종류이다.

피라미-송호복 박사 제공

서식지(전북 진안)

끄리

79. 끄리 *Opsariichthys uncirostris amurensis* BERG, 1940 ················ <피라미아과>

영명⇒Korean piscivorous chub　방언⇒어혜　전장⇒20~40cm

형태⇒ 몸은 길고 납작하며 후두부는 아주 높다. 등지느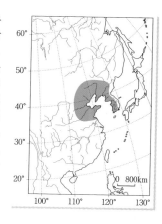
러미 연조 수 7개, 뒷지느러미 연조 수 9개, 측선 비늘
수 46~48개, 새파 수 10~13개, 척추골 수 44개이다.
입은 매우 크고 문단은 위쪽을 향해 있다. 상악 후단은
눈의 앞쪽 가장자리 밑에 달하고, 하악은 상악과 맞도
록 볼록하게 굽어 V자 모양이다. 입수염은 없다. 측선
은 완전하며, 배지느러미 기점 위에서 아래로 심하게
굽었고, 미병부에서는 다시 위로 향하고 있다. 등지느
러미 기점은 배지느러미 기점과 거의 수직선상에 있
다. 새공은 아주 크고, 새조골막은 입의 뒤쪽 끝의 아
래에 도달한다. 등 쪽은 진한 갈색이고 배 쪽은 은백색
이다. 지느러미는 어두운 색 또는 진한 갈색이다. 산란
기가 되면 수컷은 머리 밑에서 배까지 주황색을 띠며,
가슴지느러미, 배지느러미, 그리고 뒷지느러미의 일부도 주황색을 보이고 등 쪽은 청자색이
다. 성숙한 수컷의 추성은 상·하악, 새개 하부, 뺨, 미병부 및 뒷지느러미 기조에 나타난다.
생태⇒ 큰 강의 하류와 저수지에 서식하면서 부착 조류, 수초와 수서 곤충, 어류, 작은 동물 등
을 먹고 산다. 산란기는 5~6월로 추정된다. 만 1년에 전장 8~10cm, 2년에 12~15cm, 3
년이 지나면 전장 18cm 이상으로 자란다.

182

분포⇒ 동해로 흐르는 하천을 제외한 전 하천에 서식하며, 중국, 일본 및 시베리아 유역에도 분포한다.

피라미아과(Danioninae=Rasborinae)

서식지(전북 임실 신평)

눈불개

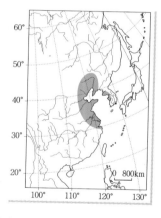

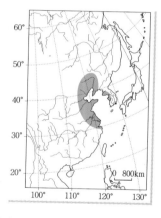

80. 눈불개

Squaliobarbus
curriculus
(RICHARDSON, 1846)
·············· <피라미아과>

방언⇒ 홍안자
전장⇒ 20~30cm

형태⇒ 몸은 길고 원통형이지만 미병부는 납작하다. 등지느러미 연조 수 7개, 뒷지느러미 연조 수 6~7개, 측선 비늘 수 47~48개, 새파 수 14개, 척추골 수 45~46개이다. 머리는 작고 원추형으로 입가에 1쌍의 짧은 수염이 있다. 눈은 머리의 중앙보다 앞쪽에 있고 상악이 하악보다 약간 길다. 측선은 완전하고, 배 쪽으로 약간 굽어 있다. 등지느러미 기점은 배지느러미 기점보다 약간 앞쪽에 있다. 체측 상반부는 옅은 갈색이고 하반부는 은백색이다. 측선 위쪽에 있는 대부분의 비늘 중앙에는 반달 모양의 흑갈색 점이 있어서 7~8개의 줄처럼 보인다. 등지느러미와 꼬리지느러미는 짙은 회색이고 다른 지느러미는 회백색이다.

생태⇒ 유속이 완만한 큰 강의 하류에서 단독으로 살다가 산란기가 되면 떼를 이룬다. 잡식성으로 부착 조류, 수초 및 수서 곤충이나 물고기의 알을 섭식한다. 산란기는 6~8월로 추정되지만 생활사에 대해서는 잘 알려지지 않았다.

분포⇒ 대동강, 한강과 금강(강경)에 서식하며, 중국에 분포한다.

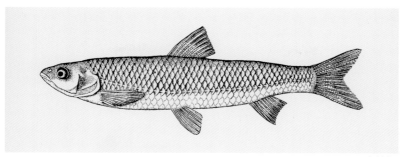

눈불개

피라미아과(Danioninae=Rasborinae)

서식지(전북 군산 하구둑)

185

잉어목(Cypriniformes)

강준치아과
Cultrinae

몸은 좌우로 심하게 측편되어 있다. 배지느러미 전후에서부터 뒷지느러미 앞부분까지에는 비늘이 변형된 날카로운 융기연이 있다. 대부분 동아시아에 분포하며, 우리 나라에는 3속 4종이 분포한다.

강준치

81. 강준치 *Erythroculter erythropterus* (BASILEWSKY, 1855)········· <강준치아과>

영명⇒ skygager   전장⇒ 40~50cm

형태⇒ 몸은 옆으로 납작하고 길며, 등 쪽의 외곽선은 거의 직선에 가깝다. 등지느러미 연조 수 7개, 뒷지느러미 연조 수 21~24개, 측선 비늘 수 82~93개, 새파 수 26~29개, 척추골 수 41개이다. 머리는 작은 편이고 그 등 쪽은 약간 안으로 굽었다. 하악이 발달하여 전상방으로 돌출되어 구각이 거의 수직이다. 비늘은 둥글고 얇으며, 측선은 완전하고 그 앞부분은 배 쪽에서 활처럼 아래쪽으로 굽어 있으나 후반부는 거의 직선이다. 가슴지느러미와 배지느러미 기부 사이에는 날카로운 비늘이 있으나 용골상의 융기연이 없다. 몸은 은백색으로 등쪽은 청갈색이다. 포르말린에 고정하면 옆면에 검은색 줄무늬가 보인다. 모든 지느러미는 반문이 없고 무색이다.

생태⇒ 유속이 완만하고 수량이 풍부한 큰 강 하류에 서식하며, 갑각류, 수서 곤충 및 치어를 먹고 산다. 산란기는 5~7월로 알은 수초에 붙인다. 성숙한 개체의 최소형은 수컷이 전장 10.5cm, 암컷은 전장 11.5cm이다. 만 1년에 전장 6~9cm, 2년에 10~12cm, 3년에 15cm 내외가 되며, 전장 20cm가 넘는 데는 적어도 5~6년이 걸린다.

분포⇒ 임진강, 한강, 금강, 압록강과 대동강 등에 분포한다. 중국의 화북 지방, 헤이룽강 수계 및 타이완에도 서식한다.

참고⇒ JORDAN and METZ(1913)가 서울에서 채집하여 기록한 *Culter ilishaeformis*는 이 종의 동종 이명이다.

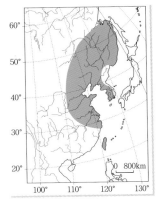

강준치-송호복 박사 제공

서식지(경기 광주)

강준치아과(Cultrinae)

백조어

82. 백조어 *Culter brevicauda* GÜNTHER, 1868 ·························· <강준치아과>

방언⇒ 냇뱅어   전장⇒ 20~25cm

형태⇒ 몸은 측편되고 길다. 등지느러미 연조 수 7개, 뒷 지느러미 연조 수 26~29개, 측선 비늘 수 64~72개, 새파 수 27~28개, 척추골 수 42~43개이다. 체폭은 비교적 넓고 머리는 납작하며, 머리의 등 쪽은 아래쪽으로 약간 굽어 있다. 하악이 발달되어 위쪽으로 돌출되어 있으며, 하악이 상악보다 훨씬 넓고 크다. 비늘은 크고 둥글며 기와 모양으로 덮여 있다. 측선은 완전하고 전반부는 아래쪽으로 굽어 있으며 후반부는 거의 직선이다. 복부의 융기연은 가슴지느러미 후단에서 시작하여 총배설강 직전에 이른다. 몸은 금속성 광택을 띠는 은백색으로, 등 쪽은 다소 푸른색을 띠고 배 쪽은 은백색이다. 모든 지느러미는 반문이 없으며, 등지느러미는 다소 검고 뒷지느러미와 꼬리지느러미는 노란색을 띤다.

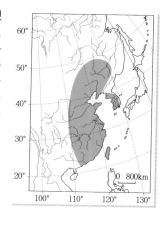

생태⇒ 큰 강 중·하류의 유속이 완만한 곳에 살며, 육식성으로 갑각류, 수서 곤충 및 치어를 먹고 산다. 산란기는 5월 말~7월 초까지로 추정된다. 만 1년에 전장 10~12cm, 2년에 15~20cm, 3년에 20~24cm에 달한다.

분포⇒ 낙동강, 금강, 영산강, 대동강 등에서 출현하며, 중국 대륙과 타이완에도 분포한다.

서식지(낙동강 하류)

강준치아과 어류의 속과 종 검색표

1a. 뒷지느러미 기저는 길어서 연조 수는 20개 이상이다. ································· 2

  b. 뒷지느러미 기저는 짧아서 연조 수는 12~14개이다. ···························· 3

2a. 흉복부에 용골 모양의 융기연이 없고, 측선 비늘 수는 82~93개이다. ·············
································· 강준치(*Erythroculter erythropterus*)

  b. 흉복부에 용골 모양의 융기연이 있고, 측선 비늘 수는 64~72개이다. ·············
································· 백조어(*Culter brevicauda*)

3a. 측선 비늘 수 50~55개, 새파 수 17~21개, 복부 융기연이 가슴지느러미 기저에
서 시작한다. ························· 치리(*Hemiculter eigenmanni*)

  b. 측선 비늘 수 45~49개, 새파 수 26~32개, 복부 융기연이 가슴지느러미 기저
후방보다 뒤에서 시작한다. ················· 살치(*Hemiculter leucisculus*)

치리

83. 치리

Hemiculter eigenmanni
(JORDAN and
METZ, 1913)
·········· <강준치아과>

영명⇒ Korean
sharpbelly
방언⇒ 살치
전장⇒ 15~20cm

형태⇒ 몸은 측편되고 약간 길다. 등지느러미 연조 수 7개, 뒷지느러미 연조 수 12~13개, 측선 비늘 수 50~55개, 새파 수 17~21개이다. 입은 주둥이 끝에 있는데 작고 위쪽을 향하며, 입수염은 없다. 눈은 크고 머리 중앙보다 앞쪽에 있으며, 상악 후단은 전비공의 밑에 이른다. 측선은 완전하지만 가슴지느러미 바로 뒤에서 아래쪽으로 깊게 내려가다가 후반부에서는 거의 일직선이다. 등 쪽의 외곽은 주둥이 끝에서 등지느러미 기점까지는 거의 직선으로 약간 위로 향하고, 후반부 등쪽 외곽은 직선으로 아래쪽을 향한다. 배의 가장자리에는 가슴지느러미 기저 뒤쪽 끝에서 항문 바로 앞까지 융기연이 있고, 배 쪽의 외곽은 주둥이 끝에서 항문까지 활처럼 휘어 아래쪽을 향하다가 뒷지느러미 기점에서 미병부 끝까지는 안쪽으로 약간 굽어지면서 위쪽을 향한다. 몸의 등 쪽은 청갈색이지만 배 쪽은 금속 광택의 은백색이다. 포르말린에 고정하면 몸 옆면에 암색의 줄무늬가 길게 나타난다.

생태⇒ 유속이 완만한 곳이나 저수지에 살면서 물의 표층이나 중층에서 유영한다. 식물의 종자, 수서 곤충이나 작은 동물 등을 먹는다. 산란기는 6~7월이다.

분포⇒ 서해와 남해로 유입하는 남부 하천 가운데 수원, 안성천, 금강, 만경강, 영산강과 섬진강에서 서식한다. 한국 고유종이다.

참고⇒ JORDAN and METZ(1913)가 수원과 그 주변에서 채집한 표본에 대하여 처음으로 기재, 보고하였다.

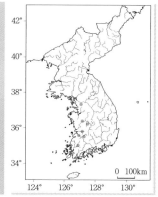

치리

서식지(전북 옥정호)

살치

84. 살치 *Hemiculter leucisculus* (BASILEWSKY, 1855) ·························· <강준치아과>

영명⇒sharpbelly   방언⇒강멸치   전장⇒18~20cm

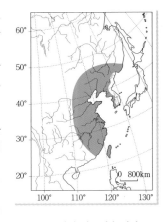

형태⇒ 몸은 길고 심하게 측편되었다. 등지느러미 연조 수 7개, 뒷지느러미 연조 수 12~14개, 측선 비늘 수 45~49개, 새파 수 26~32개, 척추골 수 37~39개이다. 머리와 몸통이 연결되는 부분의 등 쪽은 약간 오목하게 패었으며, 주둥이 끝에는 약간 위를 향한 입이 있다. 비늘은 벗겨지기 쉬우며, 복부의 융기연은 가슴지느러미 기부의 약간 뒤쪽에서 시작하여 항문까지 이어지는데, 가슴에서 배지느러미 사이의 융기연은 둔한 편이다. 꼬리지느러미 후연 중앙은 안쪽으로 깊이 패었다. 측선은 완전하지만 가슴지느러미 뒤쪽에서 깊이 아래로 이어지다가 평행으로 복부 아래쪽의 뒷지느러미 말단에서 다시 올라가 미병부의 중앙부를 지난다. 몸은 금속 광택을 내는 은백색이고 등 쪽은 청갈색이다. 모든 지느러미는 반문이 없고 거의 투명하며, 꼬리지느러미 끝은 약간 검은색을 띤다.

생태⇒ 유속이 완만한 강 하류의 중층에 서식하며, 실지렁이와 소형의 갑각류를 먹고 산다. 산란기는 6~7월로 알은 수초에 붙인다. 성숙한 개체의 최소형은 수컷이 10.5cm, 암컷은 11.5cm이다. 만 1년에 전장 6~9cm, 2년에 10~12cm, 3년이면 15cm 정도가 된다.

분포⇒ 임진강, 한강, 대동강 등에 출현하며 중국과 타이완에도 분포한다.

종개과
Balitoridae

　이전에 미꾸리과에 포함되었으나 웨버 장치의 마지막 골격 요소가 Y자 모양의 삼각골의 차이를 근거로 하여 독립된 과 Homalpteridae를 설정하였으나(SAWADA, 1982), 그 후 NELSON(1994)은 관련된 여러 분류군을 포함하여 종개과(Balitoridae)로 하였다.

　머리 아래쪽에 입이 있고, 상악에 3쌍 이상의 수염이 있는데, 그 가운데 2쌍은 전단에 있다. 머리는 종편되었고, 눈 밑에 안하극은 없다. 우리 나라에는 종개와 쌀미꾸리의 2개 속이 있다. 유라시아 대륙에 분포한다.

종개

85. 종개 *Orthrias toni* (DYBOWSKY, 1869) ·················· <종개과>

영명⇒ Siberian stone loach　　**전장**⇒ 10~15cm

형태⇒ 몸은 원통형으로 머리는 종편이지만 미병부는 측편이다. 등지느러미 연조 수 7개, 뒷지느러미 연조 수 5개, 척추골 수는 42~43개이다. 말굽 모양의 입은 머리 아래쪽에 있다. 상악 주변에는 3쌍의 수염이 있고 전비공에는 짧은 관이 약간 돌출되었다. 체측 하반부에는 네모꼴의 갈색 반점 12~17개가 일렬로 배열되었다. 체측 상반부의 갈색 반점은 등 쪽 안장 모양의 반점과 미병부까지 이어진다. 추성이 수컷의 가슴지느러미 기조부에 밀집되어 나타나지만, 머리의 새개부에는 아주 희소하다.

생태⇒ 흐르는 하천의 돌과 자갈이 있는 곳에서 수서 곤충의 유충을 주로 먹지만 잡식성이다. 5~7월이 산란기이다. 알은 점착성이다.

분포⇒ 강릉 남대천 이북의 동해안으로 유입하는 하천에 서식한다. 일본 북해도, 사할린 및 시베리아 동부에 분포한다.

종개 수컷의 추성 배열

종개

서식지(강원 간성 북천)

잉어목(Cypriniformes)

194

대륙종개

86. **대륙종개** *Orthrias nudus* (BLEEKER, 1865) ······················ <종개 과>

영명⇒ continental stone loach 방언⇒ 종개 전장⇒ 12~20cm

형태⇒ 몸 앞부분은 원통형이나 미병부 옆으로 납작하다. 등지느러미 연조 수 7개, 뒷지느러미 연조 수 5개, 새파 수 11~13개, 척추골 수 40~46개이다. 비늘은 작고 피부에 묻혀 있으나 머리에는 비늘이 없다. 머리는 위아래로 약간 납작하고, 주둥이 밑에 입이 있으며, 윗입술에 3쌍의 수염이 있다. 눈은 작고 눈 밑에는 안하극이 없으며, 하악이 상악보다 짧다. 측선은 완전하고 몸의 옆면 중앙을 직선으로 달린다. 수컷은 암컷에 비하여 가슴지느러미 말단이 뾰족하고 비교적 크다. 몸은 황갈색이고 배 쪽은 옅다. 몸의 옆면 등 쪽에는 구름 모양의 불규칙적인 암갈색 반문이 산재한다. 머리 측면과 수컷 가슴지느러미 기조에 추성이 밀집하여 나타난다.

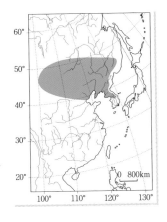

생태⇒ 하천 상류의 모래나 자갈이 많은 여울에서 서식한다. 산란기는 4~5월로 추정된다.

분포⇒ 북방에 사는 어류로, 한강, 낙동강 및 삼척 마읍천에 서식하며, 몽고 및 중국 대륙에 분포한다.

참고⇒ 이전에는 *Nemacheilus* 속명을 사용하였으나, BANARESCU and NALBANT(1995)에 따라 안하육질판(Suborbital flap)이 없는 특징을 가졌기 때문에 여기서는 *Orthrias* 속명을 사용하였다.

195

종개-송호복 박사 제공

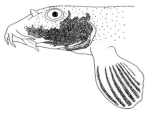

대륙종개의 추성 배열

서식지(강원 홍천 서면)

종개과 어류의 속 검색표

a. 측선은 완전하고, 꼬리지느러미 후연은 거의 수직으로 반듯하며, 비공에는 짧은
돌기가 있다. ·· 종개속(*Orthrias*)
b. 측선은 없고, 꼬리지느러미 후연은 둥글다. 비공에는 수염 모양의 긴 돌기가 있다.
··· 쌀미꾸리속(*Lefua*)

쌀미꾸리

87. 쌀미꾸리 *Lefua costata* (KESSLER, 1876) ·········· < 종개 과>

영명⇒ eight barbel loach   방언⇒ 용지리   전장⇒ 5~6cm

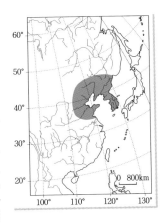

형태⇒ 몸은 원통형이지만 꼬리는 옆으로 납작하다. 등
지느러미 연조 수 6개, 뒷지느러미 연조 수 5개, 새파
수 12~13개, 척추골 수 35~36개이다. 머리는 좌우로
납작하고, 입은 주둥이의 아래에 있으며, 긴 입수염은
외비공 앞에 1쌍이 있고 윗입술에 3쌍이 있다. 하악은
상악보다 짧다. 눈의 아래에는 안하극이 없다. 눈은 머
리 옆면의 거의 중앙 위쪽에 있고, 양안 간격은 넓고
편평하다. 측선은 없다. 수컷의 가슴지느러미에 골질
반이 없다. 몸은 옅은 담갈색으로 등 쪽은 짙고 배 쪽
은 무색이다. 체측에는 검은색 반점이 산재하며, 수컷
은 주둥이 끝에서 꼬리지느러미 기점까지 폭넓은 검은
색 줄무늬가 나타나는데, 암컷은 줄무늬가 불분명하
다. 등지느러미와 꼬리지느러미에는 불분명한 담갈색
의 미세한 점이 흩어져 있다.

생태⇒ 수심이 얕고 수초가 무성한 호수, 늪, 농수로의 진흙 바닥, 유속이 완만한 개울에 서식
하면서 수서 곤충을 먹고 산다. 산란기는 4월 하순~6월 상순으로, 주로 수초에 산란한다.

분포⇒ 우리 나라 전 담수역에 서식하고, 중국, 시베리아에도 분포한다.

쌀미꾸리

서식지(강원 고성)

미꾸리과

Cobitidae

몸은 가늘고 길며, 입은 머리 아래쪽에 있다. 입술은 육질로 되어 비교적 두꺼우며, 입가에는 3쌍의 수염이 있다. 대체로 눈 밑에는 똑바로 세울 수 있는 안하극(眼下棘, suborbital spine)이 있고 일렬의 인두치가 있다. 유럽과 아시아 담수역에 널리 분포하는 저서성 어류로, 큰 것은 40cm에 달하는 것도 있다. 전세계에 27속 460여 종이 알려졌는데, 한국의 미꾸리과에는 미꾸리속(*Misgurnus*), 참종개속(*Iksookimia*), 기름종개속(*Cobitis*), 수수미꾸리속(*Niwaella*), 좀수수치속(*Kichulchoia*), 새코미꾸리속(*Koreocobitis*)의 6속 16종이 있다.

미꾸리과 어류의 속 검색표

1a. 체측에는 작은 검은 점이 밀집되어 있고, 갈색 반점이 산재해 있는 경우도 있다. · 2

  b. 체측에는 갈색 횡반 및 반점이 일렬로 종렬하거나 긴 종대가 있다. ·················· 3

2a. 안하극이 없으며, 작은 비늘은 중앙 초점부가 한쪽 끝에 치우쳐 있고 작다. ·············
                                                   미꾸리속(*Misgurnus*)

  b. 안하극이 있으며, 작은 비늘은 중앙 초점부가 중앙에 있고 크다. ···········
                                             새코미꾸리속(*Koreocobitis*)

3a. 체측에는 네모 혹은 긴 타원형의 갈색 반점이 종렬하거나 긴 종대가 있다. ··········
                                             기름종개속(*Cobitis*)

  b. 체측에는 갈색 횡반이 일렬로 배열한다. ·· 4

4a. 수컷 가슴지느러미 기부에는 2차 성징으로 골질반이 있다. 등지느러미 기점이
    체장의 중앙보다 약간 뒤쪽(50~53%)에 있다. ·············· 참종개속(*Iksookimia*)

  b. 수컷 가슴지느러미 기부에는 골질반이 없다. 등지느러미 기점은 체장의 중앙보
    다 훨씬 후방(56~65%)에 위치한다. ··· 5

5a. 체측 횡반이 등 쪽에서 배 쪽까지 길게 수직으로 이어지고 입수염이 짧다. ···········
                                             수수미꾸리속(*Niwaella*)

  b. 체측 횡반이 몸 중앙 아래쪽에서 일렬로 배열되고 입수염은 길고 뚜렷하다. ···········
                                             좀수수치속(*Kichulchoia*)

미꾸리

88. 미꾸리 *Misgurnus anguillicaudatus* (CANTOR, 1842) ·················· <미꾸리과>

영명⇒ muddy loach   전장⇒ 10~17cm

형태⇒ 몸은 원통형이지만 가늘고 길다. 등지느러미 연조 수 6개, 뒷지느러미 연조 수 5개, 새
파 수 14~16개, 척추골 수 42~46개이다. 미병부는 약간 납작하고, 머리는 원추형으로 위
아래로 약간 납작하다. 주둥이는 길며, 입은 주둥이 끝의 아래에 말굽 모양으로 되어 있다.
입수염은 3쌍으로 윗입술 가장자리에 있고, 아랫입술 중앙에는 잘 발달된 구엽(口葉,
mental lobe)이 있다. 윗입술 마지막 수염이 가장 길며, 눈 지름의 2.0~2.5배 정도이다. 측
선은 매우 짧아서 불완전하고, 비늘은 난형 혹은 원형으로 초점부는 한쪽에 치우쳐 있다. 눈
밑에는 움직일 수 있는 안하극이 없다. 수컷의 가슴지느러미는 암컷에 비해 길고, 처음의 기
조 말단은 길게 연장되었다. 수컷의 가슴지느러미 기부에는 긴 골질반이 있으며, 산란기에
수컷의 가슴지느러미 기조 위에는 미세한 추성이 생긴다. 몸의 체색이나 반문은 변이가 심
하지만 노란색 바탕에 등은 암청갈색, 배는 담황색이다. 몸과 머리의 옆면에는 불분명한 검
은 점이 산재하지만, 등지느러미와 꼬리지느러미에는 작은 검은 점이 규칙적으로 배열되어
있다. 특히 꼬리지느러미 기부의 등 쪽에는 1개의 작은 검은 점이 있다.

생태⇒ 늪이나 논 혹은 농수로 등 진흙이 깔린 곳에서 많이 살고 있다. 흐르는 물에는 드물고
주로 물의 흐름이 정체된 곳에 많으며, 조류나 유기 물질을 먹고 산다. 산란기는 6~7월이
다. 1마리의 수컷이 암컷의 몸을 감고 알을 짜내며, 수정된 알은 20°C에서 약 6일이 지나면
부화한다. 아가미 호흡과 더불어 창자 호흡을 하기 때문에 산소가 적은 물 속에서도 살 수
있고, 수온이 낮아지면 펄 속에 깊이 들어가 월동을 한다.

분포⇒ 우리 나라의 전 담수역에서 출현하며, 중국과 일본에도 분포한다.

참고⇒ 예로부터 식용으로 널리 사용되어 왔다. 2*n* 염색체 수는 50개이나 가끔 4배체의 개체
도 출현한다.

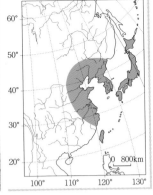

미꾸리

서식지(전북 완주 고산)

미꾸라지

89. 미꾸라지

Misgurnus mizolepis
GÜNTHER, 1888
.... < 미꾸리과 >

영명⇒ Chinese muddy
loach
방언⇒ 당미꾸리
전장⇒ 20cm

형태⇒ 몸은 미꾸리보다 길고 납작하다. 등지느러미 연조 수 6~7개, 뒷지느러미 연조 수 5개, 새파 수 19~22개, 척추골 수 47~49개이다. 머리도 위아래는 더욱 납작하다. 입가에는 3쌍의 수염이 있는데, 셋째 번 수염은 눈 지름의 약 4배 정도로 길다. 눈은 작으며, 눈 밑에는 안하극이 없다. 측선은 불완전하여 가슴지느러미 근처에만 나타난다. 미병부의 등과 배에는 날카롭게 융기된 부분이 있어 납작하고 높다. 수컷의 가슴지느러미 제1~2기조의 끝은 암컷에 비해 뾰족하고 길다. 미꾸리와 아주 유사하나 미병부에 날카로운 융기연이 뚜렷하고, 수염의 길이가 훨씬 길어 미꾸리와 잘 구분된다. 암컷은 수컷에 비하여 크다. 산란기에는 수컷의 가슴지느러미 기조 위에 미세한 추성이 나타난다. 체색은 황갈색 바탕에 등은 암청색이고 배는 회백색이다. 몸의 옆면에는 작은 검은 점이 산재한다. 꼬리지느러미 기점 상부에는 미꾸리와 다르게 검은 점이 불분명하다. 중국산은 우리 나라 미꾸라지보다 크고 검은색을 많이 띤다.

생태⇒ 하천 중·하류의 진흙 바닥이나 농수로에서 주로 사는 미꾸리보다 하천 하류의 흐름이 느린 곳에 서식한다. 산란기는 4~6월이다. 수컷 1마리가 암컷의 몸을 감아 알을 짜낸다. 수정된 알은 20°C에서 약 2일이 지나면 부화한다.

분포⇒ 우리 나라 각 하천에 널리 분포하며, 중국과 타이완에도 분포한다.

참고⇒ 미꾸리와 함께 추어탕의 재료로 많이 이용되지만 맛은 미꾸리보다 떨어진다. 2*n* 염색체 수는 48개이다.

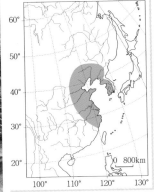

미꾸라지

서식지(전북 완주 고산)

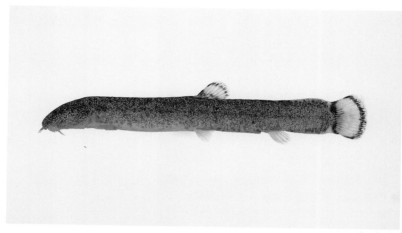

새코미꾸리

90 . 새코미꾸리

Koreocobitis
rotundicaudata
(WAKIYA and MORI,
1929)
················· <미꾸리과>

영명⇒ white nose
loach
방언⇒ 흰무늬하늘종개
전장⇒ 10~16cm

골질반

형태⇒ 몸은 길고 원통형이며, 머리는 위아래로 납작하다. 등지느러미 연조 수 7개, 뒷지느러미 연조 수 5개, 새파 수 14개, 척추골 수 44~47개이다. 주둥이는 길고 눈은 작으며, 눈 밑에는 움직일 수 있고 끝이 둘로 갈라진 안하극이 있다. 입술은 두꺼운 육질로 되어 있으며, 입가에는 3쌍의 수염이 있다. 측선은 불완전하여 가슴지느러미를 넘지 않는다. 미병부의 등과 배 쪽에는 융기된 부분이 있으며, 꼬리지느러미의 가장자리는 약간 둥글다. 등지느러미는 배지느러미보다 약간 뒤쪽에서 시작한다. 수컷의 가슴지느러미는 암컷에 비해 새 부리처럼 뾰족하고, 둘째 번 기조의 기부에는 사각형에 가까운 라켓 모양의 골질반을 가진다. 살아 있을 때에는 주둥이와 지느러미가 선명한 주황색을 띠나, 포르말린에 고정되면 모두 어두운 담갈색 바탕에 작은 검은색의 불규칙적인 반점이 체측과 등 쪽에만 산재하고, 체측 중앙 아랫부분에는 없다. 가슴지느러미, 배지느러미 및 뒷지느러미의 기조에도 반점은 없다. 등지느러미와 꼬리지느러미 기조에는 2~3줄의 가로줄 무늬가 있으며, 꼬리지느러미 기부의 기점 상부에는 1개의 검은 점이 있다.

생태⇒ 하천 중·상류의 유속이 빠른 지역의 자갈 바닥에서 주로 부착조류를 먹고 산다. 산란기는 5~6월로 추정되나 생활사는 알려지지 않았다.

분포⇒ 한국 고유종으로, 임진강 및 한강 수계에만 분포한다.

참고⇒ 이전에는 기름종개속(*Cobitis*)으로 보고되었으나, 체측 반문의 특징을 근거로 하여 독립된 새코미꾸리속(*Koreocobitis*)으로 기재, 발표하였다(KIM *et al.*, 1997).

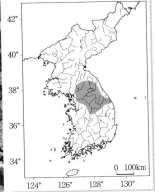

새코미꾸리

서식지(충북 단양 어상천)

얼룩새코미꾸리(♂)

얼룩새코미꾸리(♀)

91. 얼룩새코미꾸리 *Koreocobitis naktongensis* KIM, PARK and NALBANT, 2000

<미꾸리과>

영명⇒ Naktong nose loach   전장⇒ 10~16cm

형태⇒ 몸은 길고 원통형이며, 머리는 옆으로 납작하다. 등지느러미 연조 수 7개, 뒷지느러미 연조 수 5개, 새파 수 14개, 척추골 수 44~47개이다. 주둥이는 길고 눈은 작으며, 눈 밑에는 움직일 수 있고 끝이 둘로 갈라진 안하극이 있다. 입술은 두꺼운 육질로 되어 있으며, 입가에 3쌍의 수염이 있다. 측선은 불완전하여 가슴지느러미를 넘지 않는다. 등지느러미는 배지느러미보다 약간 뒤쪽에서 시작한다. 수컷 가슴지느러미는 암컷에 비해 새 부리처럼 뾰족하고, 둘째 번 기조의 기부에는 사각형에 가까운 라켓 모양의 골질반을 가진다. 미병부는 새코미꾸리에 비해 납작하며, 꼬리지느러미는 절단형이다. 살아 있을 때는 체측에 노란색을 띠나 포르말린에 고정되면 모두 어두운 담갈색 바탕에

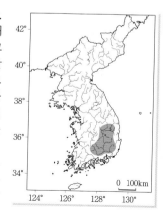

커다란 검은색의 불규칙적인 반점들이 체측과 등 쪽에 산재하고, 특히 체측에서 거의 배 쪽까지 얼룩 모양이다. 가슴지느러미, 배지느러미 및 뒷지느러미의 기조에도 반점은 없다. 주둥이 등 쪽으로부터 머리의 등 쪽까지는 1줄의 흰색 띠가 있거나 약간 희미하다. 꼬리지느러미 기부의 기점 상부에는 1개의 검은 점이 있다.

생태⇒ 하천 중·상류의 유속이 빠른 지역의 자갈이나 커다란 돌바닥에서 주로 부착 조류를 먹고 산다. 산란기는 5~6월로 추정되나 생활사는 알려지지 않았다.

분포⇒ 한국 고유종으로, 낙동강 수계에서만 분포한다.

참고⇒ 본 종은 체측에 얼룩 반점이 있고, 살아 있을 때 노란 체색이 뚜렷하여 한강의 새코미꾸리와 잘 구분되어 새로운 종으로 보고되었다(KIM *et al.*, 2000). 멸종위기 야생동식물 I급으로 지정, 보호되고 있다.

얼룩새코미꾸리-송호복 박사 제공

서식지(경남 함양 유림)

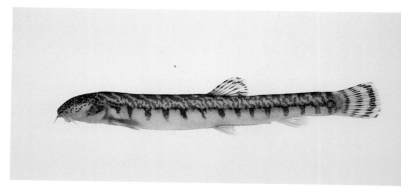

참종개

92. 참종개

Iksookimia koreensis
(KIM, 1975)

.... < 미꾸리과 >

영명⇒ Korean spine
loach

전장⇒ 7~10cm

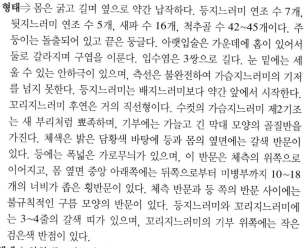

수컷 가슴지느러미

형태⇒ 몸은 굵고 길며 옆으로 약간 납작하다. 등지느러미 연조 수 7개, 뒷지느러미 연조 수 5개, 새파 수 16개, 척추골 수 42~45개이다. 주둥이는 돌출되어 있고 끝은 둥글다. 아랫입술은 가운데에 홈이 있어서 둘로 갈라지며 구엽을 이룬다. 입수염은 3쌍으로 길다. 눈 밑에는 세울 수 있는 안하극이 있으며, 측선은 불완전하여 가슴지느러미의 기저를 넘지 못한다. 등지느러미는 배지느러미보다 약간 앞에서 시작한다. 꼬리지느러미 후연은 거의 직선형이다. 수컷의 가슴지느러미 제2기조는 새 부리처럼 뾰족하며, 기부에는 가늘고 긴 막대 모양의 골질반을 가진다. 체색은 밝은 담황색 바탕에 등과 몸의 옆면에는 갈색 반문이 있다. 등에는 폭넓은 가로무늬가 있으며, 이 반문은 체측의 위쪽으로 이어지고, 몸 옆면 중앙 아래쪽에는 뒤쪽으로부터 미병부까지 10~18개의 너비가 좁은 횡반문이 있다. 체측 반문과 등 쪽의 반문 사이에는 불규칙적인 구름 모양의 반문이 있다. 등지느러미와 꼬리지느러미에는 3~4줄의 갈색 띠가 있으며, 꼬리지느러미의 기부 위쪽에는 작은 검은색 반점이 있다.

생태⇒ 하천 중·상류의 유속이 빠르고 물이 맑으며 자갈이 깔린 바닥이나 그 가까이에서 주로 수서 곤충과 부착 조류를 먹고 산다. 산란기는 6~7월로 추정된다. 만 1년이 지나면 전장 4~7cm, 2년에 7~9cm, 3년이 지나면 10cm로 자란다. 만 2년이 되면 성숙한다.

분포⇒ 한국 고유종으로, 노령 산맥 이북의 서해로 흐르는 임진강, 한강, 금강, 만경강, 동진강과 삼척 오십천, 마읍천에 분포한다.

참고⇒ 참종개, 부안종개, 미호종개, 왕종개는 기름종개속(*Cobitis*)으로 사용되었으나 NALBANT(1993)에 의하여 체측 반문과 수컷 가슴지느러미 모양의 차이점을 근거로 참종개속(*Iksookimia*)으로 독립 기재하였다.

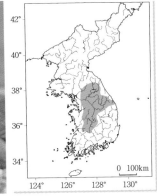

참종개

서식지(전북 무주)

부안종개

93. 부안종개

Iksookimia pumila
(KIM and LEE, 1987)

·············· <미꾸리과>

영명⇒ Buan spine
loach
전장⇒ 7cm

형태⇒ 몸은 소형으로 굵고 약간 납작하며, 비늘은 작고 머리에는 없다. 등지느러미 연조 수 7개, 뒷지느러미 연조 수 5개, 새파 수 14~15개, 척추골 수 37~40개이다. 머리는 크고 납작하다. 입은 주둥이 밑에 있고, 하악은 상악보다 짧다. 입술은 육질로 되어 있으며, 아랫입술은 중앙에 홈이 있어 둘로 갈라져 구엽을 이룬다. 입가에는 3쌍의 수염이 있는데, 가장 긴 것은 안경의 1.5~2.5배가 된다. 등지느러미는 배지느러미보다 조금 앞에서 시작하며, 바깥 가장자리는 반듯하여 전체 모양은 삼각형이다. 꼬리지느러미의 후연은 크고 반듯하다. 측선은 불완전해서 가슴지느러미의 기부를 넘지 않는다. 눈은 작고 머리의 위쪽에 치우쳐 있는데, 눈 아래에는 끝이 둘로 갈라진 안하극이 있다. 체색은 담황색 바탕에 등 쪽과 몸의 옆면에는 갈색 반문이 발달했는데, 등에는 약 10여 개의 폭넓은 가로무늬가 체측 위쪽까지 이어지며, 체측에는 5~10개의 가늘고 긴 갈색 횡반문이 균일하게 배열된다. 등 쪽과 체측에는 구름 모양의 반문은 없다. 등지느러미와 꼬리지느러미에는 2~3줄의 가로무늬가 있으며, 꼬리지느러미의 기부 위쪽에는 작은 검은 점이 있다.

생태⇒ 유속이 완만하고 물이 차고 맑으며 모래와 자갈, 바위가 많은 바닥에 서식하며, 잡식성으로 수서 곤충과 부착 조류를 먹고 산다. 산란기는 4~6월경이다.

분포⇒ 한국 고유종으로, 전라 북도 부안군의 백천에만 분포한다.

참고⇒ 1996년, 부안 백천 하류에 부안 댐이 완공되어 서식 범위가 극히 좁아지고 있다. 환경부의 보호 야생 동식물로 지정되었다.

비늘

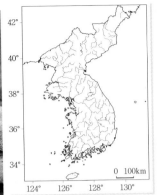

미꾸리과(Cobitidae)

부안종개

서식지(전북 부안 백천)

미호종개

94. 미호종개

Iksookimia choii
(KIM and SON, 1984)
·············· <미꾸리과>

영명⟹ Miho spine
loach

전장⟹ 10cm

골질반

비늘

형태⟹ 몸의 중앙은 굵지만 앞쪽과 뒤쪽은 가늘고 길다. 등지느러미 연조 수 6~7개, 뒷지느러미 연조 수 5개, 새파 수 14개, 척추 골 수 42~44개이다. 머리는 옆 으로 납작하다. 주둥이는 길고 끝이 뾰족하며, 입은 주둥이 밑 에 있고 입가에는 3쌍의 수염이 있다. 눈은 작고, 그 아래에는 끝 이 둘로 갈라진 안하극이 있다. 측선은 불완전하므로 가슴지느 러미의 기저를 넘지 못한다. 비 늘은 아주 미소하고 중앙의 초점

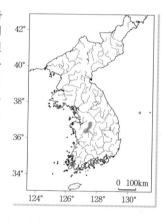

부는 넓다. 수컷의 가슴지느러미 기부에 있는 골질반의 겉모양은 참종 개(*I. koreensis*)와 비슷하지만 내부 구조는 골질반 안쪽에 톱니 모양 의 거치가 있어 잘 구별된다. 체색은 담황색 바탕에 갈색 반점이 있는 데, 머리의 옆면에는 주둥이 끝에서 눈에 이르는 엇비슷한 암갈색의 줄무늬가 있으며, 몸의 옆면 중앙에는 12~17개의 원형 또는 삼각형 모양의 반점이 종렬하고 체측의 위쪽에는 불규칙한 반점이 등 쪽과 연 결된다. 등지느러미와 꼬리지느러미에는 3줄의 갈색 띠가 있고, 꼬리 지느러미의 기부 위쪽에는 작은 검은색 반점이 있다.

생태⟹ 유속이 완만하고 수심이 얕은 곳의 모래 속에 몸을 파묻고 생활 한다. 산란기는 5~6월로 추정되며 생활사는 알려져 있지 않다.

분포⇒ 한국 고유종으로, 금강 수계의 미호천과 그 인근 수역에만 분포한다.

참고⇒ 최근 멸종위기 야생동식물 Ⅰ급으로 지정, 보호되고 있다. 천연기념물 제454호(2005.3.17)로 지정.

미호종개-송호복 박사 제공

서식지(충북 증평 미호천)

왕종개(♂)

왕종개(우)

95. 왕종개

Iksookimia
longicorpus
(KIM, CHOI and
NALBANT, 1976)

············ <미꾸리과>

영명⇒ king spine loach
전장⇒ 10~18cm

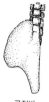

골질반

형태⇒ 몸은 굵고 옆으로 약간 납작하다. 등지느러미 연조 수 7개, 뒷지느러미 연조 수 5개, 새파 수 16~17개, 척추골 수 44~47개이다. 머리는 길고 납작하다. 주둥이는 돌출되어 있으며, 끝이 길고 뾰족하다. 눈은 머리의 중앙 위쪽에 있으며, 눈 아래에는 끝이 둘로 갈라진 안하극이 있다. 입은 작고 주둥이 밑에 있으며, 입술은 육질로 되어 있다. 아랫입술은 중앙부에 둘로 갈라진 구엽이 있으며 끝이 뾰족하다. 입수염은 3쌍이다. 측선은 불완전하므로 가슴지느러미의 기저를 넘지 못한다. 등지느러미는 배지느러미보다 약간 앞에서 시작하며, 전체 모양은 삼각형이다. 꼬리지느러미의 후연은 반듯하다. 수컷은 가슴지느러미 기부에 혹 모양의 골질반이 있다. 담황색 바탕에 갈색 반문이 등과 몸의 옆면에 있다. 등에는 가로무늬가 있고, 이는 체측 위쪽까지 연결된다. 몸의 옆면 중앙에는 수직으로 긴 갈색 횡반문 10~13

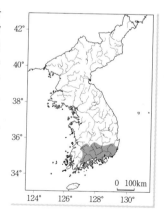

비늘

개가 아가미뚜껑의 뒤에서 꼬리지느러미 기점까지 일정한 간격으로 배열되고, 그 중 처음 1~2개의 횡반은 다른 것보다 색깔이 진해서 뚜렷이 구분된다. 등지느러미와 꼬리지느러미에는 3~4열의 갈색 가로무늬가 있고, 꼬리지느러미의 기점 위쪽에는 작고 짙은 검은색 반점이 있다.

생태⇒ 하천 중·상류의 유속이 빠르고 자갈이 있는 곳에서 주로 수서 곤충을 먹고 산다. 산란기는 5~7월이며, 생활사는 알려져 있지 않다.

분포⇒ 한국 고유종으로, 섬진강, 낙동강, 남해안으로 유입하는 하천과 인접한 도서 지방의 담수역에서 출현하며, 태화강(울산) 이남의 하천 수계(기장)에도 출현한다.

미꾸리과(Cobitidae)

왕종개-송호복 박사 제공

서식지(전북 진안 마령)

남방종개

96. 남방종개

Iksookimia
hugowolfeldi
NALBANT, 1993

.... <미꾸리과>

영명⇒ southern king
spine loach

전장⇒ 10~15cm

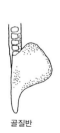

골질반

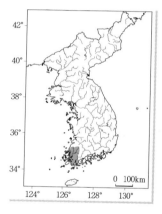

가슴지느러미

형태⇒ 몸은 굵고 옆으로 약간 납작하며, 머리도 길고 약간 납작하다. 등지느러미 연조 수 7개, 뒷지느러미 연조 수 5개, 새파 수 15~16개, 척추골 수 41~44개이다. 눈은 주둥이 앞쪽에 위치하며, 눈 아래에는 작고 끝이 두 갈래로 갈라진 긴 가시가 있다. 작은 입은 주둥이 아래쪽에 있고 상악은 하악보다 길다. 윗입술은 육질로 되어 있으며, 아랫입술은 가운데에 홈이 있어 구엽을 이루고 끝이 아주 뾰족하

다. 입수염은 3쌍이며 길다. 등 쪽 부분은 다른 참종개속의 어류보다 너비가 넓으며, 배지느러미는 등지느러미와 같은 위치에 있다. 꼬리지느러미의 후연은 거의 직선이다. 비늘은 아주 작고 투명하며 중앙 초점부는 좁다. 측선은 불완전하여 가슴지느러미의 기저를 넘지 못한다. 수컷 가슴지느러미의 제2기조는 길고, 그 기부에는 둥근 골질반이 있다. 암컷은 수컷보다 몸집이 크다. 체색은 담황색 바탕에 갈색 반문이 등과 몸의 옆면에 있다. 머리의 옆면에는 주둥이 끝에서 눈에 이르는 비스듬한 암갈색 줄무늬가 있고, 등에는 11~13개의 가로무늬와 그것과 이어지는 구름무늬가 체측 등 쪽에 있다. 몸의 옆면 중앙에는 9~11개의 가늘고 긴 갈색 횡반문이 배열되어 있으며, 가장 앞쪽에 있는

216

1~2개의 횡반은 다른 반문보다 진하다. 몸의 등 쪽과 체측면 사이에는 갈색의 작은 반점들이 밀집되어 있다. 등지느러미와 꼬리지느러미에는 3~4열의 갈색 가로무늬가 있고, 꼬리지느러미의 기점 위쪽에는 작고 짙은 검은색 반점이 있다. 왕종개와 아주 유사하지만 체측 횡반문이 왕종개보다 훨씬 가늘고 길며, 등 쪽의 너비는 비교적 넓다.

생태⇒ 하천 중·하류의 유속이 느리고 바닥에 자갈이나 모래가 깔린 곳에서 주로 수서 곤충을 먹고 산다. 산란기는 5~6월이다.

분포⇒ 한국 고유종으로, 영산강(장성, 나주)과 탐진강(강진)에 분포하며, 전라 남도 서·남해안으로 유입되는 소하천에도 출현한다.

서식지(전남 장성 북하)

동방종개(♂)

동방종개(♀)

97. 동방종개

Iksookimia yongdokensis
KIM and PARK, 1997
·············· < 미꾸리과 >

영명⇒ eastern spine loach

전장⇒ 10~12cm

골질반

형태⇒ 머리와 몸은 굵고 옆으로 납작하며 머리는 길다. 등지느러미 연조 수 6~7개, 뒷지느러미 연조 수 5개, 새파 수 13~14개, 척추골 수 41~43개이다. 눈은 작으며, 아가미뚜껑 후연보다 주둥이 끝에 가깝게 위치한다. 양안 간격은 좁으며, 눈 밑에는 움직일 수 있고 끝이 둘로 갈라진 안하극이 있다. 입은 작고 주둥이 밑에 있으며 입술은 육질로 되어 있다. 아랫입술은 가운데 홈이 있어 2개의 구엽을 이룬다.

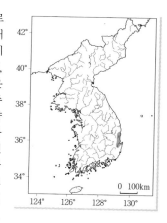

입수염은 3쌍이며 셋째 번 수염은 길어서 안경의 2배 이상이다. 등지느러미는 주둥이 끝보다 꼬리지느러미 후연에 가까우며, 배지느러미보다 약간 앞에 위치한다. 뒷지느러미는 꼬리지느러미 기부에 이르지 않으며, 꼬리자루는 머리보다 작고 납작하다. 비늘은 아주 작고 중앙 초점부는 비교적 넓다. 측선은 불완전하여 가슴지느러미의 기저를 넘지 못한다. 수컷 가슴지느러미의 기부에 있는 골질반은 왕종개와 거의

218

수컷 가슴지느러미

비슷해 보이지만 크기는 훨씬 작아서 잘 구분된다. 체색은 담황색 바탕에 갈색의 반문이 등 쪽과 체측면에 있다. 머리의 옆면에는 주둥이 끝에서 눈에 이르는 암갈색의 줄무늬가 있고, 등 쪽에는 7~9개의 가로무늬와 그와 이어지는 구름무늬가 있다. 체측면 중앙 아래쪽에는 9~13개의 갈색 횡반문이 새개의 뒤쪽부터 미병부 끝까지 일정한 간격으로 배열되어 있다. 몸의 등 쪽과 체측면 사이에는 갈색 반점들이 산재되어 있다. 등지느러미와 꼬리지느러미 기조에는 3~4열의 갈색 가로무늬가 있고, 꼬리지느러미의 기점 위쪽에는 비교적 작은 검은색 반점이 있다. 동방종개의 체측 횡반문은 왕종개나 남방종개와 아주 유사하지만 체측 1~2째 번 횡반문이 전혀 진하지 않거나 흔적적으로 나타나며, 비늘의 형태와 골질반이 다르다.

생태 ⇒ 하천 중·하류의 유속이 느리거나 거의 정체된 맑은 물의 모래와 자갈이 있는 바닥에서 서식하며, 주로 조류나 수서 곤충을 먹고 산다. 산란기는 6월로 추정된다.

분포 ⇒ 한국 고유종으로, 동해로 유입되는 형산강, 영덕 오십천, 축산천 및 송천천에 분포한다.

참고 ⇒ 분포가 매우 좁고 체세포 염색체 수가 100개로, 참종개속 다른 종과 잘 구별되어 학술적으로 매우 주목된다.

서식지(경북 영덕)

기름종개

98. 기름종개 *Cobitis hankugensis* Kɪᴍ, Pᴀʀᴋ, Sᴏɴ, and Nᴀʟʙᴀɴᴛ, 2003 <미꾸리과>

영명⇒ spine loach   방언⇒ 하늘종개   전장⇒ 15cm

형태⇒ 몸은 길고 옆으로 납작하며, 특히 머리의 등 쪽
양안 간격이 아주 좁다. 등지느러미 연조 수 7개, 뒷지
느러미 연조 수 5개, 새파 수 15~16개, 척추골 수
41~45개이다. 입은 주둥이 아래에 있고, 밑에서 보면
반원형이다. 수염은 3쌍으로 셋째 번 수염이 가장 길어
서 안경의 1.5~2.0배이다. 눈 아래에는 끝이 둘로 갈
라진 안하극이 있다. 비늘은 작고 피부에 묻혀 있으며
머리에는 없다. 꼬리지느러미 뒤쪽 가장자리는 거의
반듯하다. 수컷 가슴지느러미 기부에는 원형 골질반이
있다. 체색은 담황색으로 배 쪽에 무늬가 없다. 몸 옆
면에는 감베타 반문(Gambetta zone)이 뚜렷하며, 체
측에는 9~12개의 타원형 또는 직사각형의 갈색 반문
이 종렬하고, 등 쪽에는 체측 반문과 거의 연결되는 갈

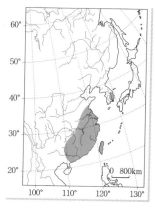

색 반점, 혹은 폭넓은 줄무늬가 있다. 등지느러미와 꼬리지느러미에는 2~4줄의 검은색 줄
무늬가 있으며, 꼬리지느러미 기부의 위쪽에는 뚜렷한 검은색 반점이 1개 있다. 산란기가 되
면 수컷은 점열형 반점이 흐려지면서 종대형과 비슷한 반문을 가진 개체들이 많이 나타난
다.

생태⇒ 하천 중·상류의 모래가 깔린 곳에 서식하며, 부착 조류와 작은 절지동물을 먹고 산다.
산란기는 5~6월로 추정된다.

분포⇒ 낙동강 수계와 형산강에만 서식하며, 중국에 분포한다.

기름종개-송호복 박사 제공

서식지(경남 거창)

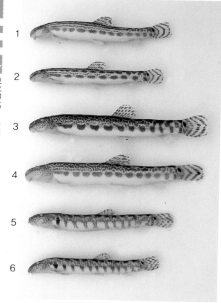

기름종개-왕종개 복합 집단

낙동강에는 기름종개와 왕종개가 서식처를 달리하여 살고 있다. 이 두 종은 반문의 형태뿐만 아니라 염색체도 서로 달라 잘 구별된다. 그런데 낙동강의 일부 수역에서 채집된 개체들은 기름종개나 왕종개의 반문과 구별되면서도 모두 암컷이며, 정상적인 난을 지닌 집단이 발견되었고, 이 집단은 전형적인 생식 방법이나 이미 알려진 단성 생식 방법과는 다른 방법으로 유지된다고 추정된다(KIM and LEE, 2000).

기름종개-왕종개 복합 집단은 거의 대부분이 정상적인 암컷이었으나, 극히 일부 수컷 개체는 생식소의 조사 결과 비정상이었다. 이 복합 집단의 암컷은 염색체가 2배체인 49개인 것과 3배체인 73개인 것의 두 종류이지만 외형적으로는 전혀 구별되지 않는 점도 특이하다.

1, 2 : 기름종개(*Cobitis hankugensis*)
3, 4 : 기름종개-왕종개 복합 집단(*Cobitis hankugensis longicorpus complex*)
5, 6 : 왕종개(*Iksookimia longicorpus*)

기름종개-왕종개 복합 집단의 서식지(전북 남원)

한국의 기름종개의 분류학적 연구

미꾸리과에 해당하는 기름종개속(Cobitis) 어류는 흔히 상·중류의 자갈이나 모래가 깔린 바닥에 살며 지방에 따라서 양수라미, 기름챙이, 무늬미꾸라지, 챔그람쟁이라고도 불린다. 1939년 일본인 어류학자 우치다 게이타로 박사는 그의 저서 『조선어류지』에 한국의 기름종개의 학명을 Cobitis taenia LINNE라 하고 이 종의 형태와 생태에 대하여 자세하게 기록하였다. 그는 한국산 기름종개의 체측 반문에 점열형, 종대형 및 중간형이 있는데 그들의 2차 성징으로 나타나는 수컷 가슴지느러미 기부의 골질반 모양이 모두 둥근 모양으로 동일하기 때문에 같은 종으로 분류된다고 하였다.

그러나 이러한 반문 변이는 단순한 개체 변이가 아니고 유전적 혹은 환경적 조건과 관련된다고 생각되므로 추후 규명이 요구된다고 하였다. 김익수(1973)는 기름종개의 반문 변이를 연구하는 과정에서 한강과 섬진강의 수컷 가슴지느러미 골질반과 체측 반문 모양은 낙동강 집단과 잘 구별됨을 확인하였다. 그 후 루마니아 NALBANT 박사의 도움을 받아 1975년에 참종개(Cobitis koreensis)를, 그리고 1976년에는 왕종개(Cobitis longicoorpus)를 처음으로 기재, 발표하였다. 1980년에는 강릉 남대천 집단을 북방종개(C. granoei)로, 섬진강의 종대형을 C. t. striata로, 서남부 종대형을 C. t. lutheri의 미기록종으로 발표하였다.

1984년에는 손영목 교수와 함께 미호천 집단을 미호종개(C. choii)로, 1987년에는 이완옥씨와 함께 부안종개(C. koreensis pumila)를 기재, 발표하였다. 그리고 1988년에는 정만택씨와 함께 유럽산 기름종개가 C. taenia이고, 낙동강의 기름종개는 C. sinensis임을 보고하였다.

한편 1993년에 NALBANT 박사는 그의 논문에서 한국의 참종개, 왕종개, 미호종개, 부안종개는 체측 반문과 수컷 가슴지느러미 구조가 기름종개속(Cobitis)과는 다르기 때문에 새로운 속이 된다고 하여 속명을 저자의 이름을 따서 Iksookimia라 하면서 영산강 집단을 Iksookimia hugowolfeldi라 명명하여 신종으로 추가 기재하고, 부안종개를 독립된 종으로 간주하였다.

영덕 오십천과 형산 집단은 수컷의 골질반, 난막 구조 및 염색체의 수가 100개인 점을 근거로 하여 신종 동방종개(Iksookimia yongdokensis)를 기재, 발표하였다(KIM and PARK, 1996). 1999년 줄종개(Cobitis striata)는 체측 반문이 일본의 집단과 구별되고, 북방종개(C. melanoleuca)는 시베리아 집단의 계수, 계측, 반문, 골질반이 다르다는 점을 들어 각각 신종 Cobitis tetralineata와 C. pacifica로 기재, 발표하였다 (KIM, PARK and NALBANT, 1999).

한국의 기름종개 1종이 분류학적 연구 과정에서 2속 10종으로 분류되었는데, 그 가운데 Cobitis hankugensis와 C. lutheri의 2종을 제외한 8종은 한국 고유종이다. 이들의 지리적 분포 범위와 서식처 등의 생태적 특징이 구별되고 있어 한국산 담수 어류의 종분화와 동물지리적 연구에 좋은 재료가 된다고 본다.

점줄종개(♂)

점줄종개(♀)

99. 점줄종개 *Cobitis lutheri* RENDAHL, 1935 ························· <미꾸리과>

영명⇒ sand spine loach   전장⇒ 8cm

형태⇒ 몸은 가늘고 길며 옆으로 납작하다. 등지느러미 연조 수 7개, 뒷지느러미 연조 수 5개, 새파 수 15~16 개, 척추골 수 39~41개이다. 머리 등 쪽은 협소하여 양안 간격은 좁다. 눈은 작으며, 눈 아래에는 세울 수 있는 안하극이 있다. 입은 주둥이 아래에 있고 입가에 3쌍의 입수염이 있다. 하악은 상악보다 짧으며 측선은 불완전하다. 꼬리지느러미의 뒤쪽 가장자리는 거의 직선이다. 수컷은 암컷에 비하여 전장이 짧으며, 가슴지 느러미의 후연이 뾰족하고 골질반은 원반형이다. 다른 기름종개 어류에 비해 미병고가 높다. 성적 이형이 아주 뚜렷해서 암컷은 수컷에 비해 크고, 산란기의 수컷은 체측에 2열의 종대가 뚜렷하다. 몸 바탕은 연한 노란색으로, 머리의 옆면에는 작은 반점이 산재한다. 체

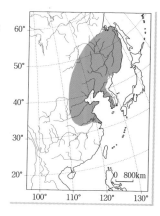

측 중앙에는 10~18개의 네모꼴 혹은 둥근 암색 반점이 2줄로 종렬되지만 산란기의 수컷은 반점이 거의 이어져 줄무늬로 나타난다. 등지느러미와 꼬리지느러미에는 2~4줄의 비스

듬한 가로무늬가 있고, 꼬리지느러미의 기점 위쪽에는 둥근 검은색 반점이 있다.

생태⇒ 하천 중·하류의 유속이 완만하고 물이 비교적 맑은 모랫바닥에 서식한다. 주로 수서
곤충을 먹으며, 산란기는 5~6월로 추정되나 생활사는 아직 밝혀지지 않았다.

분포⇒ 서남해로 유입되는 중·하류 하천에 분포하며, 중국과 시베리아 동부에도 분포한다.

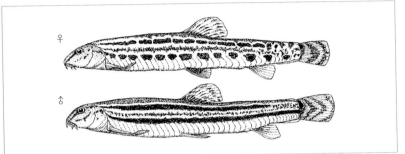

점줄종개의 체측 반문의 성적 이형

서식지(전북 봉동 고산천)

잉어목(Cypriniformes)

줄종개

100. 줄종개 *Cobitis tetralineata* KIM, PARK and NALBANT, 1999 ········ <미꾸리과>

영명⇒ striped spine loach   전장⇒ 10cm

형태⇒ 몸은 가늘고 길며 옆으로 약간 납작하다. 등지느러미 연조 수 7개, 뒷지느러미 연조 수 5개, 새파 수 17~18개, 척추골 수 41~44개이다. 머리도 약간 길고 납작하며, 눈은 작고 양안 간격이 아주 좁다. 주둥이는 긴 편이며, 그 밑에는 작은 입이 있고 입수염은 3쌍이다. 측선은 불완전하여 가슴지느러미의 기저를 넘지 않는다. 등지느러미 기점은 몸의 거의 중앙에 있으며, 꼬리지느러미 뒤쪽 가장자리는 거의 직선이다. 수컷 가슴지느러미의 기부 연조에는 암컷에서 볼 수 없는 원형 골질반이 있다. 몸 바탕은 담황색으로, 머리에는 눈을 가로지르는 진한 갈색의 너비가 좁은 줄무늬가 있으며 뺨에는 갈색 반점이 산재한다. 몸의 옆면에도 2줄의 암색 세로띠가 있으며, 그 사이에 희미한 불연속적인 선이 있다. 가슴지느러미, 배지느러미, 뒷지느러미에는 반문이 없지만 등지느러미와 꼬리지느러미에는 줄무늬가 2~3개 있고, 꼬리지느러미 기점 위쪽에는 진한 검은색 반점이 1개 있다.

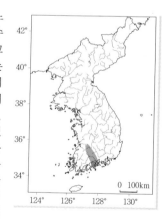

생태⇒ 하천 중류의 유속이 완만하고 깨끗한 하천의 모랫바닥에 산다. 산란기는 6월로 추정되나 생활사는 아직 밝혀지지 않았다.

분포⇒ 한국 고유종으로, 섬진강 수계에만 분포한다.

참고⇒ 이전에는 학명을 *Cobitis striata*라 하였으나, 반문의 특징이 일본산 줄종개와 잘 구별되어 독립된 종으로 기재, 발표하였다(KIM *et al*., 1999).

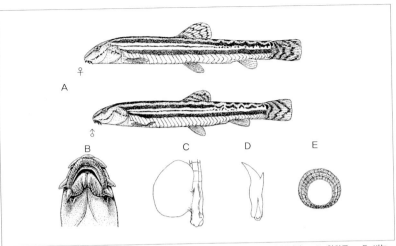

A. 줄종개의 반문   B. 입 모양   C. 수컷 골질반   D. 안하극   E. 비늘

서식지(전북 임실 관촌)

북방종개

101. 북방종개 *Cobitis pacifica* K<small>IM</small>, P<small>ARK</small> and N<small>ALBANT</small>, 1999 ········· <미꾸리과>

영명⇒ northern loach   전장⇒ 8~10cm

형태⇒ 몸은 가늘고 길며 옆으로 납작하다. 등지느러미
연조 수 7개, 뒷지느러미 연조 수 5개, 새파 수 15~17
개, 척추골 수 41~42개이다. 미병부도 가늘며 납작하
다. 머리는 옆으로 납작하고 눈은 작다. 입은 주둥이
아래에 있고 입술은 육질로 되어 있으며 입수염은 3쌍
이다. 눈은 머리 옆면 중앙 위쪽에 치우쳐 있으며, 눈
아래에는 끝이 둘로 갈라진 안하극이 있다. 측선은 불
완전하여 가슴지느러미의 기저를 넘지 못한다. 꼬리지
느러미 뒤쪽 가장자리는 거의 직선이다. 수컷 가슴지
느러미 기부에는 좁은 삼각형 모양의 골질반이 있다.
체색은 담갈색 바탕에 등 쪽은 짙고 배 쪽은 연하다.
머리 옆면에는 주둥이 끝에서 눈에 이르는 암갈색 줄
무늬가 있고, 암색의 작은 반점이 흩어져 있다. 몸의

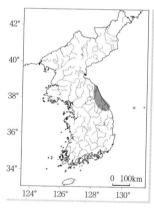

옆면 중앙에는 원형 또는 역삼각형의 암갈색 무늬가 10~12개 종렬되어 있으며, 그 위에
2~3줄의 불분명한 세로 줄무늬가 있다.

생태⇒ 하천 중·하류의 바닥이 모래인 곳에 서식하며, 주로 수서 곤충을 먹고 산다.

분포⇒ 한국 고유종으로, 강릉 남대천 이북의 동해로 유입하는 하천에 분포한다.

참고⇒ 이전에는 우리 나라의 동북부와 시베리아 등지에 분포하는 *Cobitis melanoleuca*라고
하였으나, 체측 반문과 골질반 등의 형태적 특징이 구별되어 별종으로 최근 발표하였다(K<small>IM</small>
et al., 1999).

잉어목(Cypriniformes)

228

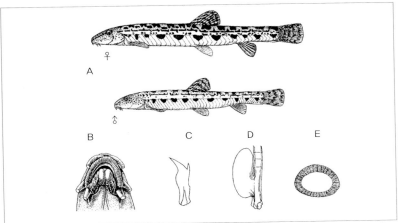

A. 북방종개의 반문 B. 입 모양 C. 수컷 골질반 D. 안하극 E. 비늘

북방종개-송호복 박사 제공

서식지(강원 강릉 남대천)

수수미꾸리

102. 수수미꾸리

Niwaella
multifasciata
(WAKIYA and MORI,
1929)

·············· <미꾸리과>

방언⇒ 줄무늬하늘종개
전장⇒ 10~13cm

입의 구조

형태⇒ 몸은 가늘고 길며 머리와 함께 옆으로 납작하다. 등지느러미 연조 수 6개, 뒷지느러미 연조 수 4개, 새파 수 18~20개, 척추골 수 48~50개이다. 머리와 눈이 작으며 주둥이는 길고 둔하다. 입은 주둥이 아랫면에 열리며 입가에는 3쌍의 짧은 수염이 있다. 눈 아래에는 끝이 둘로 갈라진 안하극이 있다. 측선은 불완전하여 가슴지느러미 길이를 넘지 않는다. 등지느러미는 몸의 중앙보다 훨씬 뒤에 있다.

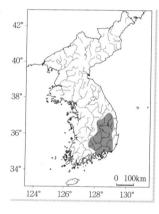

살아 있을 때 몸은 노란색을 띠며, 머리, 주둥이, 입수염, 가슴지느러미, 배지느러미 등은 주황색을 띤다. 머리에는 검은 점이 산재하고 몸 옆면에는 13~18개의 폭넓은 암갈색이고 수직의 긴 반문이 등 쪽에서 배 쪽까지 길게 내려온다. 등지느러미와 꼬리지느러미에는 폭넓은 2~3 줄의 검은색 줄무늬가 있다.

생태⇒ 하천 상류의 물이 맑고 유속이 아주 빠르며 큰 자갈이 많은 곳의 바닥에서 주로 부착 조류를 먹고 산다. 산란기는 11~1월까지이며, 12 월 말~1월 중순경이 산란 성기이다.

분포⇒ 한국 고유종으로, 낙동강 수계에만 분포한다.

참고⇒ 1929년 WAKIYA and MORI가 낙동강의 대구에서 채집된 표본을 근거로 하여 처음 기재, 발표하였다. SAWADA and KIM(1977)이 *Niwaella*속으로 정리하였다.

수수미꾸리

서식지(경남 산청 시천)

103. 좀수수치

*Kichulchoia
brevifasciata*
(KIM and LEE, 1996)

.... <미꾸리과>

영명⇒ dwarf loach

전장⇒ 5cm

입의 구조

수컷 가슴지느러미

형태⇒ 소형 어류로서 몸은 길고 납작하며 머리는 작다. 등지느러미 연조 수 6개, 뒷지느러미 연조 수 4개, 새파 수 12~14개, 척추골 수 43~45개이다. 비늘은 작으며 머리에는 없다. 외비공은 머리 앞쪽의 양쪽에 있으며, 주둥이보다 눈에 가깝다.

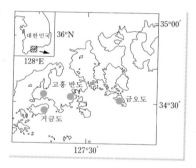

눈은 작고 주둥이 끝과 새공 사이의 중간 위쪽에 있으며, 양안 간격은 좁다. 눈 아래에는 끝이 둘로 갈라진 안하극이 있다. 입은 작고 육질의 입술을 가지며, 아랫입술은 중앙에서 갈라져 2개의 잘 발달된 구엽을 이룬다. 입수염은 3쌍이며, 셋째 번 수염은 안경의 1.5~2.0배 정도이다. 미병부는 짧으며, 미병부 등 쪽과 배 쪽에는 융기가 발달되어 높게 보인다. 비늘은 아주 작고 투명하며, 그 중앙 초점부는 크다. 측선은 불완전하여 가슴지느러미를 넘지 않는다. 형태적으로 성적 이형은 나타나지 않으며, 수컷 가슴지느러미에 골질반이 없다. 암컷이 수컷보다 크다. 몸은 담황색 바탕에 등과 몸에는 갈색 반점이 발달하는데, 몸에는 13~19개로 된 갈색 가로무늬가 균일한 간격으로 배열된다. 등지느러미와 꼬리지느러미에는 2~3줄의 가로무늬가 있으며, 꼬리지느러미의 기부 위쪽에는 작은 검은 점이 있다. 가슴지느러미, 배지느러미 및 뒷지느러미는 투명하지만 간혹 검은색 반점이 있다.

생태⇒ 수심이 얕고 흐름이 빠른, 비교적 작은 하천의 자갈 바닥에 서식하며, 주로 수서 곤충을 먹고 산다. 산란기는 4~5월경으로 추정된다.

분포⇒ 한국 고유종으로, 전라 남도의 고흥 반도와 인근 도서, 거금도 및 여천군의 금오도 등의 연안으로 유입되는 작은 하천에만 서식한다.

참고⇒ 분포 지역이 매우 좁고 아주 희소하며, 학술적으로도 진귀하기 때문에 보호 대책이 요구된다. 입의 구조, 체측 반문 등의 특징이 수수미꾸리속과 잘 구분된다는 점을 근거로 독립된 좀수수치속(*Kichulchoia*)으로 기재, 보고하였다(KIM *et al.*, 1999).

서식지(전남 고흥 풍양)

메기목
Siluriformes

동자개과
Bagridae

　　머리는 종편되고, 입가에는 4쌍의 수염이 있으며, 측선은 완전하다. 등
지느러미 제2가시는 크게 발달되어 있으며, 강한 흉대와 가슴지느러미 가
시는 등지느러미 가시보다 더 발달되었다. 비공은 전후 2쌍으로 전비공에
는 작은 관이 솟아 있고, 그 뒤쪽에는 후비공이 있으며, 그 옆에 수염이 있
다. 피부에는 비늘이 없다.

104. 동자개

*Pseudobagrus
fulvidraco*
(RICHARDSON,
1846)

········· < 동자개과 >

영명⇒ Korean
bullhead

방언⇒ 자개

전장⇒ 20cm

배면과 가슴지느러미

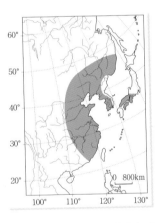

형태⇒ 몸은 옆으로 몹시 납작하고 체고가 약간 높은 편이다. 등지느러미 연조 수 7개, 뒷지느러미 연조 수 21~25개, 새파 수 13~17개, 척추골 수 39~41개이다. 머리는 위아래로 납작하다. 주둥이는 끝이 뾰족하며, 눈은 머리 앞부분 위쪽에 편중되었다. 입은 주둥이 끝에 열리는데, 하악이 상악보다 약간 짧으므로 아랫면에 위치한다. 입수염은 4쌍으로 상악에 있는 것이 가장 길어서 안경의 2.5배나 되고, 비늘은 없다. 가슴지느러미와 등지느러미의 극조는 강대하고 단단히 세울 수 있다. 가슴지느러미의 극조에는 안팎으로 톱니 모양의 거치가 있다. 측선은 거의 직선이고, 몸의 옆면 중앙을 달린다. 기름지느러미는 등지느러미와 꼬리지느러미 사이에 있고, 꼬리지느러미와 연결되지 않는다. 미병부는 옆으로 납작하고 가늘며, 꼬리지느러미의 후연 중앙은 안쪽으로 깊이 패었다. 살아 있을 때 체색은 우중충한 노란색 바탕에 암갈색의 큰 반문이 나타나며, 등과 몸의 옆면 중앙, 그리고 배에 폭넓고 긴 암갈색의 줄무늬가 있으며, 모든 지느러미에는 검은색을 띤 부분이 있다.

235

생태⇒ 유속이 완만한 큰 하천 중·하류의 모래와 진흙 바닥이 많은 곳에 서식하며 야행성이다. 수서 곤충이나 물고기의 알, 새우류, 그리고 작은 동물을 먹고 산다. 산란기는 5~7월이다. 수컷이 가슴지느러미 극조를 이용하여 진흙을 파내 산란실을 만들면 암컷이 그 안에 알을 낳는다. 가슴지느러미 극조는 기부의 관절면과 마찰시켜 소리를 낸다.

분포⇒ 서해와 남해로 유입되는 하천에 출현하며, 중국과 타이완, 시베리아의 동부에 분포한다.

참고⇒ 동자개는 우리 나라에서 양식에 많이 이용되는 종이다. 동자개의 초기 발생과 생활사에 대한 연구에서 강·이(1995)는 수정 직후의 알지름이 1.4±0.03mm라 하였고, 한 등(2001)은 2.4±0.07mm라 하여 약 1mm의 차이를 보였다. 난은 침성 부착란으로, 수온 25°C에서 수정 후 5분 후에 난막과 난황이 분리되고, 수정 후 1시간에 제 1난할이 일어났다. 수정 후 3시간에 32세포기에 달했고, 5시간 후에 낭배기가 시작되며, 53시간 후에 부화하여 자어는 전장 4.2~4.3mm에 달한다.

동자개-경상북도 내수면 시험장 제공

서식지(전북 완주)

동자개과 어류의 속과 종 검색표

1a. 가슴지느러미 가시의 전·후연에는 거치가 있고, 수염은 길고 굵으며, 두부 감각
관의 감각공은 바로 열리고 하미축골 3~4번은 유합되었다. ⋯⋯⋯⋯⋯⋯⋯⋯⋯
⋯⋯⋯⋯⋯⋯⋯⋯⋯⋯⋯⋯⋯⋯⋯⋯⋯ 동자개속(*Pseudobagrus*) 2

 b. 가슴지느러미 가시의 후연에만 거치가 있고, 수염은 짧거나 가늘며, 두부 감각관
의 감각공은 긴 관으로 열리고, 하미축골 3~4번은 분리되었다. ⋯⋯⋯⋯⋯⋯
⋯⋯⋯⋯⋯⋯⋯⋯⋯⋯⋯⋯⋯⋯⋯⋯⋯⋯ 종어속(*Leiocossis*) 4

2a. 꼬리지느러미는 상하 양 엽으로 갈라져 있다. ⋯⋯⋯⋯⋯⋯⋯⋯⋯⋯⋯⋯⋯
⋯⋯⋯⋯⋯⋯⋯⋯ 동자개(*Pseudobagrus fulvidraco* (RICHARDSON))

 b. 꼬리지느러미 후연은 둥글거나 수직형이다. ⋯⋯⋯⋯⋯⋯⋯⋯⋯⋯⋯⋯ 3

3a. 뒷지느러미 기조 수는 19~24개, 몸은 가늘고 길며, 척추골 수는 44~47개이다.
⋯⋯⋯⋯⋯⋯⋯⋯⋯⋯⋯⋯⋯ 눈동자개(*Pseudobagrus koreanus* UCHIDA)

 b. 뒷지느러미 기조 수는 15~20개, 몸은 짧으며, 척추골 수는 35~39개이다. ⋯⋯
⋯⋯⋯⋯⋯⋯⋯⋯⋯ 꼬치동자개(*Pseudobagrus brevicorpus* MORI)

4a. 꼬리지느러미는 상하 양 엽으로 갈라져 있다. ⋯⋯⋯⋯⋯⋯⋯⋯⋯⋯⋯ 5

 b. 꼬리지느러미 후연은 약간 둥글고 끝이 잘린 모양이다. ⋯⋯⋯⋯⋯⋯⋯⋯
⋯⋯⋯⋯⋯⋯⋯⋯⋯ 대농갱이(*Leiocassis ussuriensis* (DYBOWSKI))

5a. 뒷지느러미 기조 수는 24~28개, 새파 수는 9~14개이다. ⋯⋯⋯⋯⋯⋯⋯
⋯⋯⋯⋯⋯⋯⋯⋯⋯ 밀자개(*Leiocassis nitidus* (SAUVAGE et DABRY))

 b. 뒷지느러미 기조 수는 16~17개, 새파 수는 16개이다. ⋯⋯⋯⋯⋯⋯⋯⋯
⋯⋯⋯⋯⋯⋯⋯⋯⋯⋯ 종어(*Leiocassis longirostris* GÜNTHER)

눈동자개

105. 눈동자개

Pseudobagrus koreanus
UCHIDA, 1990
.... < 동자개과 >

영명⇒ black bullhead
전장⇒ 20~30cm

배면과 가슴지느러미

형태⇒ 몸은 원통형으로 길고, 미병부는 옆으로 납작하지만 길게 세장되었다. 등지느러미 연조 수 7개, 뒷지느러미 연조 수 19~24개, 새파 수 8~14개, 척추골 수 44~47개이다. 머리의 앞부분은 위아래로 납작하나 성장함에 따라 몸이 길어지므로 머리는 상대적으로 작은 편이며, 주둥이 끝은 다소 둥글고 입은 주둥이 아래쪽에 열리며, 하악이 상악보다 약간 짧다. 비늘은 없으며, 측선은 완전하고 몸의 옆면 중앙을 지난다. 가슴지느러미 가시는 안팎에 톱니 모양의 거치가 있고, 등지느러미는 배지느러미보다 훨씬 앞쪽에 있다. 등지느러미 가시는 안팎이 거칠기는 하지만 톱니는 없고, 꼬리지느러미의 중앙은 안쪽으로 얕게 패어 있다. 두부 감각공은 감각관의 위에 열려 있으며, 살아 있을 때는 우중충한 황갈색을 띤다. 몸은 회갈색으로 배 쪽보다 등 쪽이 짙고, 몸의 부분에 따라 색이 짙거나 연하다. 몸에는 특별한 반문이 없이 머리 뒤쪽 등지느러미 앞부분과 꼬리지느러미 기부 등에 다른 부위보다 불규칙적으로 검은 부분이 있다.

생태⇒ 하천 중·상류의 바위나 돌이 많은 곳에 서식하며, 주로 수서 곤충이나 작은 물고기를 먹고 산다. 산란기는 5~6월로 추정된다.

분포⇒ 한국 고유종으로, 서해와 남해로 유입하는 하천 등에 분포한다.

참고⇒ UCHIDA(1939)가 섬진강에서 채집한 표본을 *Pseudobagrus* sp.로 보고하였으나, LEE and KIM(1990)이 눈동자개가 분명히 독립된 종임을 확인한 후 *P. koreanus*로 명명, 기재하였다.

눈동자개-송호복 박사 제공

서식지(전북 진안)

꼬치동자개

메기목(Siluriformes)

106. 꼬치동자개

Pssudobagrus
brevicorpus
(MORI, 1936)
················· <동자개과>

영명⇒ Korean
stumpy
bullhead
방언⇒ 어리종개
전장⇒ 8cm

배면과 가슴지느러미

형태⇒ 몸통과 미병부는 측편되고 짧으며, 머리는 종편되었고, 몸에 비늘이 없다. 등지느러미 연조 수 7개, 뒷지느러미 연조 수 15~20개, 새파 수 10~13개, 척추골 수 35~39개이다. 입은 주둥이 끝의 아랫면에 열리며, 입수염은 4쌍으로 모두 길다. 눈은 비교적 크며, 머리의 옆면 위쪽에 치우쳐 있다. 하악은 상악보다 약간 짧으며, 측선은 완전하고 몸의 옆면 중앙으로 이어진다. 등지느러미와 가슴지느러미

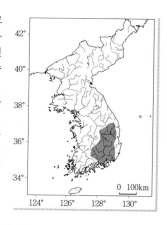

에는 강한 가시가 있고, 가슴지느러미 가시는 앞쪽에 불규칙한 거치가 있고, 안쪽에는 8~10개의 톱니 모양의 거치가 있다. 꼬리지느러미의 후연은 중앙이 안쪽으로 약간 패어 상·하 양엽으로 나뉜다. 몸은 담황색 바탕이며, 등과 몸의 옆면을 잇는 갈색 반문이 있다.

생태⇒ 물이 맑고 바닥에 자갈이나 큰 돌이 있는 하천 상류에 서식하며, 주로 밤에 수서 곤충을 먹고 산다. 산란기는 6~7월로 추정된다.

분포⇒ 한국 고유종으로, 낙동강에만 분포한다. 천연기념물 제455호 (2005.3.17), 멸종위기 야생동식물 I급으로 지정되었다.

240

서식지(경남 함양 유림)

대농갱이

107. 대농갱이

Leiocassis
ussuriensis
(DYBOWSKI, 1871)

.... <동자개과>

영명⇒ Ussurian
bullhead
전장⇒ 15~20cm

배면과 가슴지느러미

형태⇒ 몸은 가늘고 긴 원통형이다. 등지느러미 연조 수 7개, 뒷지느러미 연조 수 20~24개, 새파 수 11~15개, 척추골 수 46~48개이다. 머리는 위아래로 몹시 납작하고, 뒤쪽은 옆으로 납작하며, 성장함에 따라 몸이 길어진다. 입은 주둥이 끝에 있으며 비늘은 없다. 입가에는 4쌍의 수염이 있으나 비교적 짧아, 가장 긴 상악의 수염이 눈의 뒷부분까지 닿는다. 눈은 작고 머리의 중앙보다 앞쪽에 있으며, 하악은 상악보다 짧다. 측선은 완전하고 몸의 옆면 중앙보다 약간 등 쪽을 직선으로 달린다. 가슴지느러미 가시는 강한데, 그 바깥쪽에는 톱니 모양의 거치가 없고 매끄럽지만, 안쪽에는 12~18개의 톱니 모양의 거치가 있다. 등지느러미는 배지느러미보다 훨씬 앞쪽에 있으며, 가시에는 톱니 모양의 거치가 없고, 꼬리지느러미의 후연 중앙은 안쪽으로 얕게 패어 갈라져 있다. 몸은 약간 검은 황갈색으로 등이 배보다 더 진하며, 작은 반점이 산재하나 죽으면 모두 사라진다. 등지느러미와 뒷지느러미는 바깥쪽이 짙고, 꼬리지느러미의 가장자리는 연한 색을 띠고 있다.

생태⇒ 하천 중·하류의 바닥에 모래와 진흙이 깔린 곳에서 서식하며, 물고기의 알, 새우류, 수서 곤충을 먹는다. 산란기는 5~6월로 추정되며, 산란 습성에 관해서는 알려진 것이 없다. 만 1년에 전장 8~10cm, 2년에 14~16cm, 3년에 20cm 내외로 성장한다.

분포⇒ 서해로 유입되는 하천에 서식하며, 중국에 분포한다. 한편, 낙동강(물금, 수산)에서도 발견되고 있는데, 이는 자연 분포라기보다는 인위적인 이입으로 추정된다.

대농갱이-경상북도 내수면 시험장 제공

서식지(경기 양평 양수)

밀자개

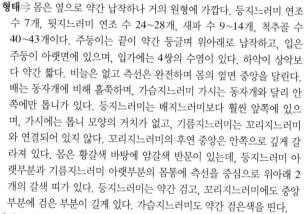

배면과 가슴지느러미

108. 밀자개

Leiocassis nitidus
(SAUVAGE and
DABRYI, 1874)

<동자개과>

영명⇒ light bullhead
전장⇒ 10~15cm

형태⇒ 몸은 옆으로 약간 납작하나 거의 원형에 가깝다. 등지느러미 연조 수 7개, 뒷지느러미 연조 수 24~28개, 새파 수 9~14개, 척추골 수 40~43개이다. 주둥이는 끝이 약간 둥글며 위아래로 납작하고, 입은 주둥이 아랫면에 있으며, 입가에는 4쌍의 수염이 있다. 하악이 상악보다 약간 짧다. 비늘은 없고 측선은 완전하며 몸의 옆면 중앙을 달린다. 배는 동자개에 비해 홀쭉하며, 가슴지느러미 가시는 동자개와 달리 안쪽에만 톱니가 있다. 등지느러미는 배지느러미보다 훨씬 앞쪽에 있으며, 가시에는 톱니 모양의 거치가 없고, 기름지느러미는 꼬리지느러미와 연결되어 있지 않다. 꼬리지느러미의 후연 중앙은 안쪽으로 깊게 갈라져 있다. 몸은 황갈색 바탕에 암갈색 반문이 있는데, 등지느러미 아랫부분과 기름지느러미 아랫부분의 몸통에 측선을 중심으로 위아래 2개의 갈색 띠가 있다. 등지느러미는 약간 검고, 꼬리지느러미에도 중앙부분에 검은 부분이 길게 있다. 가슴지느러미도 약간 검은색을 띤다.

생태⇒ 하천 중·하류의 해수의 영향을 받는 수역에 많으며, 유속이 완만하거나 정체된 곳에 서식한다. 주로 수서 곤충, 새우, 소형 동물을 먹고 산다. 산란기는 5~6월로 추정되며, 생활사는 잘 알려져 있지 않다.

분포⇒ 임진강, 금강, 영산강 하류에 서식하며, 중국에 분포한다.

참고⇒ 이 종은 중국에만 분포하는 것으로 알려졌으나, KIM 등(1981)이 우리 나라 금강에 서식함을 처음으로 보고한 후 임진강과 영산강에도 분포되어 있음이 확인되었다.

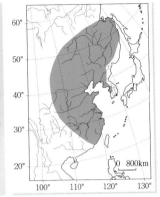

동자개과(Bagridae)

밀자개

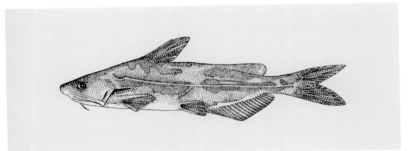

밀자개

서식지(금강 하구둑)

245

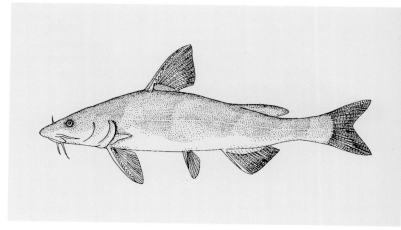

종어

109. 종어

Leiocassis
longirostris
GÜNTHER, 1864

················ <동자개과>

영명⇒ long snout
bullhead

전장⇒ 30~50cm

형태⇒ 몸은 길고 몸통은 약간 납작하며, 미병부는 아주 납작하다. 등지느러미 연조 수 7개, 뒷지느러미 연조 수 14~18개, 새파 수 16개, 척추골 수 36개이다. 머리는 약간 편평하고, 주둥이는 현저하게 돌출되었다. 입은 주둥이 밑에 있으며 입수염은 4쌍이다. 눈은 대단히 작다. 가슴지느러미 가시 바깥쪽에 톱니는 없지만 안쪽에는 10여 개의 톱니가 있다. 등 쪽은 진한 황갈색이고 배 쪽은 회백색이다. 각 지느러미 가장자리는 흑갈색이다.

생태⇒ 큰 강 하류의 모래와 진흙이 깔려 있는 곳에 살며, 수서 곤충의 유충이나 어린 물고기를 먹는다. 주행성이다. 중국 양쯔강의 경우 산란기는 4월 하순부터 6월까지로 알려졌다.

분포⇒ 이전에 대동강, 한강, 금강 하류에 출현하였으나, 최근 오염과 개발로 인하여 남한에서는 보이지 않는다. 중국 대륙에 분포한다.

참고⇒ 이전에 이 종의 학명을 *Leiocassis dumerili* BLEEKER로 하고, 청천강, 대동강, 한강 및 금강의 하류에 분포한다고 하였으나 KIM (1981) 등은 *L. dumerili*는 *L. longirostris*의 동종 이명임을 보고하였다. 종어는 예로부터 맛이 뛰어난 물고기로 알려져, 조선조 이래 임금에게 진상하던 진미어이다. 최근 30여 년 동안 국내에서는 출현 보고가 없어, 국내 절멸종이라고 추정된다.

메기과

Siluridae

등지느러미 기조 수는 7개 이하로 그 기저가 매우 짧다. 기름지느러미가 없다. 배지느러미는 작지만 뒷지느러미는 그 기저가 길다. 하악에는 1~2 쌍의 수염이 있고 상악에는 1쌍의 긴 수염이 있다. 메기에는 12속 100여 종이 알려졌으나, 우리 나라에는 메기속(*Silurus*)에 2종이 분포한다.

메기-송호복 박사 제공

110. 메기 *Silurus asotus* LINNAEUS, 1758 ·················· <메기과>

영명⇒ Far Eastern catfish   전장⇒ 30~50cm

형태⇒ 몸의 앞부분은 원통형이나 뒤로 갈수록 옆으로 납작해진다. 등지느러미 연조 수 4~5 개, 뒷지느러미 연조 수 70~85개, 새파 수 10~12개, 척추골 수 60~63개이다. 머리 앞부분 은 수평으로 납작하다. 상악이 하악보다 짧아 입은 주둥이 끝에서 위를 향하여 열리며, 입가 에는 전비공의 앞과 하악에 수염이 각각 1쌍씩 있다. 몸에 비늘은 없으며, 측선은 완전하고 몸의 옆면 중앙을 달린다. 등지느러미 길이는 짧아 안경의 3~4배이며, 가슴지느러미 가시의 외연에는 톱니 모양의 거치가 있다. 뒷지느러미는 매우 길어서 전장의 거의 반쯤 되고, 뒤쪽 끝은 꼬리지느러미와 연결되므로 미병부가 없다. 몸은 거의 대부분이 검은 갈색이나 황갈색 이고, 반문은 없으나 가끔 구름 모양의 반문이 있는 경우도 있다. 주둥이의 아랫면과 뒷지느러미 앞까지의 복부는 노란색을 띤다. 등지느러미, 뒷지느러미 및 꼬리지느러미는 몸색과 같이 흑갈색 혹은 황갈색이고, 가장자리는 검은색을 띤다.

생태⇒ 유속이 완만하고 바닥에 진흙이 깔려 있는 하천이나 호수, 늪에 살면서 밤에 치어와 작은 동물을 먹는 등 탐식성이 강하다. 산란기는 5~7월이다. 수컷이 암컷의 복부를 강하게 감아서 산란하도록 한다. 황록색의 알을 수초에 붙이거나 자갈에 붙이기도 한다.

분포⇒ 우리 나라의 거의 전 담수역에 출현하며, 중국, 타이완, 일본에도 분포한다.

참고⇒ 식용과 약용으로 이용되고 있으며, 양식되어 대량 공급되고 있다.

메기의 생식 행동

서식지(전북 임실 옥정호)

미유기

111. 미유기 *Silurus microdorsalis* (MORI, 1936) ·········· <메기과>

영명⇒ Slender catfish   방언⇒ 눗메기 전장⇒ 25cm

형태⇒ 몸의 앞부분은 원통형이나 뒤로 갈수록 수직 방
향으로 납작해진다. 등지느러미 기조 수 3개, 뒷지느
러미 기조 수 67~73개, 새파 수 7~9개, 척추골 수
54~56개이다. 머리의 앞부분은 수평으로 몹시 납작하
며, 주둥이도 수평으로 납작하다. 상악이 하악보다 짧
아 입은 주둥이 끝에서 위를 향하여 열리며, 입가에는
전비공의 앞과 하악에 수염이 각각 1쌍씩 있다. 그 중
1쌍은 매우 길어서 뒤로 누이면 가슴지느러미의 약
2/3에 달하며, 다른 1쌍은 짧아서 긴 것의 1/2도 되지
않는다. 측선은 완전하고 몸의 옆면 중앙에 직선으로
이어진다. 메기와 아주 유사하여 혼동하기 쉽지만, 이
종은 등지느러미 기조 수가 적고, 등지느러미 길이가
아주 짧으며 미병부가 높아 쉽게 구분된다. 체색은 흑

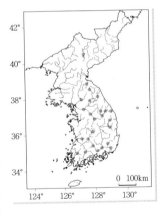

갈색으로 등은 짙고 주둥이 아랫면과 복부는 노란색을 띤다. 등 쪽과 체측에는 불분명한 구
름 모양의 반문이 있다. 뒷지느러미의 가장자리에는 밝은 테가 둘러져 있다.
생태⇒ 미유기는 메기와 혼서하는 경우도 있으나, 대체로 물이 맑고 자갈이나 바위가 많은 하
천의 상류에 서식하며, 수서 곤충이나 치어를 먹고 산다. 산란기는 5월경이다.
분포⇒ 한국 고유종으로, 거의 전 담수역에 출현한다.

미유기-경상북도 내수면 시험장 제공

서식지(강원 정선)

메기과 어류의 종 검색표

a. 등지느러미 기조 수는 4~5개로, 가장 긴 기조는 안경의 3~4배, 뒷지느러미 전단 의 체고는 후단의 3배 이상이다. ····························· 메기(*Silurus asotus* Linnaeus)

b. 등지느러미 기조 수는 3(드물게는 4)개이고, 가장 긴 기조는 안경보다 약간 길며, 뒷지느러미 전단의 체고는 후단 체고의 2배 이하이다. ······························· ·· 미유기(*Silurus microdorsalis* (Mori))

찬넬동자개과

Ictaluridae

　　북아메리카 대륙의 담수역에 7속 45종이 분포한다. 머리에는 4쌍의 수염이 있고, 피부에는 비늘이 없다. 등지느러미와 가슴지느러미에는 가시가 있고, 등지느러미에는 보통 6개의 연조가 있다.

찬넬동자개

112. 찬넬동자개 *Ictalurus puntatus* (Rafinesque) ·················· <찬넬동자개과>

영명⇒ channel catfish　　전장⇒ 80cm

형태⇒ 몸은 동자개의 모양과 비슷하다. 뒷지느러미 연조 수 19~23개, 새파 수 14~18개, 척추골 수 42~44개이다. 꼬리지느러미 후연은 2개로 나누어졌다. 입수염은 3쌍이다. 어릴 때는 체측에 검은색 점이 산재하나 자라면서 차츰 축소되거나 없어진다.

생태⇒ 하천 하류 혹은 기수역의 수심이 깊고 경사가 낮은 곳에 주로 서식한다. 수서 곤충, 식물 조각 및 물고기의 치어나 알 등을 먹는다. 성장하는 데 최적 수온은 30℃로 열대성이다. 12년까지 성장하는데, 4년생은 전장 22.3cm, 7년생은 66.9cm이다. 산란기에는 수컷이 먼저 산란장을 준비하면 암컷이 찾아와 산란하고 수컷이 방정하면 수정된다.

분포⇒ 미국 중부와 대서양 남부 연안 유역에 자연 분포하지만 현재 양식 대상종으로 전세계로 이식되었다.

참고⇒ 우리 나라는 1972년 수산청에서 미국으로부터 도입하여 양식 기술은 확립하였으나, 상업적으로는 보급되지 않고 있다.

퉁가리과
Amblycipitidae

등지느러미는 두꺼운 피부로 덮여 있으며, 그 뒤쪽에 기름지느러미가 있어서 꼬리지느러미와 이어지기도 한다. 등지느러미 기저는 짧고, 지느러미 안에 있는 가시는 약하다. 뒷지느러미의 기저도 짧아서 기조 수는 9~18 개이다. 4쌍의 수염이 있고 측선은 불완전하다. 상·하 양악에는 아주 작은 이빨의 치대(齒帶)가 있다. 주로 유속이 빠른 계류에 서식한다. 아시아 남부에만 분포하며, 퉁가리과에는 2속 8종이 알려졌으나 한국에는 퉁가리속에 3종이 출현한다.

퉁가리과 어류의 종 검색표

1a. 상·하 양악은 그 길이가 같아서 입은 전방으로 향한다. ······························· 2
 b. 하악은 상악보다 짧아서 입은 하방으로 향한다. ···
 ·································· 자가사리(*Liobagrus mediadiposalis* MORI)
2a. 가슴지느러미 가시의 안쪽 거치 수는 1~3개이나, 성숙한 개체에는 거치가 없다. 체폭이 좁고(19% 이하), 체고는 낮다(20% 이하). ·····················
 ····················· 퉁가리(*Liobagrus andersoni* REGAN)
 b. 가슴지느러미 가시의 안쪽 거치 수는 3~5개이고, 성숙한 개체일수록 그 수가 많다. 체폭은 넓고(19% 이상), 체고는 높다(20% 이상). ·······················
 ····················· 퉁사리(*Liobagrus obesus* SON *et al.*)

자가사리(섬진강)

자가사리(안동)

113. 자가사리

Liobagrus
mediadiposalis
Mori, 1936

············ < 통가리과>

영명⇒ south torrent
catfish

방언⇒ 남방쏠자개

전장⇒ 6~10cm

가슴지느러미 거치

형태⇒ 몸은 약간 길고 둥글다. 등지느러미 연조 수 6개, 뒷지느러미 연조 수 15~19개, 새파 수 7~11개, 척추골 수 40~44개이다. 꼬리는 수직 방향으로 아주 납작하다. 머리는 수평 방향으로 납작하며, 주둥이도 수평 방향으로 종편되어 있다. 눈은 아주 작으며, 그 뒷부분은 볼록하여 머리 위쪽에 치우쳐 피막에 싸인다. 입은 주둥이 끝에 열리나 상악이 하악보다 약간 길어서 아래를 향하여 열린다. 입수염은 4쌍으로, 2쌍은 길고 2쌍은 약간 짧다. 몸에는 비늘이 없다. 측선은 흔적만 있거나 없다. 가슴지느러미 가시는 끝이 뾰족하고 안쪽에 4~6개의 작은 가시가 있는데, 이들은 통가리와는 달리 성장함에 따라 그 수가 감소하지 않는다. 외형은 통가리와 비슷하나 상악이 하악보다 길어 쉽게 구분된다. 기름지느러미는 낮고 길며 꼬리지느러미와 연결된다. 몸은 황갈색으로 등 쪽은 짙고 배 쪽은 노란색이다. 각 지느러미의 가장자리에는 밝은 색의 반문이 있다. 섬진강에 서식하는 집단은 꼬리지느러미 기부의 가장자리에 반달 모양의 노란색 띠가 있어 다른 집단과 구분된다.

생태⇒ 물이 맑은 하천 상류의 자갈이나 바위가 많은 곳에서 주로 밤에

활동하며, 수서 곤충을 먹고 산다. 산란기는 5~6월이며, 암컷 1마리
는 100개 이상의 알을 한 곳에 낳고, 산란이 끝난 후에도 그 자리를 떠
나지 않는다.

분포⇒ 한국 고유종으로 금강, 낙동강, 섬진강, 이사천, 탐진강, 남해도,
거제도 등에 분포한다.

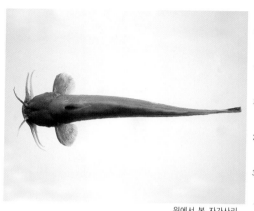

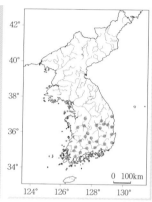

위에서 본 자가사리

자가사리-송호복 박사 제공

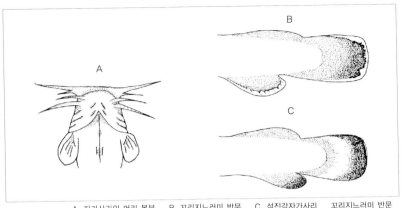

A. 자가사리의 머리 복부   B. 꼬리지느러미 반문   C. 섬진강자가사리   꼬리지느러미 반문

서식지(전북 진안)

통가리

114. 통가리

Liobagrus andersoni
REGAN, 1908
·············· <통가리과>

영명⇒ Korean torrent
catfish
전장⇒ 10cm

가슴지느러미 거치

형태⇒ 몸은 약간 둥글고 길다. 등지느러미 연조 수 6개, 뒷지느러미 연조 수 16~19개, 새파 수 7~8개, 척추골 수 38~40개이다. 머리는 수평으로 넓적하고, 미병부는 수직으로 납작하다. 눈은 아주 작으며, 머리 위쪽에 치우쳐 피막에 싸이고 그 뒷부분은 불룩 튀어 나왔다. 입은 주둥이 끝에 열리며, 상악과 하악은 거의 같은 길이이다. 몸에는 비늘이 없다. 입수염은 4쌍으로, 2쌍은 머리 길이와 거의 같고 다른 2쌍은 짧다. 측선은 흔적만 있거나 없다. 가슴지느러미 가시는 굵고 단단하며 피부에 묻혀 있고 안쪽에 1~3개의 작은 가시가 있는데, 이것은 성장함에 따라 감소된다. 배지느러미는 작고 둥글다. 등지느러미는 배지느러미보다 가슴지느러미에 훨씬 가깝다. 가자사리와 비슷하지만 상악과 하악의 길이가 거의 같아 입이 위쪽을 향하므로 쉽게 구분할 수 있다. 체색은 황갈색으로 전체적으로 균일하여 반문은 없고, 등은 짙으며 배는 노란색이다. 가슴지느러미, 등지느러미 및 꼬리지느러미의 가장자리는 담색의 테두리가 있고, 그 안쪽은 검은색이다. 기름지느러미는 꼬리지느러미와 거의 연결되었으나 얕게 팬 홈으로 구분된다.

생태⇒ 물이 맑고 자갈이 많은 하천의 중·상류에 서식하며, 수서 곤충을 먹고 산다. 돌 밑에 잘 숨고 주로 밤에 활동한다. 산란기는 5~6월이며, 수정란은 8일 정도가 되면 부화하여 전장 6.8mm 정도가 된다. 가슴지느러미에 찔리면 통증을 느낀다.

분포⇒ 한국 고유종으로, 임진강, 한강, 안성천, 무한천, 삽교천에 분포한다.

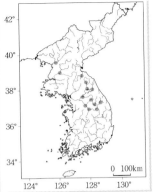

통가리

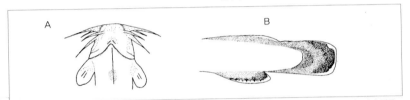

A. 통가리의 머리 복부   B. 꼬리지느러미 반문

서식지(강원 정선)

통가리과(Amblycipitidae)

257

통사리

115. 통사리

Liobagrus obesus
Son, Kim and Choo,
1987
< 퉁가리과 >

영명⇒ bullhead
torrent catfish

전장⇒ 8~10cm

가슴지느러미 거치

형태⇒ 몸은 약간 길고 납작하며, 꼬리는 옆으로 심하게 납작하다. 등지느러미 연조 수 6개, 뒷지느러미 연조 수 15~19개, 새파 수 5~8개, 척추골 수 38~40개이다. 머리와 주둥이는 수평으로 납작하며, 눈의 뒷부분은 볼록 튀어나왔다. 퉁가리나 자가사리보다 퉁퉁한 편이다. 눈은 작으며, 머리 위쪽에 치우쳐 피막에 싸인다. 입은 주둥이 끝에 열리고, 상악과 하악은 거의 같은 길이이며, 몸에는 비늘이 없다. 입

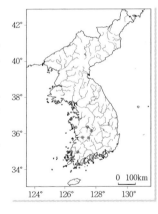

수염은 4쌍으로, 2쌍은 머리 길이와 거의 같고 다른 2쌍은 그보다 짧다. 측선은 흔적만 있거나 없다. 가슴지느러미 가시는 끝이 뾰족하고 가시 안쪽에 톱니 모양의 거치가 3~5개 있는데, 성장할수록 거치의 수가 많아진다. 자가사리와는 턱 모양으로, 퉁가리와는 가슴지느러미 거치 수로 쉽게 구분된다. 몸은 짙은 황갈색으로 전체적으로 균일하나 등 쪽은 다소 짙고 배 쪽은 담황색을 띤다. 배지느러미는 전체적으로 노란색이지만 배지느러미 이외의 각 지느러미 가장자리는 담황색을 띤다.

생태⇒ 하천 중류의 유속이 다소 완만하고 자갈이 많은 곳에 서식하며

야간에 수서 곤충을 먹고 산다. 산란기는 5월 초~6월 중순으로 추정되며, 암컷은 돌 밑에 산란하고 산란장에 남아서 알을 보호한다.

분포⇒ 한국 고유종으로, 금강 중류, 웅천천, 만경강 및 영산강 상류에 제한적으로 분포한다.

참고⇒ 체세포의 2*n* 염색체 수는 20개로 매우 특이하다. 서식처의 파괴로 서식 개체 수가 희소하므로 보호해야 한다. 멸종위기 야생동식물 I급으로 지정.

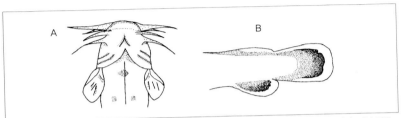

A. 퉁사리의 머리 복부   B. 꼬리지느러미 반문

서식지(전북 완주 고산)

멸종 위기 및 보호 야생 동식물

    1992년 브라질의 리우에서 개최되었던 유엔 환경 개발 회의에서 '생물 다양성 협약'이 채택된 후, 세계 각국에서는 야생 동식물의 멸종 방지를 위하여 노력하고 있다. 21세기는 야생 동식물의 생물 자원에 대한 주권 확보와 그 이익의 분배에 대하여 국가 간 논쟁이 치열할 것으로 예상된다.

    이에 따라 환경부에서는 1997년 '자연 환경 보존법'을 개정하여 야생 동식물 보호 방안을 강화하였고, 멸종 위기에 놓인 야생 동식물 가운데 우선 보호해야 할 194종을 '멸종 위기 및 보호 야생 동식물'로 선정하여 관리하고 있다. 어류는 12종이 포함되어 있다.

멸종 위기종

1. 감돌고기(잉어과, *Pseudopungtungia nigra* Mori) : 금강과 만경강 상류에만 분포하는 한국 고유종으로 자갈 채취와 댐 건설로 사라지기 시작하여 이제 일부 수역에 희소하게 출현한다.
2. 흰수마자(잉어과, *Gobiobotia naktongensis* Mori) : 낙동강, 임진강 및 금강 여울 부근의 모랫바닥에 아주 드물게 산다. 수질 오염과 모래 채취로 사라질 가능성이 매우 높다.
3. 미호종개(미꾸리과, *Iksookimia choii* Kim and Son) : 금강 수계의 미호천과 인접 하천의 모래 속에서 아주 희소하게 분포하는 한국 고유종이다. 수질 오염과 모래 채취로 현재는 찾아보기 어렵다.
4. 꼬치동자개(동자개과, *Pseudobagrus brevicorpus* Mori) : 낙동강 상류의 일부 계류에만 아주 희소하게 분포하는 한국 고유종이다. 삼림 채벌 및 유량 감소 등의 생태계 변화로 멸종 위기에 놓여 있다.
5. 퉁사리(퉁가리과, *Liobagrus obesus* Son, Kim and Choo) : 임진강, 한강, 안성천, 무한천, 삽교천, 만경강, 영산강에 아주 희소하게 분포한다. 한국 고유종이고 학술적으로도 진귀하지만 희소한데다 수질 오염과 자갈 채취로 멸종 위기에 있다.

보호 대상종

1. 다묵장어(칠성장어과, *Lampetra reissneri* Dybowski)
2. 묵납자루(잉어과, *Acheilognathus signifer* Berg)
3. 모래주사(잉어과, *Microphysogobio koreensis* Mori)
4. 두우쟁이(잉어과, *Saurogobio dabryo* Bleeker)
5. 부안종개(미꾸리과, *Iksookimia pumila* Kim and Lee)
6. 꺽저기(꺽지과, *Coreoperca kawamebari* Temminck and Schlegel)
7. 좀수수치(미꾸리과, *Kichulchoia brevifasciata* Kim and Lee)

바다빙어목
Osmeriformes

바다빙어과
Osmeridae

바다빙어목 어류는 북반구의 온대와 한대의 담수와 연안에 분포하면서 대부분이 담수역에 산란한다. 기설골(basisphenoid)과 안와설골(orbito-sphenoid)이 없다. 입은 크고, 기름지느러미가 있으며, 부레는 장과 연결되어 있다. 몸은 가늘고 길며 약간 측편되어 있다. 구개골이 아령 모양이며, 새개골의 등 쪽 가장자리에 매듭이 있다. 비늘은 얇고 원형이며 측선이 있으나 보통 불완전하다. 중익상골(mesopterygoid), 서골(vomer), 구개골(palatine), 전상악골(premaxillary)에는 이빨이 있다. 등지느러미 연조 수 7~14개, 뒷지느러미 기조 수 11~17개, 꼬리지느러미 기조 수 19개(17분기조)이다. 전세계적으로 7속 13종이 있다.

빙어

116. 빙어 *Hypomesus nipponensis* McALLISTER, 1963 ················· <바다빙어과>

영명⇒ pond smelt   전장⇒ 10~14cm

형태⇒ 몸은 가늘고 길며 옆으로 납작하다. 등지느러미 연조 수 8~10개, 뒷지느러미 연조 수 12~18개, 종렬 비늘 수 56~64개, 새파 수 28~36개, 척추골 수 55~59개이다. 입은 크고 하악이 상악보다 약간 돌출되어 있다. 제1상악골의 외연은 둥근 모양이며, 눈의 중간 지점에 이른다. 측선은 배지느러미 앞까지 있다. 기름지느러미는 뒷지느러미 중간의 등 쪽에 있다. 꼬리지느러미는 상·하 양엽으로 분리되어 있고, 배지느러미는 등지느러미 기점 바로 아래 쪽에 있다. 항문은 뒷지느러미의 바로 앞에 있다. 복막은 연회색이다. 체색은 대체로 연한 흰색이다. 두정부와 등 쪽은 회갈색이고 복부는 흰색이다. 하악의 복면에는 검은 색소포가 보통 50개 이상 밀집되어 있다.

생태⇒ 하절기에는 저수지의 깊은 곳에서 서식하다가 산란기인 3월이 되면 얕은 개울로 이동한다. 산란기가 되면 수컷은 두부, 비늘 및 모든 지느러미에 약한 추성과 같은 돌기가 있고, 배지느러미는 길어져 항문에 이른다. 주로 동물성 플랑크톤을 섭식하고, 깔따구 유충도 먹는다. 만 1년생이 되면 호수나 하천의 얕은 곳으로 나와 수초와 모랫바닥에 산란한다.

분포⇒ 우리 나라 동·북부 바다에 유입하는 하천 하류와 일본, 러시아, 알래스카 등에 자연 분포하지만, 우리 나라의 저수지와 댐, 호에 이식되어 전국적으로 출현한다.

참고⇒ 수산진흥원에서 1925년 이래 함경 남도 용흥강에서 채란한 빙어를 제천 의림지 등 전국 주요 저수지에 이식한 후 지금은 전국에 분포한다.

떼지어 다니는 빙어

빙어 낚시(충북 음성)

은어

117. 은어 *Plecoglossus altivelis* TEMMINCK and SCHLEGEL, 1846 ···· <바다빙어과>

영명⇒ sweet smelt   전장⇒ 20~30cm

형태⇒ 몸은 길고 약간 측편되어 있다. 등지느러미 연조 수 11~12개, 뒷지느러미 연조 수 15~17개, 측선 비늘 수 67~72개, 척추골 수 61~65개이다. 머리는 큰 편이고 주둥이는 끝이 뾰쪽하다. 입은 주둥이 끝에 열리며, 입이 커서 상악의 후단부가 눈의 후연까지 이른다. 등지느러미는 몸의 거의 중앙에 있고, 뒷지느러미는 앞부분의 기조가 약간 길어 가장자리가 오목하게 패어 있다. 측선은 완전하여 거의 직선으로 이어진다. 꼬리지느러미 후연은 둘로 갈라져 있다. 등 쪽은 회갈색, 배 쪽은 은백색이고, 모든 지느러미는 반문이 없으며 거의 투명하다. 산란기가 되면 수컷은 체색이 검어지며, 체측 하단부와 새개부 하단에 붉은색의 띠가 선명하고 지느러미는 노란색을 띤다. 비늘은 원린으로, 산란기에 수컷은 비늘 표면에 돌기가 밀생하고, 배지느러미와 뒷지느러미의 기조에도 돌기가 나타난다. 암컷의 뒷지느러미의 모양은 전반부가 돌출되어 만곡이 심하고, 수컷은 완만하다.

생태⇒ 부화 직후의 어린 은어는 바로 연안으로 내려가 동물성 플랑크톤을 섭식하면서 성장하여 월동한다. 3~4월에 하천으로 거슬러 올라가 바닥에 자갈이나 바위가 깔려 있는 곳에 도달하면 세력권을 형성하고 정착한 후, 상류로 올라가던 은어는 9~10월의 산란기가 되면 방향을 바꾸어 하류로 내려오다가 하구 가까이의 담수역 여울에 산란장을 만들어 산란, 방정한다. 이러한 산란 행동이 끝나면 암수 모두 죽는다.

분포⇒ 울릉도를 포함하여 전국의 연안으로 유입되는 하천에 분포하지만 수질 오염과 개발 등으로 서식하지 못하는 지역이 많아지고 있다.

참고⇒ 맛이 담백하고 비린내가 나지 않을 뿐만 아니라 오이 향이 난다. 식용으로 애용되는데, 비싼 편이다. 최근 하천 오염과 개발로 인하여 서식지가 극히 제한된 관계로 양식되어 공급되고 있다.

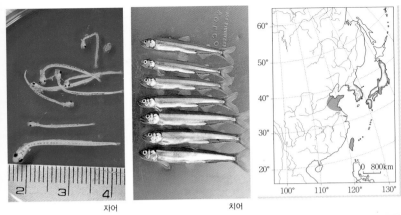

자어   치어

서식지(섬진강 구례)

뱅어과

Salangidae

　몸은 투명하거나 반투명하다. 머리는 심하게 종편되고 두정부는 편평하다. 악골에는 이가 있으나 서골에는 없다. 새조골은 3~4개이며, 기름지느러미는 작다. 부레가 있다. 전세계적으로 5속 11종이 있다.

뱅어과 어류의 속과 종 검색표

1a. 전상악골의 형태가 뾰족하여 문단부는 전방으로 길게 돌출되어 있다. ················ 2
 b. 전상악골의 형태는 뾰족하지 않고 문단부의 전단부는 둥근 모양이다. ··············· 3

2a. 악골의 봉합부에는 1쌍의 발달된 치골 돌기가 있다. ·······················
 ··· 국수뱅어(*Salanx ariakensis*)
 b. 악골의 봉합부에는 1쌍의 치골 돌기가 있으나 크기가 매우 작다. ················
 ··· 벚꽃뱅어(*Hemisalanx prognathus*)

3a. 구개골과 혀에 이가 없다. ·· 4
 b. 구개골과 혀에 이가 있다. ·· 6

4a. 뒷지느러미 연조 수는 21개 이하이며, 척추골 수는 58개 이하이다. ··········· 5
 b. 뒷지느러미 연조 수는 25~28개이며, 척추골 수는 63~65개이다. ···············
 ··· 도화뱅어(*Neosalanx andersoni*)

5a. 새파 수 15개, 등지느러미 연조 수 12~14개, 뒷지느러미 연조 수 23~26개,
 가슴지느러미 연조 수 22~27개이다. ···················· 젓뱅어(*Neosalan jordani*)
 b. 새파 수 18개, 등지느러미 연조 수 14~16개, 뒷지느러미 연조 수 24~27개, 가
 슴지느러미 연조 수 23~31개이다. ···················· 실뱅어(*Neosalanx hubbsi*)

6a. 구개골의 이빨은 2열이다. ·················· 붕퉁뱅어(*Protosalanx chinensis*)
 b. 구개골의 이빨은 1열이다. ·················· 뱅어(*Salangichthys microdon*)

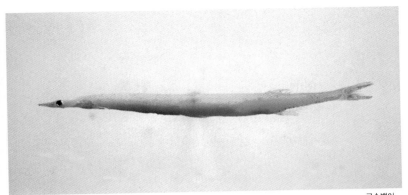

국수뱅어

118. 국수뱅어 *Salanx ariakensis* (KISHINOUYE, 1901) ·························· <뱅어 과>

영명⇒ariake ice fish **방언**⇒서남뱅어 **전장**⇒12~14cm

형태⇒ 몸은 가늘고 길며, 약간 측편되어 있다. 등지느러미 연조 수 12~14개, 뒷지느러미 연조 수 26~28개, 새파 수 9~10개, 척추골 수 72~75개이다. 머리 부분은 심하게 종편되고 두정부는 편평하다. 상악골의 전단부가 삼각형 모양으로 되어 문단부가 뾰족하다. 입과 눈은 작고, 상악은 하악보다 길다. 양악에는 둥근 모양의 이빨이 있으나 혀 위에는 없다. 등지느러미는 후방에 위치하고, 뒷지느러미는 등지느러미 후단부에서 시작한다. 기름지느러미는 뒷지느러미 후단부 위에 있다. 꼬리지느러미는 2개로 갈라져 있다. 살아 있을 때의 체색은 투명하지만, 고정한 표본은 흰색이거나 연한 노란색이다. 복면에는 2열의 검은 점이 있다.

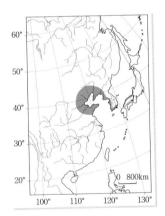

생태⇒ 산란기인 10~11월이 되면 하구로 이동하고 대부분 바다에서 성장한다. 수정란은 침성 부착란이다.

분포⇒ 황해와 남해로 유입되는 하천의 하구에 분포하며, 중국과 일본에도 분포한다.

참고⇒ 식용으로 널리 이용되어 왔으나 수질 오염 등으로 매우 희귀해졌다.

벚꽃뱅어

벚꽃뱅어

119. 벚꽃뱅어

Hemisalanx prognathus
Regan, 1908

······· <뱅어과>

영명⇒ cherry ice fish
방언⇒ 달거지뱅어
전장⇒ 12cm

형태⇒ 몸은 가늘고 길며 원통형이다. 등지느러미 기조 수 12~14개, 뒷지느러미 기조 수 25~29개, 새파 수 10~11개, 척추골 수 69~70개이다. 머리는 심하게 종편되었으며, 상악과 하악은 길이가 거의 동일하다. 가슴지느러미 상단부 연조는 다른 연조보다 길다. 살아 있을 때는 투명하지만 고정하면 옅은 노란색을 띤다.

생태⇒ 회유성으로 바다에서 성장하며, 주로 동물성 플랑크톤을 먹고 산다. 산란기인 4~5월에 강하구로 이동하며, 산란을 마치면 죽는다.

분포⇒ 서해안으로 흐르는 하천(금강, 만경강, 대동강, 압록강)에 출현하고, 중국 양쯔강에도 분포한다.

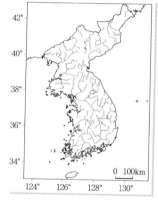

도화뱅어

120. 도화뱅어

Neosalanx
andersoni
(RENDAHL, 1923)
················· <뱅어과>

영명⇒ flower ice
fish
방언⇒ 서선뱅어
전장⇒ 10cm

형태⇒ 몸통은 원통형이다. 등지느
러미 기조 수 15~17개, 뒷지느
러미 기조 수 25~31개, 새파 수
15개, 척추골 수 63~65개이다.
머리는 가늘고 길며, 두부는 심
하게 종편되어 편평하다. 상악은
하악보다 약간 돌출되어 있다.
살아 있을 때는 투명하지만 고정
하면 연한 노란색을 띤다.

생태⇒ 회유성 어류로 바다에서 성
장하고, 산란하기 위하여 4~5월
에 강 하구로 올라온다. 주로 동
물성 플랑크톤을 먹고 산다.

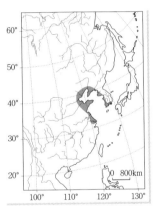

분포⇒ 한강, 금강, 영산강 및 낙동강 하구에 출현하고, 중국에도 분포한
다.

젓뱅어

121. 젓뱅어

Neosalanx jordani
WAKIYA and
TAKAHASHI, 1937
.... <뱅어과>

방언⇒ 애기뱅어
전장⇒ 6cm

형태⇒ 몸은 가늘고 길다. 등지느러미 기조 수 12~14개, 뒷지느러미 기조 수 23~26개, 새파 수 12~14개, 척추골 수 49~54개이다. 전상악골의 전단부가 둥근 모양으로 문단부는 뾰족하지 않다. 살아 있을 때는 속이 보일 정도로 투명하지만 고정하면 백색이나 연한 노란색을 띤다.

생태⇒ 산란기는 3~4월이다. 성어는 강 하구에서 동물성 플랑크톤을 먹고 산다.

분포⇒ 한국 고유종으로, 압록강, 금강, 만경강, 동진강, 영산강, 낙동강(부산) 하구 주변에 서식한다.

참고⇒ 1960년대에는 금강 하구를 중심으로 뱅어젓을 가공하여 수출하기도 하였으나 이제는 찾아보기 어려울 정도이다.

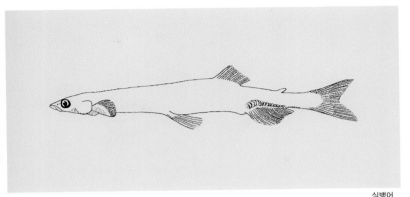

실뱅어

122. 실뱅어

Neosalanx hubbsi
WAKIYA and
TAKAHASHI, 1937
············ < 뱅어과 >

영명⇒ short ice
fish
방언⇒ 압록뱅어
전장⇒ 7cm

형태⇒ 몸은 가늘고 길며 옆으로 납작하다. 등지느러미 기조 수 14~16개, 뒷지느러미 기조 수 24~27개, 새파 수 18개, 척추골 수 53~58개이다. 문단부는 둥근 모양이다. 살아 있을 때는 투명하지만 고정하면 연한 노란색을 띤다.

생태⇒ 생태와 생활사에 대하여는 알려지지 않았다.

분포⇒ 압록강, 대동강, 한강에 서식하고, 중국에도 분포한다.

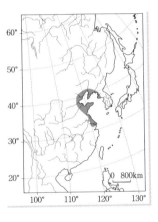

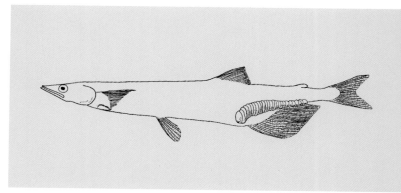

붕퉁뱅어

123. 붕퉁뱅어

Protosalanx
chinensis
(BASILEWSKY, 1855)
.... <뱅어과>

영명⇒ king ice fish
전장⇒ 17cm

형태⇒ 몸은 가늘고 길며 약간 측편되었다. 등지느러미 기조 수 14~18개, 뒷지느러미 기조 수 31~33개, 새파 수 13개, 뒷지느러미 상단 비늘 수 20~26개, 척추골 수 66~68개이다. 머리는 심하게 종편되었고 두정부는 편평하다. 주둥이는 뾰족하고, 입은 비교적 커서 상악의 후단은 눈의 중앙 부근에 이른다. 살아 있을 때는 투명하지만 고정되면 백색이나 연한 노란색을 띤다.

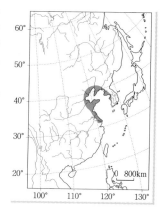

생태⇒ 산란기는 1~2월이다. 성어는 강 하구 주변에서 동물성 플랑크톤을 먹고 산다.

분포⇒ 압록강, 대동강, 한강, 금강의 하구에 서식하고, 중국에도 분포한다.

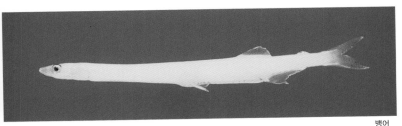

뱅어

124. 뱅어 *Salangichthys microdon* BLEEKER, 1860 ·························· <뱅어과>

영명⟹ ice fish 전장⟹ 10cm

형태⟹ 몸은 가늘고 길며, 체측 중앙은 심하게 측편되고 머리는 종편되었다. 하악은 상악보다
약간 길고 상악골은 눈의 전단부를 지난다. 구개골에는 이빨이 있다. 등지느러미는 체측 중
앙보다 약간 뒤쪽에 있다. 뒷지느러미는 등지느러미의 중간 부위 아래에서 시작한다. 꼬리
지느러미는 상·하 양엽으로 구분되어 있다. 살아 있을 때는 투명한 백색이나 고정하면 연
한 노란색을 띤다.

생태⟹ 산란기는 3~4월이며, 수심 2~3m인 지역의 모랫바닥에서 산란한다. 부화 후 만 1년이
되면 5~7cm까지 성장한다.

분포⟹ 동해안으로 흐르는 하천의 하구에 분포하고, 일본과 사할린 및 헤이룽강 수계에도 분
포한다.

서식지(강원 송지호)

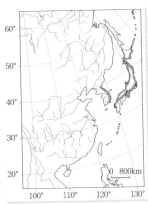

연어목
Salmoniformes

　　대부분 하천과 바다를 회유하는 생활 습성을 가진 어류로서 양쪽 아가미는 협부와 분리되어 있다. 기름지느러미와 배지느러미 부속 돌기(pelvicaxillary process)가 있고, 유문수는 11~210개로 많은 편이다. 대부분의 어린 개체에는 체측에 검은색 반점(parr mark)이 있다. 가장 큰 개체는 150cm에 달한다. 연어과 어류는 경제성이 매우 높아 수산상 중요시되는 자원이다. 연어과 어류의 생물 다양성과 계통에 관한 연구는 연구자에 따라 논란이 많다.

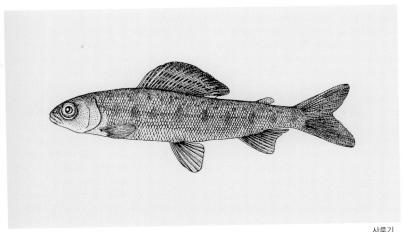

사루기

125. 사루기 *Thymallus articus jaluensis* Mori, 1928 ·············· <연어과>

영명⇒ grayling   전장⇒ 30cm

형태⇒ 몸은 유선형이고 측편되었다. 등지느러미 연조 수 21~22개, 뒷지느러미 연조 수 12~13개, 측선 비 늘 수 87개, 새파 수 16~20개이다. 입은 작아서 상악 후단부는 눈 중앙부에 이른다. 꼬리지느러미 후연 중 앙은 안쪽으로 깊이 패었다. 기름지느러미가 있다. 몸 은 어두운 황록색이며, 체측에 여러 개의 갈색 무늬가 희미하게 있다.

생태⇒ 하천 상류 냉수역에 산다. 산란기는 해빙기 직후 인 4~5월로, 집단을 이루어 빙빙 돌면서 수심 120cm 되는 곳에 알을 낳고 방정한다. 물벼룩과 수서 곤충의 유충을 먹고 산다.

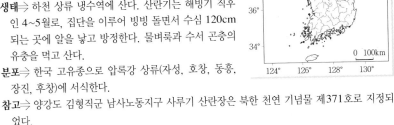

분포⇒ 한국 고유종으로 압록강 상류(자성, 호창, 동흥, 장진, 후창)에 서식한다.

참고⇒ 양강도 김형직군 남사노동지구 사루기 산란장은 북한 천연 기념물 제371호로 지정되 었다.

열목어

126. 열목어 *Brachymystax lenok tsinlingensis* (LI, 1966) ·················· <연어과>

영명⇒Manchurian trout   전장⇒ 보통 70cm

형태⇒ 몸은 유선형이며 좌우로 측편되어 있다. 등지느러미 연조 수 12~14개, 뒷지느러미 연조 수 12~16개, 측선 비늘 수 114~123개, 척추골 수 62~63개이다. 상악과 하악은 길이가 거의 동일하다. 악골과 구개골에는 날카로운 이가 1~2열로 배열되어 있으나 서골에는 없다. 아가미는 협부의 말단과 융합되어 있다. 상악은 길어서 눈의 후연을 약간 지난다. 등지느러미는 몸의 중앙에 있다. 배지느러미는 등지느러미 4~6째 번 연조의 바로 밑에 있다. 기름지느러미는 뒷지느러미 후단부에 있으며, 뒷지느러미의 1/3정도 크기이다. 꼬리지느러미는 상엽과 하엽으로 구분되지만, 뚜렷하게 구분되지 않고 약간 내만되어 있다. 항문은 뒷지느러미의 바로 앞에 있다. 측선은 아가미 상·후단부에서 시작하여 미병부까지 연결되는데, 거의 직선이고 앞부분이 약간 위쪽으로 향한다. 체색은 황갈색 바탕에 등 쪽은 암청색이고 배 쪽은 은백색에 가깝다. 어린 개체에는 몸 옆면에 9~10개의 흑갈색 가로무늬가 있다. 대부분의 가로무늬는 측선을 절반 정도 지난다. 배지느러미가 있는 복부를 제외하고는 체측면과 등 쪽에 작은 갈색 반점이 흩어져 있다.

생태⇒ 물이 아주 맑고 수온이 낮은 상류에서 작은 물고기, 곤충 및 작은 동물 등을 먹고 산다. 산란기는 4~5월 초로, 물이 흐르는 여울의 가장자리나 모래와 자갈 바닥을 약 15cm 정도 판 다음 산란한다. 새끼들은 유속이 완만한 곳 가장자리에서 떼를 지어 유영 생활을 한다.

분포⇒ 북한 전역, 강원도, 충청 북도, 경상 북도의 일부, 만주와 시베리아에 분포한다.

참고⇒ 이 종의 서식지는 우리 나라 천연 기념물(제73호, 제74호)로 지정되었고, 환경부의 보호 야생 동식물(어류)로도 지정, 보호되고 있다.

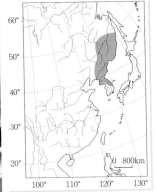

열목어

서식지(오대산 명계 계곡)

연어

127. 연어 *Onchorhynchus keta* (WALBAUM, 1792) ···································· <연어과>

영명⇒ chum salmon   전장⇒ 60~80cm

형태⇒ 몸은 길고 두정부는 상하로 약간 종편되어 있다. 등지느러미 연조 수 11~12개, 뒷지느러미 연조 수 15~16개, 측선 비늘 수 125~149개, 척추골 수 61~73개이다. 문단부는 끝이 둥글고, 입이 커서 상악은 눈의 후연을 훨씬 지난다. 악골에는 매우 날카로운 이빨이 있으나 서골에는 없다. 등지느러미는 몸의 거의 중앙에 위치하며, 수컷은 턱이 심하게 구부러져 있다. 산란기가 되어 담수에 들어오면 수컷은 은백색의 체색에 등 쪽은 흑청색, 나머지 부분은 연한 청색을 띤다. 체측에는 5~8개의 약간 짙은 청색 횡대 무늬가 있고, 그 중간에 적색이나 노란색을 띤다. 암컷은 등 쪽과 체측 상단부가 흑청색이지만 복부와 체측 하단부는 연한 청색과 은백색을 띤다. 등지느러미의 끝과 기름지느러미, 꼬리지느러미 및 뒷지느러미는 검은색을 띠며, 가슴지느러미와 배지느러미는 밝은 색이다.

생태⇒ 바다에서 살다가 산란기인 9~11월에 모천(母川)으로 올라와 산란한다. 암수가 함께 산란장을 만드는데, 주로 수컷이 꼬리지느러미와 뒷지느러미를 이용하여 자갈과 모래가 깔린 하천에 40~90cm 크기에 깊이 40cm의 산란장을 만든다. 산란 후에는 암컷이 꼬리지느러미를 이용하여 자갈로 알을 덮어 보호한다. 산란 후 암수 모두 죽는다.

분포⇒ 우리 나라에서는 북부 동해안으로 흐르는 하천에 회귀하며, 일본을 거쳐 북위 40°이북의 북태평양과 북아메리카의 캘리포니아까지 분포한다.

참고⇒ 연어는 모천 회귀성의 냉수성 어류로, 우리 나라에서는 1970년대부터 연어의 성숙란을 채취, 인공 수정, 부화 및 치어 방류 사업을 매년 실시하고 있다.

연어의 인공 수정 2

연어의 인공 수정 1

연어의 머리 부분

연어 포획장소

곱사연어

128. 곱사연어

Onchorhynchus gorbuscha
(WALBAUM, 1792)
·················· <연어과>

영명⇒ Sakhalin salmon

방언⇒ 곱추송어

전장⇒ 50~60cm

형태⇒ 몸은 유선형이고 심하게 측 편되었다. 등지느러미 연조 수 12~18개, 뒷지느러미 연조 수 16~19개, 측선 비늘 수 150~ 240개, 새파 수 26~32개, 척추 골 수 69~71개이다. 수컷은 등 지느러미 앞쪽이 뚜렷하게 부풀 어 있어 체고가 높은 반면 암컷 은 정상적인 체형을 가진다. 상 악은 길어서 눈의 후연을 지난 다. 등 쪽은 청록색이지만 체측 과 복부는 은백색이다. 산란기에 는 암수 모두 보랏빛을 강하게 띠며, 보랏빛과 검은색 반점이 생긴다.

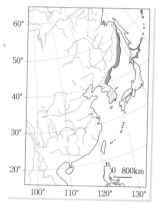

생태⇒ 산란기는 여름과 가을 사이로 추정된다. 산란 시기가 되면 수컷 은 척추가 등 쪽으로 굽어 곱사 모양이 되며 상악이 길어진다.

분포⇒ 울진 이북의 동해안으로 유입되는 하천(간성 북천, 양양 남대천, 청진)에 서식하고, 일본, 시베리아 동부 및 알래스카에 분포한다.

129. 산천어(육봉형), 송어(강해형) *Onchorhynchus masou masou* (BREVOORT, 1856) .... <연어과>

영명⇒ river salmon, trout   전장⇒ 20cm(산천어), 60cm(송어)

형태⇒ 몸은 좌우로 측편되어 있다. 등지느러미 연조 수 10~16개, 뒷지느러미 연조 수 14~15개, 측선 비늘 수 112~140개, 새파 수 16~22개, 척추골 수 63~65개이다. 상악은 하악보다 약간 앞으로 돌출되어 있다. 악골, 구개골 및 혀에는 날카로운 이가 1~2열로 배열되어 있다. 상악은 길어서 눈의 후연을 약간 지난다. 측선은 체측 중앙 부위를 직선으로 지난다. 등지느러미는 몸의 중앙에 있다. 기름지느러미는 뒷지느러미 후연에서 시작한다. 꼬리지느러미는 상·하 양엽으로 명확하게 구분되어 있다. 배지느러미는 등지느러미 4~6째 번 연조의 아래에서 시작한다. 항문은 뒷지느러미의 바로 앞에 있다. 육봉형인 산천어는 4~5월경에 체측의 전단부가 황금색으로 변하고 복부는 은백색

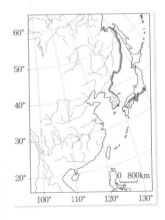

이 되지만, 가을이 되면 이러한 색은 없어지고 체측은 검은빛을 띤다. 등 쪽은 황록색이고 갈색의 작은 반점들이 산재하며, 복부는 은백색이다. 성체의 경우는 10여 개의 큰 횡대 반문이 측선을 훨씬 지나 배열되어 있고, 체측 상단부에는 눈 크기만한 반점들이, 체측 하단부에는 동공보다 작은 반점들이 횡대 반문 사이에 끼워져 있다. 모든 지느러미는 반문이 없으며,

어린 개체의 꼬리지느러미 아랫부분은 붉은색을 띤다. 강해형 암컷의 경우 등 쪽과 머리는 암청색이고 배는 은백색을 띤다. 등에는 작은 검은 점이 있으나 몸의 옆면에는 반문이 없으며, 등지느러미, 기름지느러미 및 꼬리지느러미는 검고 나머지 지느러미는 흰색이다. 산란기의 수컷은 턱이 심하게 구부러졌고, 몸은 붉은색을 띠며 체측에는 불규칙한 구름 모양의 무늬가 있다.

생태⇒ 산천어는 송어의 육봉형으로서 바다로 내려가지 않고 담수역에서 일생 동안 산다. 물이 맑고 아주 차며 용존 산소가 풍부한 최상류에 서식하며, 주로 수서 곤충을 먹고 산다. 알을 낳는 시기는 9~10월이고, 맑고 자갈이 깔려 있는 여울에서 수컷이 산란장을 만들고 그곳에 암컷이 산란을 하고 수컷이 방정을 한 뒤에 다시 암컷이 자갈로 알을 덮는다.

분포⇒ 우리 나라에서는 울진 이북의 동해로 유입되는 하천에 서식하며, 일본, 알래스카 및 러시아에 분포한다.

참고⇒ 송어와 산천어는 모두 고급 식용어이다.

산천어

산천어-송호복 박사 제공

산천어-경상북도 내수면 시험장 제공

서식지(강원 양양 설악산)

산천어는 송어의 육봉형(陸封型)이다.

연어과에 해당하는 송어는 연어에 비하여 몸통이 굵고 체장도 60cm까지 자란다. 바다에 살던 성숙한 송어가 9~10월에 강으로 올라와 여울에 웅덩이를 파고 산란과 방정을 한 후 암컷이 자갈로 알을 덮는다. 수온 15℃에서 40일이 지나면 부화하고, 월동을 한 후 이듬해 강 하류로 내려가, 바다에서 2년 반쯤 성장한 송어는 40~50cm 크기에 이르러 다시 강으로 올라온다. 송어가 바다로 내려가지 않고 강에 남아서 성숙한 것을 산천어라고 한다. 산천어는 4~5월경에는 체측 전단부는 황금색으로 변하고 복부는 은백색이 되지만, 여름이 지나 가을이 되면 이러한 색은 없어지고 검은빛을 띤다. 등 쪽은 황록색이며, 갈색의 작은 반점이 산재되어 있고 복부는 은백색이다. 성체의 경우 체측에 10여 개의 큰 횡대 반문이 배열되고, 체측 상단부에는 눈 크기만한 반점들이 횡대 반문 사이에 있다. 모든 지느러미는 반문이 없으며, 어린 개체의 꼬리지느러미의 아랫부분은 붉은색을 띤다. 산천어는 물이 맑고 수온이 20℃를 넘지 않고 용존 산소가 풍부한 하천 최상류에 서식하며, 수서 곤충을 주로 먹는다. 대체로 산천어를 송어의 서식처 변이 정도로 구분하여 동일종으로 간주하지만, 일부 학자는 오히려 산천어를 송어와 구별하여 별종으로 구별하기도 한다. 그러나 이들 사이에 형태와 생태적 차이는 있지만 서로 교잡이 가능하므로 별종으로 보기는 어렵다고 생각한다. 북한의 함경 북도 무산군 마양노동 지구에 있는 호소형 송어의 산란장은 북한 천연 기념물 제379호로 지정되었다.

자연형 하천 조성 사업과 어류의 생태적 이해

21세기에 들어서면서 인류는 자연과 야생 동식물의 소중함을 이해하여 그들의 보존에 많은 노력을 기울이고 있다. 지금까지는 인간 중심의 개발을 시행해 왔으나, 이제 자연 친화적 방법으로 지속 가능한 개발을 모색하고 있다. 이전에는 하천을 정비하면서 골재를 채취하고 하천 직강화와 콘크리트화 공사로 폐하수 배출을 추진해 왔다. 그 결과로 하천 오염이 증가하고 물고기 서식이 불가능하여 사회적으로 문제가 되었다.

이 문제를 해결하기 위하여 1980년에 하천에서 콘크리트를 제거하고 여울과 소를 만들어 자연에 가깝게 정비하였고, 1990년경에는 일본에서도 생태학자들과 함께 자연 공법을 개발하여 하천 정비를 실시하였다. 자연형 하천 조성 계획은 자연 하천에서 흔히 볼 수 있는 물고기나 수서 곤충의 서식지 보존을 위한 환경을 만들고 하천 주변 경관을 자연 모습에 가깝게 조성하는 사업이다. 하천의 상류, 중류, 하류는 그 가운데 사는 생물의 종류가 각각 다르게 출현하고 여울과 소의 바닥 상태, 용존 산소, 유속, 수심, 투명도 등의 조건도 서식하는 생물의 종류를 결정하는 제한 요인이 된다.

물고기는 하천 생태계에서 비교적 먹이 연쇄의 높은 위치에 있기 때문에, 그들이 이동하는 거리, 섭식 방법, 산란 시기와 산란 장소와 같은 생태적 특성을 잘 이해하여 자연형 하천 조성에 적용하여야 한다. 물고기들의 종류가 다양해지고 개체 수가 증가하면 하천의 생태적 기능이 회복되고 있다는 좋은 증거이다.

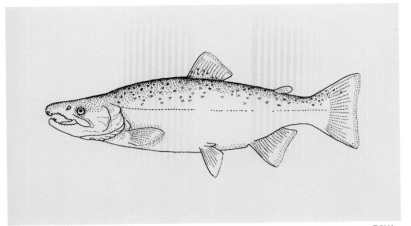

은연어

130. 은연어

*Onchorhynchus
kisutch*
(WALBAUM)

·········· <연어과>

영명⇒ coho
salmon

전장⇒ 50~90cm

형태⇒ 몸은 유선형이며 측편되어 있다. 등지느러미 연조 수 13~15개, 뒷지느러미 연조 수 16~18개, 측선 비늘 수 121~148개, 새파 수 21~25개, 척추골 수 61~69개이다. 주둥이는 머리 앞 끝에 돌출되고 상악 후단은 눈 후방을 지난다. 양 턱에는 예리한 이빨이 있다. 꼬리지느러미 후연은 안쪽으로 약간 패었다. 몸 등 쪽과 꼬리지느러미 상엽에는 작은 검은 점이 있다.

생태⇒ 9월 하순에 하천에 올라오기 시작하여 12월 상순~2월 상순까지 산란 성기이다. 담수에 사는 어린 개체는 수서 곤충의 유충을 주로 먹지만, 바다에 내려간 성체는 어류나 오징어류를 먹는다.

분포⇒ 미국 오리건주 남부에서 알래스카 유콘 강까지 분포한다. 북아메리카 대륙의 태평양 연안이 주서식지이다.

참고⇒ 1969년 미국으로부터 알을 도입하여 부화 방류하고 있다. 맛이 좋고 성장이 빨라, 해상 가두리 양식 대상종으로 주목되고 있다.

무지개송어

131. 무지개송어

Onchorhynchus
mykiss
(WALBAUM)
················· <연어과>

영명⇒ rainbow trout
전장⇒ 80~100cm

형태⇒ 등지느러미 연조 수 11~12개, 뒷지느러미 연조 수 10~12개, 새파 수 10~15개이다. 체측에 머리에서부터 미병부까지 주홍색 띠가 있고, 복면을 제외한 몸 전면에 많은 검은 점이 산재한다. 산란기에는 더욱 선명하다. 치어는 몸 표면에 8~12개의 반점이 있으나 성장함에 따라 차츰 불투명해지고, 만 1년 이상이 되면 완전히 없어진다. 성장시에는 몸에 주홍색의 종대가 머리에서 미병부까지 이어진다.

생태⇒ 바다로 내려가지 않고 담수에서 일생을 보낸다. 산간 계곡의 찬물을 좋아하여 항상 수온이 24℃ 이하이어야 한다. 산란 모습은 연어와 비슷하며, 부화 후 3년 만에 성숙한다. 1년에 전장 20cm, 2년에 35cm, 3년에 45cm 이상 성장한다. 수서 곤충이나 소형 갑각류 및 치어를 먹는다. 산란기는 봄 또는 가을 두 번으로, 한 번은 야생인 경우이고, 다른 한 번은 인위적으로 조절하여 10~12월에 산란을 유도한다.

분포⇒ 북서 아시아와 북아메리카의 태평양 연안에 분포하였으나 양식 목적으로 전세계에 도입되었다.

참고⇒ 양식 어종으로 매우 인기가 있다. 국내에서는 1965년에 무지개송어의 알을 수입한 이후 지속적으로 양식을 하고 있다. 하절기 홍수와 관리 소홀로 양식장에서 빠져 나온 일부 개체들이 자연 계류에 서식하기도 한다.

무지개송어

송어 양식장(전북 무주 구천동)

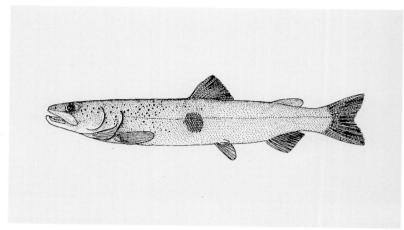

자치

연어목(Salmoniformes)

132. 자치

Hucho ishikawai
MORI, 1928

················· <연어과>

영명⇒ Korean taimen
방언⇒ 정장어
전장⇒ 100cm

형태⇒ 몸은 유선형으로 두정부는 약간 길고 편평하다. 등지느러미 연조 수 11개, 뒷지느러미 연조 수 10개, 측선 비늘 수 153개, 새파 수 13개이다. 양안 간격은 넓다. 하악은 상악보다 약간 길거나 같다. 상악에는 1~2열의 예리한 이빨이 있으며, 서골과 혀에도 있다. 꼬리지느러미는 상·하 양엽으로 잘 구분된다.

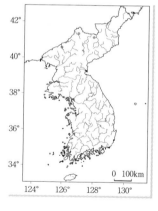

생태⇒ 계류의 맑은 물에서 사는 냉수성 어류로 성질이 사나우며, 어류를 먹고 산다. 봄에 상류로 올라와 수온 6~14℃에서 산란장을 만들어 알을 낳는다.

분포⇒ 한국 고유종으로, 평안 남·북도의 황해로 유입하는 하천(압록강, 독로강, 원주강, 장진강 및 갑산 수역)에 서식한다.

참고⇒ MORI(1928)가 압록강 상류(갑산)에서 채집된 표본을 처음으로 기재, 발표하였고, UCHIDA(1935)는 산란 번식 생태에 관하여 조사한 바 있으나 그 결과는 알려지지 않았다. 추후 분류학적 검토가 요구된다.

288

홍송어

133. 홍송어

Salvelinus
leucomaenis
(PALLAS, 1811)
········· <연어과>

영명⇒ white
spotted char
방언⇒ 바다산천어
전장⇒ 20~70cm

형태⇒ 몸은 길고 측편되었다. 등지느러미 연조 수 12~13개, 뒷지느러미 연조 수 10~11개, 측선 비늘 수 210~230개, 새파 수 10~18개이다. 상·하 양악은 길어서 눈 후연부를 약간 지난다. 측선은 직선이다. 꼬리지느러미는 상·하 양엽으로 구분되지만 후연 중앙부가 약간 내만되었다.

생태⇒ 산란기는 8월로 추정되며, 강 하구에 알을 낳는다. 바다로 내려가는 시기에 작은 어류나 갑각류를 많이 먹는다.

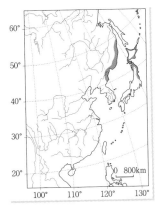

분포⇒ 동해로 유입하는 함경 남·북도의 강 하구(청진)에 출현하고, 일본 북부, 사할린, 러시아, 알래스카, 북아메리카 서해안에 분포한다.

참고⇒ 부화 후 만 1년이면 전장 13.2cm가 되고, 4~5년이면 전장 70cm에 달한다. 이 때, 몸에는 12개의 검은 점으로 된 1개의 가로줄이 있다.

곤들매기

134. 곤들매기 *Salvelinus malmus* (Walbaum, 1792) ·························· <연어과 >

영명⇒ malma trout   전장⇒ 20~70cm

형태⇒ 체형은 길고 좌우로 측편되어 있다. 등지느러미 연조 수 9~12개, 뒷지느러미 연조 수 8~12개, 측선 비늘 수 232~270개, 새파 수 18~20개, 척추골 수 64~69개이다. 문단부는 뾰족하고, 상악과 하악은 길이가 거의 동일하다. 상악은 길어서 눈의 후연부를 약간 지난다. 악골, 구개골 및 서골에는 날카로운 이빨이 있다. 등지느러미는 몸의 중간에 있고, 기름지느러미는 뒷지느러미 후연부에 있다. 꼬리지느러미는 상·하 양엽으로 구분되지만 약간 내만되어 있다. 측선은 아가미 후연부터 미병부까지 직선으로 연결되어 있다. 전체적으로 황갈색 바탕에 체측 하단부는 은백색이고, 상단부는 엷은 황갈색이나 남녹색으로 작은 선홍색의 반점들이 산재되어 있다.

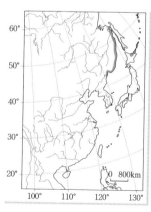

생태⇒ 맑은 하천의 계류에서만 사는 육봉형 어류로 산란기는 10~11월로 추정되며, 물이 맑은 지역의 자갈에 산란한다. 산란 후 암컷과 수컷은 모두 죽는다. 부화 후 만 3년이면 전장 25cm에 이른다.

분포⇒ 압록강과 두만강의 상류에 서식하며, 일본과 시베리아에도 분포한다.

대구목
Gadiformes

대구과
Gadidae

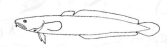

몸은 뭉툭하고 약간 측편되었으며, 머리는 비교적 크다. 상악에는 많은 이빨이 있다. 배지느러미는 가슴지느러미의 아래나 앞쪽에 있으며, 등지느러미와 뒷지느러미의 길이는 길다. 부레는 청낭과 연결되어 있지 않다. 대구과에는 전세계에 15속 30종이 포함되는데, 대부분이 해산어이며 오직 1종인 모오캐만이 전북구 담수역에 분포한다.

모오캐

135. 모오캐

Lota lota
(Linnaeus, 1817)
.... <대구과>

영명⇒ burbot
방언⇒ 모캐

형태⇒ 몸은 길고 머리는 종편, 몸통은 측편되어 있다. 제2등지느러미 연조 수 71~88개, 뒷지느러미 연조 수 69~85개, 새파 수 5~10개, 척추골 수 61~66개이다. 꼬리지느러미 후연은 둥글다. 몸은 보통 노란색 또는 담갈색 바탕에 머리와 등 쪽은 암갈색을 띠며 군데군데 갈색 반점이 산재한다. 복부는 연한 갈색이거나 무색이다.

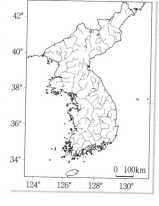

생태⇒ 냉수성 어류로 수서 곤충의 유충, 갑각류, 어류 및 양서류를 먹으며 수온이 높아지면 먹이를 먹지 않고 냉수를 찾아 이동한다.

분포⇒ 압록강 상류(장진, 갑산)의 하천이나 호소의 바닥에 사는 유일한 어류이다. 중국 북부와 시베리아를 포함한 유라시아 대륙과 북아메리카의 한대 담수역에 분포한다.

참고⇒ Mori(1927)는 압록강 갑산에서 54cm 한 개체의 표본을 기록하여 보고하였다.

숭어목
Mugiliformes

숭어과
Mugilidae

NELSON(1994)은 숭어목에 숭어과(Mugilidae) 한 과만 포함시켰다. 배지느러미와 쇄골이 연결되어 있지 않다. 등지느러미는 극조부와 연조부로 나누어졌고, 이들은 상당히 멀리 떨어져 있다. 새파는 길고 수가 많다. 소화관의 길이가 매우 길다. 구강부에 이빨이 없거나 흔적적이다. 전세계 열대와 온대의 연안과 기수역에 17속 66종이 있다. 우리 나라 담수역에는 숭어, 등줄숭어, 가숭어 3종이 서식하고 있다.

숭어

136. 숭어

Mugil cephalus
LINNAEUS, 1758

<숭어과>

영명⇒ cornmon
mullet
방언⇒ 은숭어
전장⇒ 30~50cm

형태⇒ 몸은 가늘고 길다. 제2등지느러미 연조 수 9개, 뒷지느러미 연조 수 8~9개, 종렬 비늘 수 36~38개, 척추골 수 24~26개이다. 몸통은 원형이지만 두부는 상하로 심하게 종편되어 두정부는 편평하다. 문단부의 복면에 입이 있다. 입 모양은 정면에서 볼 때 ∧자형이다. 하악과 상악의 외연에는 매우 작은 융모형의 이빨이 일렬로 있다. 상악은 작아서 눈의 전단부에 이른다. 새파는 가늘고 긴 엽상 구조이다.

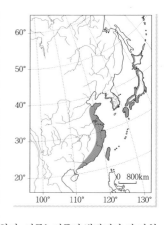

눈은 크고 문단부에 가깝게 위치하며, 기름눈꺼풀이 발달되어 긴 타원형으로 노출되어 있다. 제1등지느러미는 몸의 중간 지점에 있으며, 제2등지느러미는 멀리 떨어져 있다. 배지느러미는 제1등지느러미보다 전방에 있고 뒷지느러미는 제2등지느러미의 아래쪽에 있다. 회청색바탕에 등 쪽과 체측 상단부는 짙고, 복부는 거의 흰색에 가깝다. 반문은 없고, 비늘에는 검은색 반점이 있어서 6~7줄의 가로줄이 있다. 가슴지느러미 기저에는 눈 크기만한 청색 반점이 있고, 각 지느러미는 거의 투명하며, 꼬리지느러미는 옅은 노란색을 띤다.

생태⇒ 강 하구의 표층을 집단으로 유영하면서 식물성 플랑크톤과 펄 속의 유기물이나 여러 가지 조류(藻類)를 먹고 산다. 20℃ 이상에서는 활발하게 먹이를 먹지만, 16℃ 이하로 내려가면 거의 섭식 활동을 하지 않는다. 따라서, 주로 먹이를 구하기 위해 수온이 상승하는 3~5월경에 하천으로 회귀한다. 담수에는 1년생만 소상하지만 기수에는 만 3년생까지도 소상한다.

분포⇒ 우리 나라 전 연안과 강 하구에 서식하며, 거의 전세계의 열대로부터 온대까지 널리 분포하며, 바다와 담수에서 서식한다.

숭어-송호복 박사 제공

서식지(금강 하구둑)

등줄숭어

137. 등줄숭어 *Chelon affinis* (GÜNTHER, 1861) ······················· <숭어과>

영명⇒liza   전장⇒100cm

형태⇒ 몸은 길고 옆으로 납작하다. 제2등지느러미 연조 수 9개, 뒷지느러미 연조 수 8~10개, 종렬 비늘 수 36 개, 척추골 수 24~26개이다. 가슴지느러미 후단부터 는 측편되어 있고, 눈 위의 두정부는 종편되어 편평하 다. 입은 매우 작아서 상악의 후단부가 눈의 전단부에 이르지 못한다. 상악의 후단부는 복부 방향으로 굽어 서 말단이 휘어 있다. 체표면은 원린이나 약한 즐린이 몸 아랫부분을 덮고 있다. 등지느러미는 2개이며, 극 조부와 연조부는 뚜렷하게 떨어져 있다. 가슴지느러미 는 새공의 바로 뒤에 있고, 배지느러미는 가슴지느러 미 연조의 거의 말단에서 시작한다. 꼬리지느러미의 중앙부는 심하게 만곡되어 있다. 등지느러미 극조부와 연조부의 기조막은 연한 검은색의 미세한 반점들이 있 고, 꼬리지느러미는 전체적으로 연한 검은색이다.

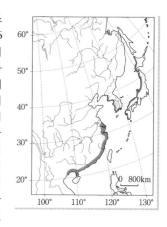

생태⇒ 산란기가 3~4월로 알려져 있으나 생태는 알려져 있지 않다. 대부분 일생을 강 하구와 연안 주변에서 이동하며 서식하는 것으로 알려져 있다.

분포⇒ 전라 남도의 서·남해안과 인접한 강 하구와 중국과 일본에 출현한다.

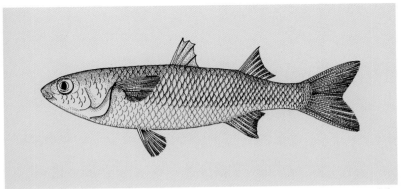

숭어

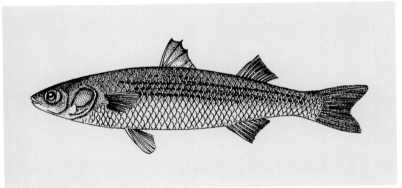

등줄숭어

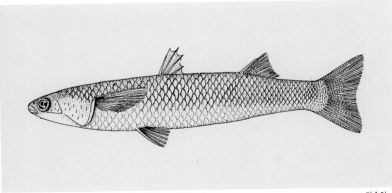

가숭어

가숭어

138. 가숭어　*Chelon haematocheilus* (Temminck and Schlegel, 1845)·· <숭어과>

영명⇒ stripe mullet　방언⇒ 숭어　전장⇒ 100cm

형태⇒ 몸통은 원형이지만, 머리는 심하게 종편되어 두정부는 편평하다. 제2등지느러미 연조 수 9개, 뒷지느러미 연조 수 8~9개, 종렬 비늘 수 37~42개, 척추골 수 24~26개이다. 문단부의 복면에 입이 있다. 하악과 상악의 외연에는 매우 작은 융모형의 이빨이 일렬로 있다. 상악은 작아서 눈의 전단부에 이른다. 새파는 가늘고 긴 엽상 구조를 보이며, 눈은 문단부에 가깝게 위치하며 크다. 기름눈꺼풀은 눈의 가장자리만 약간 감싸고 있다. 제1등지느러미는 몸의 중간 지점에 있으며, 제2등지느러미는 두장 길이보다 약간 짧은 거리만큼 떨어져 있다. 꼬리지느러미 후연의 중앙부는 숭어에 비하여 약간 덜 만곡되어 있지만 상·하 양엽은 명확하게 구분된다. 회청색 바탕에 등 쪽과 체측 상단부

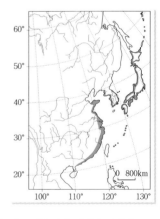

는 짙고, 복부는 거의 흰색에 가깝다. 반문은 없고, 비늘에는 검은색의 반점이 있어서 7~9줄의 종선을 이룬다. 가슴지느러미의 기저 상단에는 청색 반점이 없다.

생태⇒ 연해와 강 하구에 살며, 산란기는 3~5월경이다. 수정란은 17~19℃에서 57시간이 지나면 부화한다. 주로 강바닥에 있는 식물성 플랑크톤과 유기물을 먹으며, 숭어보다 기수역에 더 가까이 서식한다.

분포⇒ 우리 나라의 전 연해와 강 하구에 서식하며, 일본과 중국 연안에 분포한다.

동갈치목
Beloniformes

송사리과
Adrianichthyidae

지느러미에는 극조가 없으며, 등지느러미가 체측 중앙보다 후방에 위치한다. 비늘은 원린이고 측선이 없는 것이 특징이다. 대부분 담수와 기수역에 서식하고, 일부 분류군은 연안 주변에 서식한다. 체측에 측선이 없으며, 새조골 수가 4~7개이다. 서골, 상쇄골, 중익상골, 외익상골이 없는 것이 특징이다. 전세계에 3아과 4속 18종이 있는 것으로 알려졌으며, 송사리속(Oryzias)에는 13종이 포함된다.

송사리

139. 송사리

Oryzias latipes
(TEMMINCK and
SCHLEGEL, 1846)
··············· < 송사리과 >

영명⇒ Asiatic ricefish
방언⇒ 송살
전장⇒ 4cm

형태⇒ 몸은 유선형으로 측편되어 있고, 머리의 등 쪽은 종편되어 두정부가 약간 편평하다. 등지느러미 연조 수 6~7개, 뒷지느러미 연조 수 18~21개, 종렬 비늘 수 29~33개, 척추골 수 31~34개이다. 체고는 높고 미병부로 가면서 급격히 낮아진다. 입은 문단 상단부에 있다. 하악은 상악보다 약간 길며, 입의 개폐 작용은 거의 하악의 운동에 의해서만 이루어진다. 눈은 매우 크다. 등지느러미는 몸의 중간보다 훨씬 뒤쪽에 있으며 거의 미병부에 가깝다. 뒷지느러미의 기부는, 길다. 수컷의 등지느러미와 뒷지느러미 기조는 암컷보다 약간 길고, 등지느러미 5~6째 번 기조의 사이가 벌어져 있으며, 뒷지느러미 외연은 톱니 모양으로서 성적 이형 현상을 보여 준다. 대체로 수컷보다 암컷이 크다. 꼬리지느러미는 상·하 양엽으로 분리되어 있지 않다. 몸은 회갈색으로 밝으며, 배는 더욱 밝은 색을 띤다. 몸에는 특별한 반문이 나타나지 않으나 비늘의 뒷부분에 작은 검은 점이 있고, 옆면에는 검은색 점이 산재한다. 대륙송사리에 비하여 검은색 반점이 많다. 산란기의 수컷은 배지느러미와 뒷지느러미가 검은색으로 변하고, 가슴 부위는 1개 내외의 검은색 횡대가 나타난다.

생태⇒ 수심이 얕고 물이 거의 흐르지 않는 호수, 늪, 하천의 표층에서 떼를 지어 생활한다. 주로 동식물성 플랑크톤을 먹고 산다. 오염에 대한 내성이 강한 것으로 알려졌으며, 산란기는 5~7월이다. 실험실에서 인위적으로 빛과 수온을 일정하게 맞추어 주면 연중 산란한다.

분포⇒ 우리 나라 전 연안으로 흐르는 하천 중·하류 및 서·남해 도서 지방의 담수역과 일본에 분포한다.

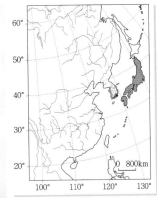

송사리(상)와 대륙송사리(하)

송사리의 알과 서식지(경북 경주)

대륙송사리

140. 대륙송사리

Oryzias sinensis
CHEN, UWA and
CHU, 1989

················· <송사리과>

영명⇒ dwarf rice fish

전장⇒ 3~4cm

형태⇒ 전장이 4cm를 넘지 못하여 송사리에 비해 약간 작은 편이다. 등
지느러미 연조 수 8~9개, 뒷지느러미 연조 수 17~19개, 종렬 비늘 수
27~31개, 척추골 수 29~31개이다. 몸은 좌우로 측편되어 있는 유선
형이며, 머리는 심하게 종편되어 두정부가 편평하다. 체고는 높고 미
병부로 가면서 급격히 낮아진다. 입은 문단 상단부에 위치하고 있다.
하악은 상악보다 약간 길며, 입의 개폐 작용은 거의 하악의 운동에 의
해서만 이루어진다. 눈은 매우 크다. 등지느러미는 몸의 중간보다 훨
씬 뒤쪽에 있어 거의 미병부에 가깝다. 뒷지느러미의 기부는 길다. 수
컷의 등지느러미와 뒷지느러미 기조는 암컷보다 약간 길어 성적 이형
현상을 보여 준다. 수컷보다 암컷이 약간 크며 복부가 팽만되어 있다.
꼬리지느러미는 상·하 양엽으로 분리되어 있지 않다. 몸은 회갈색으
로 밝으며, 복부는 더욱 밝은 색을 띤다. 몸에는 특별한 반문이 나타나
지 않으나 비늘의 뒷부분에 작은 검은 점이 나타나고, 옆면에는 검은
색 점이 산재하지만 송사리처럼 뚜렷하지는 않다. 산란기의 수컷은 배
지느러미와 뒷지느러미가 검은색으로 변하고, 가슴 부위는 노란색을
띠지만 송사리처럼 뚜렷하지는 않다.

생태⇒ 수심이 얇고 물이 거의 흐르지 않는 저수지, 늪이나 하천의 표층
에서 떼를 지어 산다. 주로 동물성 플랑크톤을 먹고 산다. 오염에 대한
내성이 강한 것으로 알려졌으며, 산란기는 5~7월로 빛과 수온을 일정
하게 맞추어 주면 연중 산란한다. 산란은 주로 아침에 이루어지며, 암
컷이 알을 달고 다니다가 수초에 붙인다.

분포⇒ 서해안으로 흐르는 하천과 섬진강 및 서해안 도서 지방의 담수역
과 중국 대륙, 타이완에 분포한다.

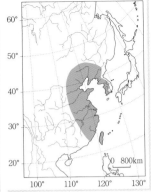

송사리과(Adrianichthyidae)

대륙송사리

서식지(전북 부안 청호 저수지)

학공치과
Hemiramphidae

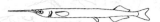

　하악은 상악보다 현저히 짧고, 전상악골이 전방으로 돌출되어 있다. 가슴지느러미와 배지느러미는 축소되어 있다. 전세계적으로 12속 85종이 분포하고 있으며, 대부분 기수역과 기수의 주변 연안에 서식, 분포한다.

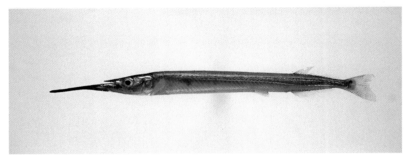

줄공치

141. 줄공치

Hyporhamphus
intermedius
(CANTER, 1842)
················ < 학공치과 >

영명⇒ brackish half
beak

전장⇒ 20cm

형태⇒ 몸은 원형이며 옆으로 약간 납작하다. 체형은 가늘고 길다. 등지느러미 연조 수 14~16개, 뒷지느러미 연조 수 16~17개, 척추골 수 51~54개이다. 문단부는 하악이 매우 길게 전방으로 돌출되어 있어 문장은 매우 길다. 등지느러미는 거의 미병부 부근에 있고, 뒷지느러미는 등지느러미의 아랫면에 있다. 등지느러미 2~4째 번 연조의 위치에서 뒷지느러미 기부가 시작된다. 꼬리지느러미는 상·하 양엽이 분

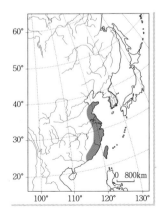

리되어 있다. 비늘은 몸 전체와 상악의 전단부까지 덮여 있다. 등 쪽의

중앙선에는 일렬의 비늘이 있다. 몸은 연한 청록색 바탕에 등 쪽은 옅은 녹색, 배 쪽은 은백색을 띤다. 체측 중앙부에는 금속 광택을 띠는 은백색의 세로무늬가 있다. 각 지느러미는 반문이 없이 거의 투명하나 꼬리지느러미는 약간 검다. 전체적으로 학공치와 유사하지만, 하악의 전단부는 검은색이다.

생태⟶ 연안의 표층에 떼를 지어 생활하며, 몸이 약간 기운 상태로 몸의 뒤쪽을 활발히 흔들며 헤엄친다. 플랑크톤을 먹고 산다. 주로 기수역에 많으며, 강의 중류까지도 올라온다. 산란기는 5~6월로 알은 수초에 붙인다.

분포⟶ 서해와 남해로 흐르는 하천의 기수역과 중국과 일본에 분포한다.

줄공치와 학공치의 종 검색표

a. 주둥이 전단부 끝은 검은색이다. 하악은 두장보다 길고, 가슴지느러미 연조 수는 10~12개이다. ··· 줄공치 (*Hyporhamphus intermedius*)

b. 주둥이 전단부 끝은 적색이다. 하악은 두장보다 짧고, 가슴지느러미 연조 수는 12~14개이다. ··· 학공치 (*Hyporhamphus sajori*)

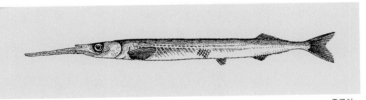

줄공치

학공치

학공치

142. 학공치

Hyporhamphus
sajori
(TEMMINCK and
SCHLEGEL, 1845)
·········· <학공치과>

영명⇒ half beak
방언⇒ 공미리
전장⇒ 40cm

형태⇒ 몸은 원통형이면서 옆으로 약간 납작하다. 체형은 가늘고 길다. 등지느러미 연조 수 16~17개, 뒷지느러미 연조 수 16~17개, 척추골 수 60~63개이다. 문단부는 하악이 매우 길게 전방으로 돌출되어 있어 문장은 매우 길다. 등지느러미는 거의 미병부 부근에 있고, 뒷지느러미는 등지느러미의 아랫면에 있다. 등지느러미 2~4째 번 연조의 위치에서 뒷지느러미 기부가 시작된다. 꼬리지느러미는 상·하 양엽이 분리되어 있다. 비늘은 몸 표면과 상악의 전단부까지 덮여 있다. 등 쪽의 중앙에는 일렬로 비늘이 덮여 있다. 몸은 연한 청록색 바탕에 등 쪽은 약간 짙은 회색을 띠고 배 쪽은 은백색을 띤다. 체측 중앙에는 금속 광택을 띠는 은백색의 세로무늬가 있다. 각 지느러미는 반문이 없이 거의 투명하나 꼬리지느러미는 약간 검다. 하악의 끝은 주홍색을 띤다.

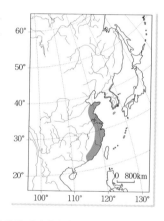

생태⇒ 내만의 표층에 작은 떼를 지어 살며 강 하구까지 올라온다. 머리를 뒷부분보다 약간 위로 하고 뒷부분을 활발히 흔들며 헤엄친다. 동물성 플랑크톤을 먹고 산다. 산란기는 4~7월이며, 연안의 해초에 알을 붙인다.

분포⇒ 거의 전국의 연안에 나타나며, 중국, 일본, 사할린 등에 분포한다.

306

큰가시고기목
Gasterosteiformes

큰가시고기과
Gasterosteidae

등 쪽 지느러미는 끝이 뾰족하고 단단한 극조부와 가느다란 기조로 된 연조부가 있으며, 체측에는 인판(bony plates)이 덮여 있다. 입은 작다. 등 쪽에는 각각 분리되어 있는 가시가 3~10개 있다. 배지느러미는 1개의 극조와 2개의 연조로 되어 있고, 꼬리지느러미에는 보통 12개의 기조가 있다. 인판이 체측의 전면 혹은 일부를 덮고 있다. 큰가시고기과 어류는 진화, 행동, 생태 및 유전의 연구 자료로 이용되고 있다. 우리 나라에는 2속 5종이 담수에 살고 있다.

큰가시고기

143. 큰가시고기

Gasterosteus
aculeatus
(LINNAEUS, 1758)
········· <큰가시고 기과>

영명⇒ three spine
stickleback
전장⇒ 13cm

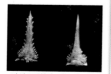

가시 모양(좌 : ♂, 우 : ♀)

형태⇒ 몸은 심하게 측편되어 있다. 등지느러미 앞에는 예리하고 큰 가시가 3개 있다. 등지느러미 연조 수 12~14개, 뒷지느러미 연조 수 9~11개, 체측 인판 수 32~35개, 새파 수 23~26개, 척추골 수 31~33개이다. 하악은 상악보다 약간 길다. 날카로운 가시가 등 쪽에 3개, 배지느러미와 뒷지느러미에 1개씩 있다. 골질 성분의 인판이 아가미 후연에서부터 미병부 앞까지 배열되어 있다. 미병고는 매우 낮고, 체측에는 인판이 변형되어 골질 돌기를 형성하고 있다. 꼬리지느러미의 후연은 둥글다. 비산란기의 체색은 전반적으로 연갈색을 띠고, 복부만이 은색과 황금색을 나타낸다. 산란기가 되면 수컷은 체표면 전체가 암청색을 띠고, 체측 상부의 일부와 배 쪽은 밝은 적색을 띤다. 암컷은 체측과 복부에 밝은 은색이나 황금색을 띤다.

생태⇒ 산란기는 3~5월이며, 수컷은 모래와 진흙으로 된 하천 바닥을 파내고 입과 가슴지느러미를 이용하여 넓이 $10 \times 10 (\text{cm}^2)$, 깊이 3~5cm 정도의 구역을 깨끗이 청소한다. 그 다음에는 주변에 있는 나뭇잎, 수초 등의 재료를 입으로 운반하고, 신장에서 분비되는 분비 물질로 구멍이 2개인 산란 둥지를 만든다. 산란장이 완성되면 수컷은 몸을 S자 모양으로 휘어 구애를 하면서 산란장으로 암컷을 유인하여 산란을 유도함과 동시에 방정하여 알을 수정시킨다. 수컷은 새끼들이 부화하여 둥지 밖으로 나올 때까지 산란장을 지키다 죽는데, 암컷은 산란후 몇 시간 내에 죽는다. 암컷 1마리는 257~596개(평균 453개)의 알을 가지고 있으며, 알의 지름은 평균 1.70mm이다. 그러나 1개의 산란 둥지에는 평균 2638개의 알이 있어, 수컷 1마리는 암컷 7마리 이상과 산란 행동을 하는 일부 다처로 추정된다.

분포 ⇒ 우리 나라 전 연안으로 유입되는 하천과 일본의 북해도, 연해주, 북아메리카 및 유럽 등지에 널리 분포한다.

참고 ⇒ 세력권 활동이나 구애 활동 등에 관한 많은 연구 결과가 있어, 생물학적으로 매우 흥미 있는 연구 재료이다.

큰가시고기 둥지 속의 알

큰가시고기의 집단

서식지(경남 양산 재광천)

가시고기(♂)

144. 가시고기

Pungitius sinensis
(GUICHENOT, 1869)
.... <큰가시고기과>

영명⇒ Chinese nine-
spine stickleback
전장⇒ 7cm

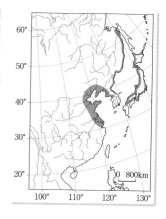

형태⇒ 몸은 좌우로 심하게 측편되어 있다. 등지느러미 앞에는 예리한 가시가 8~9개 있고, 가시는 기조막으로 연결되어 있다. 제2등지느러미 연조 수 10~12개, 뒷지느러미 연조 수 9~11개, 체측 인판 수 32~35개, 새파 수 10~14개, 척추골 수 34~35개이다. 상악과 하악은 거의 동일하다. 미병부는 매우 짧고, 꼬리지느러미 외연은 둥근 모양이다. 새개 후연부터 미병부 말단까지의 체측에는 작은 크기의 인판이 배열되어 있다. 아가미 후연과 미병부의 골질판은 크기가 작으나, 4째 번 등지느러미 가시부터의 골질판은 크다. 체측 상단부 체색은 옅은 갈색이고 복부는 밝은 은황색이며, 체측 중앙부에는 흔적적인 얕은 갈색의 횡대 반문이 새개 후연에서부터 미병부까지 다수 배열되어 있다. 꼬리지느러미를 제외한 지느러미 가시의 기조막은 투명하다. 산란기가 되면, 수컷의 등지느러미 가시 기조막은 검은색 색소포가 약간 침적되지만 암컷의 경우는 투명하다. 수컷의 체측에는 갈색의 횡대 반점이 명료하게 나타나지만, 암컷은 횡대 반문이 약간 희미하고 복부는 거의 은백색의 밝은 색을 띤다.

생태⇒ 물이 맑은 하천 중류의 수초가 번성한 곳에서 서식한다. 산란기

는 4~8월로 추정되지만 정확한 산란 생태에 관한 내용은 알려진 바
없다. 성체와 어린 새끼고기는 해수로 이동하지 않고 담수에서 일생
동안 지내며, 주로 깔따구 유충과 실지렁이와 같은 비교적 큰 수생 동
물만을 섭식한다.

분포⟹ 동해안으로 흐르는 하천 중·상류에서 서식한다. 중국과 일본에
도 분포한다. 빙어를 이입하는 과정에서 함께 이입된 것으로 알려졌다.

참고⟹ 하천 상류의 오염 발생원 때문에 최근 개체 수가 감소되고 있어
이들에 대한 보호 대책이 요구된다.

큰가시고기과(Gasterosteidae)

서식지(강원 간성 북천)

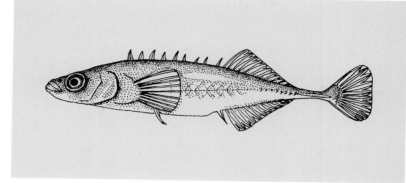

두만가시고기

145. 두만가시 고기

Pungitius tymensis
(NIKOLSKY, 1889)

········· <큰가시고기과>

영명⇒ Sakhalin
stickleback
방언⇒ 웅기가시고기
전장⇒ 6~7cm

형태⇒ 몸은 심하게 측편되어 있다. 제1등지느러미 극조 수 10~13개, 제2등지느러미 연조 수 9~13개, 뒷지느러미 연조 수 (8)9~10개, 체측 인판 수 4~11개이다. 등지느러미 가시는 기조막과 연결되어 있으나 가시의 크기는 안경보다 작다. 체측 인판은 매우 축소되어 미병부에만 있다. 몸은 옅은 갈색이나 복부는 백색이다. 체측에는 불규칙한 진한 녹색의 횡대 반문이 있다.

생태⇒ 산란기는 4~6월경이다. 2년이 지나야 성숙한다.

분포⇒ 동해로 유입되는 함경 남·북도와 강원도 북부의 하천에 분포한다. 일본 북해도 북부와 동부 및 사할린에 분포한다.

참고⇒ 강원도 고성군 이남의 우리 나라에서는 현재까지 발견되지 않았다.

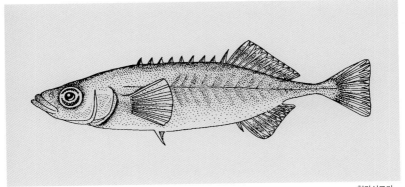

청가시고기

146. 청가시
고기

Pungitius
pungitius
(LINNAEUS,
1758)
·· <큰가시고기과>

영명⇒ nine
spined
stickleback

전장⇒ 9cm

형태⇒ 몸은 측편되어 있다. 제1등
지느러미 극조 수 7~12개, 제2
등지느러미 연조 수 10~12개,
뒷지느러미 연조 수 8~11개, 체
측 인판 수 7~9개이다. 등지느
러미 가시는 기조막과 연결되었
으나 그 길이는 안경보다 작다.
등지느러미 가시 기조막은 백색
이다. 체측 상단부는 연한 녹갈
색이고, 복부는 밝은 녹색이다.

생태⇒ 맑은 물이 솟아오르는 수원
을 가진 세류나 저수지에 산다.
수서 곤충의 유충이나 작은 무척
추동물을 먹고 산다.

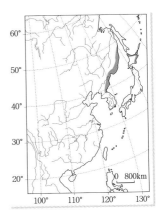

분포⇒ 함경 남·북도의 동해안으로 유입하는 하천(웅기, 청진)과 일본,
시베리아에 분포한다.

참고⇒ MORI and UCHIDA(1934)는 이 종을 *Pungitius brevispinosus*
(OTAKI)로 동정하여 보고한 바 있다.

잔가시고기

147. 잔가시고기 *Pungitius kaibarae* ssp. ⋯⋯⋯⋯⋯⋯⋯⋯⋯ <큰가시고기과>

영명⇒ short nine spine stickleback　방언⇒ 가시고기　전장⇒ 7cm

형태⇒ 몸은 좌우로 심하게 측편되어 있다. 등 쪽에 예리한 가시가 보통 7~9개 있고, 가시는 기조막과 연결되어 있으나 각각의 가시는 분리되어 있다. 제2등지느러미 연조 수 10~12개, 뒷지느러미 연조 수 8~11개, 체측 인판 수 31~34개, 새파 수 10~13개, 척추골 수 31~33개이다. 상악과 하악은 거의 같다. 미병부는 매우 짧고 꼬리지느러미 후연은 둥근 모양이다. 새개 후연부터 미병부 말단까지의 체측에는 작은 인판이 배열되어 있다. 4째 번 가시부터의 인판은 크다. 산란기가 되면 암수 모두 체고가 약간 높아지는 경향이 있다. 산란기가 아닐 경우 암수 체색은 큰 차이가 없다. 체측 상단부 체색은 짙은 갈색이고, 배 쪽은 밝은 은황색이며, 체측 중앙부에는 흔적적인 옅은 갈색의 횡대 반문

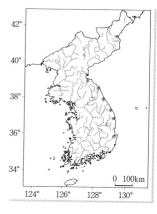

이 아가미 후연에서부터 미병부까지 다수 배열되어 있다. 꼬리지느러미를 제외한 지느러미 가시의 기조막은 연한 검은색을 띤다. 산란기에는 성적 이형이 나타난다. 수컷은 배 쪽의 일부만 제외하고 두부, 몸통 및 꼬리지느러미까지 모두 짙은 검은색을 띤다. 가시 기조막은 매우 검고, 일부는 각 기조막의 후연부에 연한 청색이나 회색을 나타내기도 한다. 암컷은 다소 체색이 검지만 전체적으로 갈색이다. 배 쪽은 분명하게 은황색을 나타낸다. 가시의 기조막은 검은색이지만 수컷처럼 짙은 검은색은 아니다.

생태⇒ 맑은 하천 중류의 돌 틈, 바위, 수초가 많은 지역 등에 서식한다. 산란기는 5~8월로 추

정된다. 성체와 어린 새끼고기는 해수로 이동하지 않고 담수에서 일생 동안 지내며, 주로 깔따구 유충과 실지렁이와 같은 비교적 큰 수생 동물만을 섭식한다.

분포⇒ 동해안으로 흐르는 하천 중·상류와 형산강과 낙동강의 지류인 금호강에서 서식한다. 일본의 교토와 효고(兵庫) 지역에 분포하는 이 종은 절멸되었다. 보호 대책이 요구된다.

잔가시고기

서식지(강원 옥계)

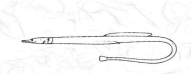

실고기과
Syngnathidae

몸은 긴 막대 모양이다. 지느러미를 제외하고 몸 전체는 체륜상의 골판 (ring bony plate)이 마치 고리처럼 둘러싸여 있다. 인도양, 태평양, 대서양 연안과 기수역에 51속 215종이 분포한다.

실고기

148. 실고기 *Syngnathus schlegeli* KAUP, 1856 ························· <실고기과 >

영명⇒ pipe fish   방언⇒ 나무공치   전장⇒ 30cm

형태⇒ 몸은 가늘고 길다. 등지느러미 연조 수 30~47 개, 뒷지느러미 연조 수 2~4개이다. 몸은 체륜상 골판으로 덮여 있다. 주둥이는 매우 길고, 양악은 아주 작고 이빨이 없다. 수컷에는 꼬리의 배 쪽에 육아낭이 달려 있다. 몸은 짙은 갈색이고 작은 흰 점이 산재한다.

생태⇒ 해초 사이에 살면서 관상의 주둥이로 작은 갑각류 등을 흡입하여 섭식한다. 여름철이 되면 암컷이 수컷의 배에 있는 육아낭에 알을 낳는다. 수컷의 육아낭에서 17~21일 만에 부화한 치어는 밖으로 나온다.

분포⇒ 우리 나라 강 하구에 분포하고, 일본, 타이완 및 블라디보스톡에 분포한다.

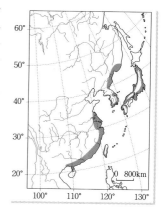

드렁허리목
Synbranchiformes

드렁허리과
Synbranchidae

　몸은 장어형으로 가슴지느러미와 배지느러미가 없다. 등지느러미와 뒷
지느러미는 퇴화하여 흔적적이다. 꼬리지느러미는 작거나 없고 눈은 작다.
대부분이 공기 호흡을 할 수 있고, 구멍을 파고 산다. 열대와 아열대의 담
수역에 4속 15종이 있다.

드렁허리

149. 드렁허리 *Monopterus albus* (ZUIEW, 1793) ················· <드렁허리과>

영명⇒ ricefield swamp eel　방언⇒ 두렁허리　전장⇒ 60cm

형태⇒ 몸은 원통형으로 길게 세장되어 장어형이다. 척추 골 수 154~161개이다. 머리는 작다. 눈의 후연부터 새공의 상단부까지는 육질의 팽창 부위가 있어 문단부 의 높이보다 뚜렷하게 높고, 새공 후단부터는 다시 낮아진다. 상악에는 이가 없거나 있다면 융모형이다. 하악과 구개골에는 여러 열로 된 날카로운 작은 이빨들 이 밀집되어 있다. 서골에도 날카로운 이빨이 있으나 그 수는 매우 적다. 상악의 말단부는 눈의 후연을 훨씬 지나고 눈은 매우 작다. 새공은 두부의 아래쪽에 있다. 측선은 없고 전장이 긴 개체에서는 육질홈이 새공 상단 부에서 거의 끝부분까지 있다. 지느러미는 꼬리지느러 미만 약간 흔적적으로 있을 뿐, 다른 지느러미는 외형 상으로는 거의 보이지 않는다. 항문은 몸의 중간보다

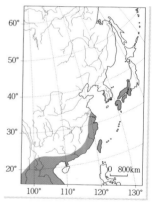

훨씬 뒤쪽에 있다. 등 쪽은 짙은 황갈색이고, 복부는 주황색이나 연한 노란색이다.
생태⇒ 진흙이 많은 논이나 호수 등에 살며 어린 물고기나 곤충 혹은 지렁이를 잡아먹고 산다. 건조한 시기에는 굴을 파고 흙 속에 들어가 지낸다. 몸을 수직으로 세워 머리만 물 밖에 내 놓고 공기 호흡을 한다. 자라면서 암컷에서 수컷으로 성전환을 하는 것으로 알려져 있다.
분포⇒ 주로 서해와 남해로 유입되는 하천과 주변 논, 그리고 농수로와 중국, 일본, 인도네시 아 등지에 분포한다.
참고⇒ 우리 나라와 중국에서는 약용과 식용으로 이용하기도 한다.

쏨뱅이목
Scorpaeniformes

양볼락과
Scorpaenidae

몸은 좌우로 심하게 측편되어 있다. 새개부에는 1~5개의 전새개골이 외부로 돌출되어 있다. 몸의 전면은 즐린으로 덮여 있다. 등지느러미는 1개이지만, 10~17개의 극조와 8~18개의 연조가 있다. 측선은 완전하다. 전세계적으로 양볼락과 4속 128종이 있다. 열대와 온대의 바다에 서식하지만 일부는 기수역에 산다.

조피볼락

150. 조피볼락 *Sebastes schlegeli* HILGENDORF, 1880 ·················· <양볼락과 >

영명⇒ black rockfish 방언⇒ 우레기 전장⇒ 50cm

형태⇒ 몸과 머리 모두 옆으로 납작하고 머리는 크다. 등
지느러미 연조 수 13개, 뒷지느러미 연조 수 6~7개,
측선 비늘 수 39~52개, 새파 수 23~28개, 척추골 수
26개이다. 눈은 작아서 주둥이의 길이보다 약간 짧다.
입은 주둥이 끝에 열려 있고, 하악이 상악보다 약간 길
다. 눈 앞쪽 아래에 끝이 예리한 가시 3개가 있다. 꼬
리지느러미 후연은 거의 반듯하나 측선은 완전하다.
몸은 다갈색 바탕에 많은 검은색 반점이 산재하고 불
분명한 4~5줄의 횡대가 있다. 눈 아래에는 2줄의 분
명한 줄무늬가 비스듬하게 있다. 등지느러미 극조부,
뒷지느러미, 배지느러미는 검은색을 띠고 가슴지느러
미의 후연에 밝은 테가 있다. 꼬리지느러미도 검은색
바탕에 후연의 위쪽과 아래쪽에 흰색 테가 분명하게
나타난다.

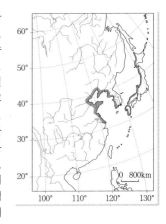

생태⇒ 암초가 많은 연안의 수심이 얕은 곳에 서식하며, 담수의 기수역에도 출현한다. 12~2월
사이에 수정하고, 1개월 반 정도 체내에서 발육한 후 3~4월에 난태생으로 출산한다. 어린
개체는 새우 등의 갑각류를 먹지만, 성어는 어린 물고기를 먹는다.

분포⇒ 서 · 남해 연안과 하구, 중국과 일본 연안에 분포한다.

참고⇒ 최근 양식 어종으로 각광받고 있어 해산어 중에 넙치 다음으로 양식 생산량이 많다.

양태과
Platycephalidae

두부는 심하게 종편되어 거의 납작하지만, 체측부는 거의 원통형이다.
새개부에는 2~3개의 전새개골이 외부로 돌출되어 있다. 주로 인도-태평
양의 바다와 기수역에 18속 60종이 서식한다.

양태

151. 양태 *Platycephalus indicus* (LINNAEUS, 1758) ································· <양태과>

영명⇒ bartail flathead 방언⇒ 장대 전장⇒ 60cm

형태⇒ 몸은 전체적으로 종편되어 거의 납작하며, 두정부는 매우 편평하다. 제2등지느러미 연
조 수 13개, 뒷지느러미 연조 수 13개, 측선 비늘 수 89~97개, 새파 수 19~21개, 척추골
수 28~31개이다. 하악은 상악보다 약간 길어서 전방으로 돌출되어 있다. 상악은 비교적 짧
아서 동공의 전단부에 이른다. 악골, 서골과 구개골에는 이빨이 있다. 눈은 비교적 크고 두
정부에 있다. 새개부에는 끝이 두 갈래로 나뉜 안경 절반 정도 되는 날카로운 가시가 있고,
눈의 바로 아래에는 1개의 가시가 있다. 새막은 협부와 융합되어 있다. 배지느러미는 가슴지
느러미 연조 중간 지점에서 시작한다. 등지느러미는 2개이며, 극조부는 기부가 짧으나 연조
부는 기부가 매우 길어서 거의 미병부까지 도달한다. 항문은 배지느러미 후연의 말단에 있
다. 꼬리지느러미 후연은 위아래 방향으로 반듯하다. 측선은 완전하며 일직선이다. 등 쪽과
체측 상단부의 체색은 전반적으로 연한 갈색이면서 동공보다 작은 짙은 갈색 반점이 산재되
어 있지만, 복부는 연한 회색으로 반점이 전혀 없다. 등지느러미의 각 극조와 연조에는 연한

321

갈색과 짙은 갈색의 무늬가 교대로 나타나고, 꼬리지느러미 후연에는 안경보다 큰 짙은 검은색의 반점들이 있다.

생태⇒ 전장 25cm 이내의 어린 개체들은 대부분 강의 하구와 인접 연안에서 서식한다. 5~6월에 산란하며, 주로 갑각류나 소형 절지동물을 먹는다.

분포⇒ 서·남해안과 인접한 강 하구, 압록강 하구에서 출현하고, 일본, 중국 및 인도-서태평양의 온대 수역으로부터 열대 수역에 분포한다.

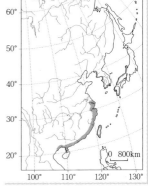

양태

서식지(낙동강 하구)

둑중개과
Cottidae

머리와 눈이 크고 측선은 보통 일렬이다. 성체는 부레가 없다. 뒷지느러미에 가시가 없다. 북반구와 동부 오스트레일리아, 뉴기니, 뉴질랜드의 근해와 담수역에 70속 300여 종이 있다.

둑중개

152. 둑중개 *Cottus koreanus* Fujii, Choi, and Yabe, 2005 ⋯⋯⋯⋯⋯ <둑중개과>

영명⇒ yellow fin sculpin   방언⇒ 뚝중개   전장⇒ 15cm

형태⇒ 몸은 약간 측편되어 있으나 유선형이다. 제2등지느러미 연조 수 19~21개, 뒷지느러미 연조 수 15~17개, 측선 비늘 수 39~52개, 새파 수 8~9개, 척추골 수 34~36개, 유문수 수 4~5개이다. 머리는 약간 종편되어 있고, 측선이 완전하다. 매우 짧고 작은 전새개골의 제1극은 상후방으로 향하고 있으며, 두부와 하악면에는 피질 돌기가 없다. 안후두부와 비골부에는 융기선이 없다. 상악과 하악의 길이는 거의 동일하다. 구개골에는 이빨이 없으나 악골과 서골에는 이빨이 있다. 배지느러미의 제일 안쪽 연조 길이는 매우 짧아 가장 긴 연조의 절반을 넘지 못한다. 체색은 녹갈색으로 등 쪽은 짙고 복부는 거의 흰색에 가깝다. 체측에는 5~6개의 너비가 넓은 흑갈색 가로무늬(횡반문)가 있다. 각 등지느러미의 극조부 앞쪽은 밝

은 색으로 거의 투명하며, 극조부의 뒷부분 기저는 검지
만 위 가장자리는 노란색 테가 둘린다. 각 지느러미는 노
랗고 그것들을 가로지르는 암갈색과 황갈색의 반점열이
교대로 배열된다.

생태⇒ 하천 상류의 유속이 매우 빠른 곳의 돌 밑에 숨어
살며, 먹이는 주로 하루살이, 날도래, 파리 등 수서 곤
충의 유충이다. 산란기는 3월 말~4월 초로 추정되며,
적당한 수온은 10℃ 정도이다. 암컷 1마리가 평균
650~900개의 알을 큰 돌 밑바닥에 부착 산란한다. 수
컷은 산란 세력권을 형성하고, 성숙한 동일종의 개체
나 다른 어종이 접근하면 입을 크게 벌려 위협하고 돌
진하면서 물어뜯는다. 수컷 단독으로 수정란이 부화될
때까지 보호한다.

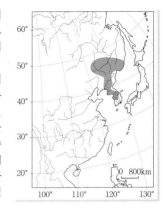

분포⇒ 압록강, 청천강, 두만강, 한강 최상류 지역, 금강과 만경강, 섬진강 등에 분포하며, 국
외에서는 아무르강에 분포한다.

서식지(강원 원주 치악산)

한둑중개

153. 한둑중개 *Cottus hangiongensis* MORI, 1930 ·································· <둑중개과>

영명⇒ tuman river sculpin　방언⇒ 함경뚝중개　전장⇒ 15cm

형태⇒ 몸은 약간 측편되어 있으나 유선형이다. 제2등지
느러미 연조 수 20~22개, 뒷지느러미 연조 수 15~18
개, 새파 수 8~10개, 척추골 수 33~35개, 유문수 수
4~5개이다. 머리는 약간 종편되어 있고, 측선은 완전
하다. 전새개골의 제1극은 아주 작고 상후방으로 향하
고 있으며, 두부와 하악면에는 피질 돌기가 없다. 안후
두부와 비골부에는 융기선이 없다. 상악과 하악의 길
이는 거의 동일하다. 구개골에는 이빨이 없으나 악골
과 서골에는 이빨이 있다. 체색은 회갈색으로 머리는
아주 검으며, 복부는 연한 황록색을 띤다. 몸의 옆면에
는 밝은 둥근 반점이 많아 갈색의 선이 엉긴 것처럼 보
인다. 등지느러미 극조부의 외곽선은 밝고 그 안쪽은
어두운 녹색이며, 연조부는 기저부에서 외곽으로 갈수

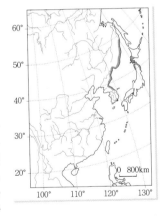

록 점차 밝아지고 각 기조에는 검은 점이 점열한다. 꼬리지느러미는 노란색을 띠며 약 4줄의
갈색 가로무늬가 있고, 뒷지느러미는 흰색 바탕에 검은 점이 있다.
생태⇒ 여울부의 유속이 빠른 하천 하류의 돌이 많은 곳에 살며, 주로 수서 곤충을 먹는다. 산란
기는 3~6월이며, 하천 가장자리 수심 20~40cm인 곳의 큰 돌 밑에 알을 덩어리로 붙인다.
분포⇒ 두만강, 강원도 삼척 마읍천을 포함한 동해안으로 흐르는 하천의 하류에 서식하나 그
서식 밀도가 낮다. 일본과 연해주에도 분포한다.

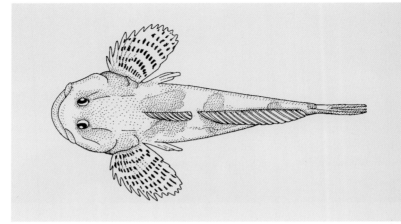

참둑중개

154. 참둑중개

Cottus czerskii
BERG, 1913

·············· <둑중개과>

방언⇒ 얼룩둑중개
전장⇒ 20cm

형태⇒ 몸은 다소 둥근 편이나 뒷지느러미가 시작되는 부위부터는 측편이다. 제2등지느러미 연조 수 18~22개, 뒷지느러미 연조 수 14~16개, 측선 비늘 수 40개, 척추골 수 39개이다. 머리는 종편되었고, 주둥이는 위에서 보면 너비가 넓다. 눈은 머리 등 쪽에 치우쳐 있으며 작다. 측선은 완전하다. 머리와 체측에는 작은 검은색 반점이 산재되어 있다.

생태⇒ 산란기 수컷은 배지느러미와 복부에 돌기가 있다.

분포⇒ 두만강(웅기)에 분포한다.

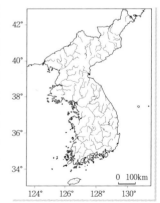

개구리꺽정이

155. 개구리꺽정이 *Myoxocephalus stelleri* TILESIUS, 1811 .... <독중개과>

영명⇒ frog sculpin   방언⇒ 광쟁이   전장⇒ 20cm

형태⇒ 몸은 방추형으로 머리는 종편되어 있다. 제2등지
느러미 연조 수 12~13개, 뒷지느러미 연조 수 10~11
개, 측선 비늘 수 34~36개, 척추골 수 33~36개이다.
양안 후두부에는 매우 작은 피질 돌기가 있다. 전새개
골은 3극이 있는데, 제1극은 짧고 직선형이다. 상악은
하악보다 약간 돌출되어 있다. 구개골에는 이가 없으
나 서골에는 있다. 제1등지느러미에서 제1~2극의 길
이는 4~6극의 길이보다 짧다. 몸 전체가 검은색을 띠
지만 협부와 항문 간의 복면은 밝은 노란색을 띠고, 복
측면은 안경보다 약간 큰 밝은 노란색 원형 무늬가 있
다. 체측면에는 약간 짙은 4개의 검은색 종대가 있다.

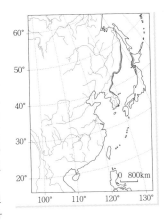

생태⇒ 생태에 대하여 자세히 알려진 내용은 없으나, 연
안 주변의 기수역과 연안에 서식하면서 작은 어류와
갑각류 등을 먹으며, 봄에 얕은 곳에 산란한다.

분포⇒ 강원도의 동해로 유입되는 하천(대진, 주문진, 속초)과 주변 연안, 일본과 오호츠크 해
에 분포한다.

꺽정이

156. 꺽정이 *Trachidermus fasciatus* HECKEL, 1837 .... <둑중개과>

영명⇒ rough skin sculpin 방언⇒ 거슬횟대어 전장⇒ 17cm

형태⇒ 몸은 약간 측편되어 있으나 유선형이다. 등지느
러미 연조 수 17~18개, 뒷지느러미 연조 수 15~16
개, 측선 비늘 수 37~40개, 척추골 수 35~37개, 유문
수 수 5~7개이다. 머리는 종편되어 있다. 안후두부,
비골부와 뺨의 부위에는 융기선이 있으며, 전새개골의
제1극은 매우 작고 짧으며 상후방으로 굽어 있다. 서
골과 구개골에는 이빨이 있다. 새막은 협부와 융합되
어 있어 주름을 형성하지 않는다. 몸 전체에 작은 소극
이 둘러싸여 있다. 등 쪽은 흑갈색이고 복부는 연한 노
란색이다. 등 쪽의 극조부가 시작하는 곳 아래에서 꼬
리지느러미의 기부까지 폭넓은 3~4개의 검은색 반문
이 있고, 그 밖의 부분은 약간 밝은 색 바탕에 얼룩무
늬가 있다. 등지느러미의 극조부의 앞쪽 4개 기조막은

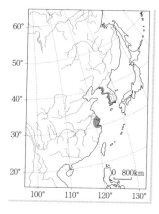

진한 검은색 반점이 있으나 나머지는 투명하다. 산란기에는 붉은 혼인색을 띤다.
생태⇒ 자갈이나 모래가 있는 하천 중·하류의 바닥에서 주로 갑각류를 먹고 산다. 산란기는
2~3월경으로 강의 하구나 간석지에서 조개 껍데기의 안쪽에 알을 붙인다. 알은 수컷이 보
호한다.
분포⇒ 서해와 남해로 흐르는 하천의 하구에 분포하며, 중국과 일본에 분포한다.

농어목
Perciformes

농어과
Moronidae

　현생 경골 어류 가운데 가장 큰 분류군으로 비늘은 즐린이다. 등지느러미가 둘로 구분되어 극조부와 연조부가 연속적이다. 새개에 2개의 가시가 있고, 측선이 미병부까지 이어진다. 배지느러미는 1극 5연조로 흉부에 있고, 부레는 소화 기관과 연결되어 있지 않다. 이전에는 Percichthyidae에 해당되었으나 NELSON(1994)에 따라 Moronidae에 포함시켰다.

농어

157. 농어 Lateolabrax japonicus (Cᴜᴠɪᴇʀ, 1828) ······························· <농어과>

영명⟹ temperate sea bass　전장⟹ 50~70cm

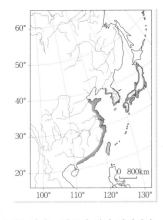

형태⟹ 몸과 머리 모두 옆으로 납작하고, 체고는 비교적 높아 체형은 방추형이다. 제2등지느러미 연조 수 12~13개, 뒷지느러미 연조 수 7~8개, 측선 비늘 수 86~92개, 새파 수 23~26개, 척추골 수 34~35개이다. 머리는 비교적 큰 편이고, 주둥이는 끝이 뾰족하며, 하악이 상악보다 약간 돌출되었다. 전새개골의 후연에는 거치상으로 나타나고, 모서리에 1개, 아래쪽 가장자리에 3개의 강한 가시가 있다. 꼬리지느러미의 후연 중앙은 안쪽으로 깊이 패어 상·하 양엽으로 나뉜다. 측선은 완전하다. 등 쪽은 회청록색으로 다소 짙고, 배 쪽은 은빛 광택을 띤다. 몸의 측선 약간 아래에서 등 쪽으로는 작은 반점이 산재하지만 큰 개체에서는 나타나지 않는다. 등지느러미의 기조막에도 검은 반점이 흩어져 있다. 꼬리지느러미, 뒷지느러미 및 가슴지느러미는 반문이 없이 흰색이다. 검은 반점은 어릴 때에 잘 나타나며 성장하면서 없어진다.

생태⟹ 바다 가까이 살면서 기수나 담수에도 올라온다. 주로 동물성 플랑크톤과 물고기의 치어를 먹고 산다. 산란기는 11월 상순~1월 상순경으로 연안 하구의 암초에 알을 낳는다.

분포⟹ 서·남해 연안과 주변 하천 하구, 일본, 중국, 타이완 등의 연안에 분포한다.

농어목(Perciformes)

330

참고⇒ 체측에 작은 검은 점이 산재한 성어 개체가 서해안 남부 연안 수역에서 많이 출현하였다. 유전적으로도 잘 구분되고 있어 독립된 종이라고 추측된다. 국내에서는 이 집단을 '점농어'라고 부르고 있다.

점농어

점농어

꺽지과
Centropomidae

등지느러미는 극조부와 연조부로 구분된다. 하악이 상악보다 길고 측선은 완전하다. 새개골은 1~2개가 약간 외부로 돌출되어 있다. 새조골 수는 보통 7개이다. 전세계에 3속 22종이 있다.

쏘가리

158. 쏘가리 *Siniperca scherzeri* STEINDACHNER, 1892 ·················· <꺽지과>

영명⇒ mandarin fish   전장⇒ 60cm

형태⇒ 몸은 측편되어 있으나, 머리는 약간 종편되어 있다. 제2등지느러미 연조 수 13~14개, 뒷지느러미 연조 수 8~10개, 새파 수 6개, 척추골 수 26~29개이다. 머리는 길고, 그 중앙의 약간 앞쪽에 눈이 있다. 상악의 후연은 동공의 중앙 부근에 이르며, 하악은 상악보다 약간 길다. 악골, 서골 및 구개골에는 이빨이 있다. 등지느러미는 머리 후단부 위치에서 시작한다. 등지느러미의 6~8째 번 극조의 길이가 가장 길다. 꼬리지느러미 후연은 둥글고 측선은 완전하다. 체색은 황갈색 바탕에 둥근 갈색 반점(표범 무늬)이 있다. 하악의 아랫면에서 뒷지느러미 앞까지의 복부는 반점이 없이 흰색이다. 가슴지느러미에는 반점이 없으나, 등지느러미와 뒷지느러미 및 꼬리지느러미에는 작은 흑갈색 반점이 있다. 몸 전체가 노란색을 띠며, 흑갈색 반문이 거의 나타나지 않는 개체가 간혹 나타나는데, 이것을 황쏘가리라고 한다.

생태⇒ 물이 맑으며 큰 자갈이나 바위가 많고 물살이 빠른 큰 강의 중류에 살면서 바위나 돌 틈에 잘 숨는다. 주로 밤에 활동하면서 물고기를 먹는다. 산란기는 5월 하순~7월 상순으로 자갈이 많이 깔린 바닥에 밤에 알을 낳는다. 알의 평균 지름은 2mm 정도이다.

분포⇒ 서해와 남해로 흐르는 큰 하천의 중류에 서식하였으나 근래에는 드물게 출현한다. 중국에 분포한다. 남획과 하천 오염으로 서식 개체 수가 매우 적게 나타나고 있으나, 최근에 조성된 대형 댐 등에서 많은 개체가 서식한다.

참고⇒ 우리 나라에서는 쏘가리를 귀중한 식용어로 이용하면서 시문(詩文)이나 그림, 도자기 무늬 등의 소재로 많이 사용하였다. 맛도 매우 좋아 양식 대상종으로 주목되는 종이다. 황쏘가리는 다른 동물 개체에서 가끔 나타나는 백화 현상(albinism)으로 나타난 개체로서, 어떤 개체는 두부만이 노란색이고, 체측은 갈색이거나 전체적으로 노란색 혹은 갈색의 무늬가 일부 나타나기도 한다.

황쏘가리

서식지(경기 청평호)

꺽저기

159. 꺽저기 *Coreoperca kawamebari* (TEMMINCK and SCHLEGEL, 1842)

.... <꺽지과 >

영명⇒ Japanese aucha perch   방언⇒ 남꺽지   전장⇒ 13cm

형태⇒ 몸과 머리는 측편되어 있고, 체고는 높아 전체적
으로 체형은 방추형이다. 제2등지느러미 연조 수
11~12개, 뒷지느러미 연조 수 9개, 측선 비늘 수
33~40개, 새파 수 18~19개, 척추골 수 27~30개이
다. 머리는 크고, 눈은 머리의 등 쪽에 치우치며, 입은
크고 주둥이는 끝이 뾰족하다. 악골, 구개골 및 서골에
는 이빨이 있다. 하악은 상악보다 약간 길다. 상악의
후단부는 동공 후연을 약간 지난다. 전새개부의 후연
에는 작은 거치가 후연을 따라 배열되어 있다. 새개골
후연 반점 부위에는 2개의 뾰족한 가시가 있다. 등지
느러미는 극조부와 연조부가 구분되는데, 극조부는 짧
고 연조부는 길다. 꼬리지느러미 끝은 둥글다. 측선은
완전하며 체측 중앙은 위쪽으로 약간 볼록하다. 살아

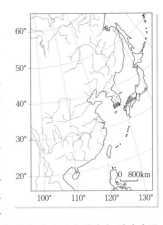

있을 때에는 몸의 전면이 광택이 나는 진한 갈색이며, 등 쪽은 배 쪽보다 진하다. 아가미 뚜
껑에는 안경보다 약간 작은 청색 반점이 있다. 체측면에는 10~11개의 횡반문이 있다. 가슴
지느러미는 무색이고, 다른 지느러미는 연한 갈색이다.

생태⇒ 육식성으로 작은 물고기와 수서 곤충을 먹는다. 산란기는 5~6월이며, 수초에 알을 붙인다. 수컷은 수정란에 신선한 물을 공급하기 위하여 가슴지느러미로 물살을 일으킨다. 또, 다른 물고기가 접근하면 맹렬하게 공격하며, 부화 도중에 죽은 알은 제거한다.

분포⇒ 탐진강, 낙동강 및 거제도 일부 수역과 일본에 분포한다.

서식지(전남 장흥)

꺽지

160. 꺽지

Coreoperca herzi
HERZENSTEIN, 1896
.... <꺽지과>

영명⇒ Korean aucha
perch
전장⇒ 15~20cm

꼬리지느러미

형태⇒ 몸과 머리는 측편되어 있고, 체고는 높아 체형은 방추형이다. 제2 등지느러미 연조 수 11~13개, 뒷지느러미 연조 수 8개, 측선 비늘 수 52~66개, 새파 수 16~19개, 척추골 수 30~34개이다. 머리는 크고, 눈은 머리 등 쪽에 치우치며, 입은 크고 주둥이는 끝이 뾰족하다. 악골, 구개골 및 서골에는 이빨이 있다. 하악은 상악보다 약간 길다. 상악의 후단부는 동공 후연을 약간 지난다. 전새개부의 후연에는 작은 거치가 후연을 따라 배열되어 있다. 새개골 후연 반점에는 2개의 뾰족한 가시가 있다. 등지느러미는 극조부와 연조부가 구분되는데, 극조부는 짧고 연조부는 길다. 꼬리지느러미의 끝은 둥글다. 측선은 완전하며, 체측 중앙보다 약간 위로 휘어 있다. 항문은 뒷지느러미의 바로 앞에 있다. 몸은 옅은 녹갈색 바탕에 측면에는 7~8개의 가는 검은색 가로무늬가 있다. 아가미뚜껑 위의 뒤쪽에는 둥근 청색 반점이 1개 있다. 각 지느러미는 뚜렷한 반문이 없이 옅은 노란색을 띤다.

생태⇒ 물이 맑고 자갈이 많은 하천에 서식하며, 주로 갑각류나 수서 곤충을 먹고 산다. 5~6월에 수온이 18~25℃에 이르면 자갈의 아랫면에 1층으로 알을 낳는다. 산란 후 수컷은 수정란을 지킨다.

분포⇒ 한국 고유종으로, 거의 전 하천에 분포한다.

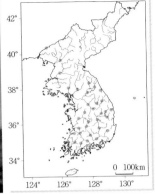

꺽지

꺽지과(Centropomidae)

서식지(경기 가평)

검정우럭과
Centrarchidae

안하골(suborbital bone) 앞에 누골(lachrymal bone)이 있다. 측선이 있으나 때로는 불완전하다. 대부분의 종류는 둥지를 만들고 수컷이 알을 보호한다. 낚시용으로 매우 중요하고, 원산지를 벗어나 외지로 도입되었다. 블루길과 같은 종은 생태적 및 생리적인 실험에 사용된다. 북아메리카의 담수역에 분포하고 8속 29종이 포함된다.

블루길

161. 블루길 *Lepomis macrochirus* RAFINESQUE, 1819 ····················· <검정우럭과 >

영명⇒ blue gill   전장⇒ 15~20cm

형태⇒ 머리와 몸통은 모두 측편되었고, 체고는 높고 체장은 짧으며 체형은 난형이다. 제2등지느러미 연조 수 10~12개, 뒷지느러미 연조 수 10~12개, 측선 비늘 수 38~54개이다. 머리는 비교적 크고, 눈은 머리의 등 쪽에 치우쳐 있으며, 주둥이는 끝이 뾰족하고 하악이 상악보다 약간 앞으로 나와 있다. 전새개골의 가장자리는 톱니 모양의 돌기가 있다. 꼬리지느러미의 후연 중앙은 약간 오목하다. 측선은 완전하며, 등 쪽의 윤곽선과 평행하다. 몸의 상반부는 짙은 청색이고 배 쪽은 노란색 광택을 띤다. 체측에는 8~9줄로 된 갈색의 긴 횡반이 있다. 성장함에 따라 체색은 짙은 회갈색으로부터 암갈색으로 검어지며, 횡반은 차츰 불분명해진다. 암수 모두 아가미뚜껑 후단의 약간 돌출된 부분에 짙은 청색 반점이 있어 '블루길'이라는 이름이 유래되었다. 산란기의 수컷은 담청색의 띠와 함께 노란색과 주황색의 혼인색을 띤다.

생태⇒ 큰 호수나 연안대의 수생 식물이 많은 곳과 하천의 수초가 있는 곳에서 산다. 주로 동물성 플랑크톤, 수서 곤충, 새우류 및 수생 식물을 먹고, 계절에 따라 물고기의 알이나 치어를 먹는다. 산란은 4~6월로 알려졌다. 수컷은 자갈이나 모래가 있는 곳에 둥지를 만든 후 암컷을 유인하여 산란한다. 산란, 방정 후 수컷은 둥지 주위를 유영하면서 알이나 어린 새끼를 보호한다. 전장은 서식 환경에 따라 다르지만, 대체로 1년에 5cm, 2년에 8cm, 3년에 13cm, 4년생이면 16cm로 성장한다.

분포⇒ 원산지는 북아메리카의 남·동부 지역(버지니아, 플로리다, 텍사스, 멕시코, 뉴욕)이다. 이 종은 북아메리카 전역, 유럽, 아시아 및 남아프리카에 유입되어 정착되었다.

참고⇒ 번식력이 왕성하고 사육하기 쉬워서 어류의 표준 실험 동물로 사용되며, 낚시와 식용에 이용되고 있다. 식용으로도 기대되는 어종이다. 우리 나라에서는 수산청이 1969년 시험양식을 위해 일본으로부터 510마리를 도입하여 한강의 팔당 댐 부근에 방류하였다. 10여년이 지나면서 국내 하천에 정착하여 최근에는 팔당 댐, 대청 댐 및 안동 댐 등에서 우점종으로 출현하고 있다. 우리 나라 고유 어종을 비롯하여 치어와 새우류를 대량 섭식하여 어류 다양성에 큰 변화를 초래해 대책이 요구된다. 우리말로 '파랑볼우럭'이라고 하였으나, 현재 '블루길'이란 이름으로 널리 사용되고 있어 블루길로 하였다.

블루길

배스

162. 배스

Micropterus
salmoides
(LACEPÉDE)

············ <검정우럭과>

영명⇒ large mouth
bass

전장⇒ 25~50cm

형태⇒ 머리와 몸통은 옆으로 납작하고 몸은 긴 방추형이다. 제2등지느러미 연조 수 12~13개, 뒷지느러미 연조 수 10~12개, 측선 비늘 수 58~68개, 새파 수 8개이다. 머리는 크며, 눈은 비교적 작고 주둥이는 길고 끝이 뾰족하다. 입은 크고 하악이 상악보다 약간 앞으로 나와 있다. 등지느러미는 2개이고, 꼬리지느러미 후연 중앙은 안쪽으로 오목하게 패었다. 등 쪽은 짙은 청색이고 배 쪽은 노란색을 띠며, 몸 옆면 중앙에는 청갈색의 긴 줄무늬가 있다.

생태⇒ 흐름이 없는 정수역인 호소나 하천 하류의 흐름이 느린 곳을 좋아한다. 원산지인 미국에서는 염분이 있는 기수역에서도 서식한다. 공격력이 아주 강하며, 새우나 작은 물고기를 먹고 산다. 산란은 수온 16~22℃가 되는 지역의 수초가 있는 바닥에 수컷이 청소하여 지름 50cm, 깊이 15cm의 둥지를 만든 후 암컷을 유도하여 산란, 방정한다. 1마리의 수컷은 여러 마리의 암컷을 유도하여 산란 행동을 하는데, 보통 1개의 둥지에 수백 개로부터 1만 개까지의 알을 낳아 부화한다. 수컷은 산란 후 둥지에 있는 알과 치어를 보호한다.

분포⇒ 원산지는 미국의 남·동부(북동 멕시코와 플로리다, 미시시피강 유역, 남부의 오대호 유역)이지만, 북아메리카 전역과 양식 및 낚시 대상종으로 전세계로 이식되고 있다.

참고⇒ 낚시와 식용으로 이용되는데, 국내에서도 자원 조성용으로 1973년 수산청에서 미국으로부터 도입하여 시험 방류한 결과 적절치 못한 어종으로 판단되었다. 그 후 10여 년이 지나는 동안 국내 하천에 정착하여 한강, 낙동강, 금강 및 섬진강 수계의 댐에서 매우 우세하여 생태계에 큰 변화를 일으키는 등 심각한 문제가 되고 있다.

배스

서식지(전북 임실 운암 섬진강 댐)

시클리과
Cichlidae

몸은 긴 타원형으로 양쪽의 비공은 1개씩이다. 측선의 중간은 단절되었다. 키크리과 어류의 대부분은 수족관 관상용으로 매우 중요한 종류이고, 진화 생물학 연구의 재료로 주목되고 있다. 어류의 종다양성이 매우 높다. 중남미, 서인도, 아프리카, 마다카스카르, 이스라엘, 시리아, 스리랑카의 담수역에 분포하고, 기수역에서도 산다. 105속 1300종 이상이 포함된다.

나일틸라피아

163. 나일틸라피아 *Oreochromis niloticus* (LINNAEUS), 1758 ·········· <시클리과>

영명⇒ Nile mouth breeder   전장⇒ 40cm

형태⇒ 몸은 긴 타원형으로 약간 측편되고, 머리 등 쪽 외곽은 급한 경사를 이룬다. 등지느러미 연조 수 12~13개, 뒷지느러미 연조 수 9개, 새파 수 24~27개, 척추골 수 29~32개이다. 주둥이는 둥글며 단단하다. 등과 복부 외곽은 완곡되었으며 미병부는 거의 직선이다. 눈은 머리의 중앙 위쪽에 있으며, 하악은 상악보다 조금 돌출되었다. 이빨은 원추형으로 융모치가 다수 있다. 등지느러미는 새개골 후단의 위에서 시작하여 미병부 위에서 끝난다. 측선은 2개인데, 하나는 새개에서 등 쪽으로 향해 구부러지면서 항문 가까이에 이르는 것으로 비늘 수가 20~23개이고, 또 다른 하나는 항문에서 곧바로 위의 중앙부에서 미병부까지 이어지는 것으로 비늘 수는 12~14개이다. 몸은 은백색이나 등 쪽은 짙고 복부에 이를수록 차츰 연해져 복부는 흰색이고, 체측에는 8~10개의 불명료한 횡대가 보인다. 꼬리지느러미에는 몇 개의 수직 반문이 있다. 산란기에 수컷의 등지느러미와 꼬리지느러미 가장자리는 붉은색을 띤다.

생태⇒ 주로 하천의 하류에 살고, 호소나 하구역에서도 서식하면서 수온이나 염도의 넓은 범위에도 잘 적응한다. 보통 수온 17~35℃에서 살며, 15℃이면 먹는 것을 중지하고 치어는 폐사한다. 성체도 10℃ 이하가 되면 죽는다. 조류, 수생 식물, 유기물 조각, 동물성 플랑크톤과 어린 치어 등을 먹는다. 산란기는 수온이 높은 계절로, 수컷이 모래와 진흙 바닥에 너비 15~50cm, 깊이 5~10cm의 원형의 산란장을 만들고 암컷을 유도하여 산란한다. 암컷이 산란한 알을 입에 넣고 수컷이 방정한 것을 입으로 흡입하여 구강 내에서 수정, 발생한다. 산란된 알의 수는 크기에 따라 다르지만 11cm의 개체는 서양배 모양의 알(긴 지름 1.9~3.0mm)을 약 300개 낳는다. 3~5일 만에 부화하고, 산란 후 10~14일째에는 암컷의 입에서 나와 유영하기도 하며, 22일째까지는 암컷의 입을 피난처로 이용하기도 한다.

분포⇒ 원산지는 아프리카의 케냐 남부에서 남아프리카까지이지만, 지금은 아프리카 전역과 세계 각국에 양식 대상종으로 이식되었다.

참고⇒ 1955년에 타이에서 우리 나라의 진해 내수면 연구소로 이식된 후 국내 여러 곳에서 양식을 시도하여 생산량이 증가하고 있지만, 자연 하천이나 저수지는 동절기 수온이 10℃ 보다 훨씬 낮아 월동이 불가능하므로 정착하기는 어렵다고 본다.

나일틸라피아

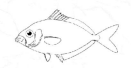

입은 작지만 앞으로 돌출될 수 있는 구조를 가지고 있다. 새막은 협부와 유합되어 있고, 구개골에는 이빨이 없다. 등지느러미의 극조부와 연조부는 연속적이다. 전세계적으로 3속 24종이 있다.

주둥치

164. 주둥치 *Leiognathus nuchalis* (T<small>EMMINCK</small> and S<small>CHLEGEL</small>, 1845)

.... <주둥치과>

영명⇒ spot nape pony fish　방언⇒ 평고기　전장⇒ 10~14cm

형태⇒ 몸은 심하게 측편되어 있다. 제2등지느러미 연조 수 15개, 뒷지느러미 연조 수 15개, 새파 수 20~22개, 척추골 수 24~25개이다. 상악은 하악보다 약간 길다. 상악은 짧아서 후단부가 눈의 전단부에 미치지 못한다. 상악은 복부 방향의 앞으로 신장될 수 있게 되어 있다. 측선은 완전하며, 등 쪽으로 휘어 있다. 항문은 배지느러미 기부 말단에 있다. 꼬리지느러미는 상하 양 엽으로 뚜렷하게 구분되며, 내만되어 있다. 살아 있을 때의 체색은 전체적으로 은백색이지만, 체측 하단부와 복부에는 작은 검은 점들이 산재되어 있고, 등지느러미 기

기부의 바로 아래, 체측 중앙과 그 사이에는 연한 갈색의 종대 무늬가 있다. 등지느러미 기점 앞과 등지느러미 1~4 극조 사이에 안경 크기의 검은 점이 있다. 다른 지느러미에는 검은 점이 없다.

생태⇒ 수심이 얕은 강 하구에서 무리를 지어 서식하며 주로 저서성의 등각류, 단각류, 패류 및 해조류를 먹고 산다. 산란기는 6~8월경이다. 수정란은 무색 투명한 구형 분리 부성란으로, 수온 23℃에서는 수정 후 31시간을 전후하여 부화한다.

분포⇒ 남해안과 서해 남부 등의 강 하구와 일본, 동중국해 및 태평양에도 분포한다.

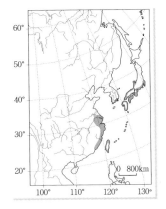

서식지(낙동강 하구 둑)

돛양태과
Callionymidae

머리는 종편되어 넓적하다. 전새개골에는 외부로 뚜렷하게 돌출된 가시가 있다. 등지느러미는 극조와 연조부로 나누어져 있고, 배지느러미는 가슴지느러미와 막으로 연결되어 있다.

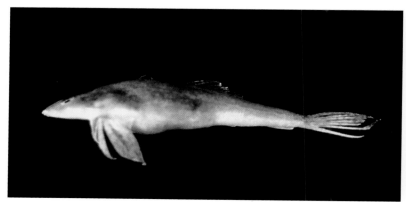

강주걱양태

165. 강주걱양태 *Repomucenus olidus* (GÜNTHER, 1873) ················· <돛양태과 >

영명⇒ dragonet fish   전장⇒ 7cm

형태⇒ 두부는 심하게 종편되어 문단부에서 제2등지느러미 전단부까지는 편평하고 그 다음부터는 원통형을 이룬다. 제2등지느러미 연조 수 9개, 뒷지느러미 연조 수 9개, 새파 수 9개, 척추골 수 22개이다. 눈은 크며, 상악은 하악보다 길어서 전방으로 돌출되어 있다. 상악의 후연은 짧아서 눈의 전단부에 훨씬 미치지 못한다. 새개부에는 전새개골이 외부로 돌출되어 있으며, 끝이 3~5개로 나누어진 작은 거치가 있다. 제1등지느러미는 새공에서 안경 길이만큼 떨어져 있고, 제2등지느러미는 안경 길이만큼 떨어진 곳에서 시작한다. 배지느러미는 가슴지느러미 제일 마지막 연조와 막으로 연결되어 복부를 감싸고 있으며, 뒷지느러미의 전단부에 이른다. 뒷지느러미는 제2등지느러미와 비슷한 위치에서 시작한다. 꼬리지느러미 후단은 둥근 모양이다. 측선은 새공의 바로 뒤에서 시작하여 미병부까지 완전하다. 체색은 두부, 등 쪽과 체측 상단부는 갈색이고, 체측 하단부와 복부는 거의 흰색이다. 등 쪽에는 많은 흰색 반점이 흩어져 있다. 제1등지느러미는 전체가 검고, 제2등지느러미와 뒷지느러미는 거의 투명하다. 꼬리지느러미, 가슴지느러미 및 배지느러미에는 작은 반점이 흩어져 있다.

생태⇒ 기수역의 모랫바닥에 살면서 다모류 등의 저서 동물을 먹는다. 수컷은 암컷보다 등지느러미와 뒷지느러미가 약간 길고, 생식 돌기가 돌출되어 있다.

분포⇒ 금강 중·하류의 강경과 동진강 하구인 부안에서 채집되며, 중국 남부에 분포한다.

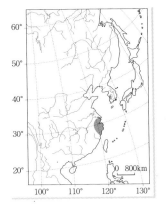

서식지(전북 군산)

망둑어과 어류와 비슷하지만 배지느러미 기부가 유합되어 있지 않고 분리되었다. 전새개골 후연에 1개의 가시가 있다. 한국산 구굴무치과에는 1속 1종이 알려져 있다.

구굴무치-송호복 박사 제공

166. 구굴무치 *Eleotris oxycephala* TEMMINCK and SCHLEGEL, 1845 ··· <구굴무치과>

영명⇒ spined sleeper   방언⇒ 남껄껄이   전장⇒ 15cm

형태⇒ 몸은 측편이지만 머리는 종편이다. 제2등지느러미 연조 수 8~9개, 뒷지느러미 연조 수 8~9개, 종렬비늘 수 45~50개이다. 하악은 상악보다 약간 길고 양안 간격은 약간 넓다. 새개부에는 새개골 가시가 1개 있다. 꼬리지느러미와 가슴지느러미의 외연은 둥글고, 배지느러미는 유합되지 않고 분리되었다. 몸은 진한 녹색으로 등 쪽은 진하지만 배 쪽은 연하다.

생태⇒ 강에서 부화한 치어는 바다로 이동하여 성장한다. 성어는 유속이 완만한 강 하구의 수초나 돌 밑에서 생활하며, 밤에 게나 새우류 및 다모류를 먹는다.

분포⇒ 제주도에 출현 기록이 있고, 중국과 일본에 분포한다.

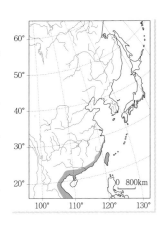

동사리과
Odontobutidae

 망둑어과 어류와 체형이 유사하지만 견갑골(scapula)이 크고, 6개의 새
조골이 있으며, 측선이 없다. 전세계적으로 3속 5종이 분포한다.

동사리

167. 동사리 *Odontobutis platycephala* IWATA and JEON, 1985 ·········· <동사리과>

영명⇒Korean dark sleeper   방언⇒뚝지   전장⇒10~13cm

형태⇒ 몸의 앞부분은 단면이 원통형이나 뒤로 갈수록 옆으로 납작해져 꼬리자루까지 이어진
다. 제2등지느러미 연조 수 7~8개, 뒷지느러미 연조 수 6~7개, 측선 비늘 수 45~50개, 새
파 수 8~9개, 척추골 수 30~32개이다. 눈은 작고 머리의 등 쪽에 있다. 주둥이는 크고, 입
은 그 끝에 열리는데 크며, 약간 비스듬하다. 하악은 상악보다 약간 앞으로 돌출되었다. 전
새개골에는 가시가 없다. 악골에는 날카로운 이빨이 다수 있으나 서골과 구개골에는 없다.
혀의 전단부는 반듯하다. 배지느러미는 가슴지느러미의 아래쪽에 있다. 배지느러미 기부는
유합되어 있지 않다. 항문과 생식공은 뒷지느러미의 바로 앞에 있다. 꼬리지느러미 후연부
는 둥글다. 산란기 수컷의 가슴지느러미, 뒷지느러미 및 꼬리지느러미는 암컷보다 진하다.
체색은 황갈색으로 암갈색 반문이 지저분하게 있으며, 제1등지느러미의 기저 중간 부분, 제
1등지느러미의 기저 후부, 그리고 꼬리지느러미의 기부에 커다란 검은색 반점이 있다. 각
지느러미에는 작은 검은 반점이 점열하여 가로무늬처럼 보인다.

생태⇒ 하천 상·중류의 유속이 완만하고 모래나 자갈이 많은 곳에 서식하며, 수서 곤충이나 작은 어류 등을 섭식한다. 동사리의 성어는 여울부보다는 주로 늪에서 서식하며, 물의 흐름이 느린 하천 연안부의 돌 밑이나 모래가 움푹 팬 곳의 밑바닥에 붙어 있는 경우가 많다.
분포⇒ 한국 고유종으로, 우리 나라 거의 전역에 서식한다.

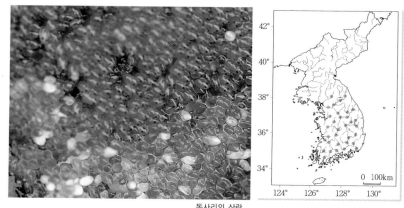
동사리의 산란

동사리

동사리-송호복 박사 제공

얼록동사리

168. 얼록동사리 *Odontobutis interrupta* IWATA and JEON, 1985 ······ <동사리과>

영명⇒ dark sleeper   방언⇒ 뚝지   전장⇒ 10~15cm

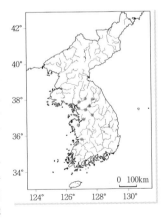

형태⇒ 몸의 앞부분은 거의 원통형이고 뒤로 갈수록 차
차 옆으로 납작하다. 제2등지느러미 연조 수 8~9개,
뒷지느러미 연조 수 6~8개, 측선 비늘 수 38~41개,
척추골 수 29~31개이다. 눈은 아주 작고 머리의 등
쪽에 편중되었다. 주둥이는 길고 입은 크며, 주둥이 끝
에서 아래를 향해 비스듬히 열려 있다. 하악은 상악보
다 앞으로 돌출하였다. 악골에는 이빨이 있으나 서골
과 구개골에는 없다. 혀의 전단부는 반듯하거나 중앙
부가 약간 내만되어 있다. 가슴지느러미와 꼬리지느러
미의 외연은 둥글다. 체색은 황갈색으로 배 쪽은 밝은
노란색이며, 몸의 옆면에는 제1등지느러미 기저의 중
앙부, 제2등지느러미 후반부 및 꼬리지느러미 기부에
커다란 검은색 반점이 있다. 가슴지느러미 기부에도 2
개의 검은 점이 있다. 모든 지느러미에는 작은 반점이 점열하여 가로무늬처럼 보인다.
생태⇒ 하천 중·하류의 유속이 완만하고 자갈이 많은 곳에 서식하며, 수서 곤충이나 작은 어
류를 섭식한다.
분포⇒ 한국 고유종으로, 금강과 만경강 이북의 서해로 유입하는 하천에서만 나타난다.

얼록동사리-송호복 박사 제공

서식지(경기 가평)

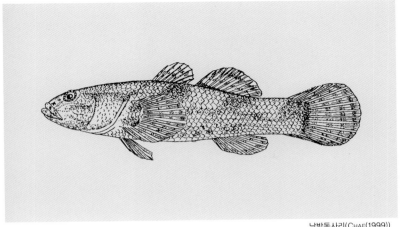

남방동사리(CHAE(1999))

169. 남방동사리 *Odontobutis obscura* (TEMMINCK and SCHLEGEL, 1845)

<동사리과>

전장⟹ 14cm

형태⟹ 몸 앞부분은 원통형이지만 후반부는 측편이다.
제2등지느러미 연조 수 9~10개, 뒷지느러미 연조 수
7~9개, 측선 비늘 수 34~42개이다. 눈은 작고 주둥
이는 길며 입은 크다. 양악에는 이빨이 있으나 입천장
과 서골에는 없다. 양안 간격은 안경보다 넓다. 가슴지
느러미와 꼬리지느러미의 후연은 둥글다. 살아 있을
때 머리와 몸통은 진한 갈색이고 복부는 노란색이다.
체측에 뚜렷한 흑갈색 구름 모양 반점이 3개 있는데
첫째 번 반점은 제1등지느러미 기저 중앙에서 시작된
다. 모든 지느러미에는 여러 줄의 무늬가 있다.

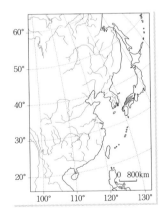

생태⟹ 하천의 중·하류나 기수역의 진흙이 많은 저수지
나 웅덩이에서 주로 밤에 활동하면서 비교적 큰 수서
곤충의 유충이나 갑각류 및 어류를 섭식한다. 산란기
는 4~7월로, 하천 바닥에 있는 큰 돌 밑에 알을 낳으면 수컷이 보호한다.

분포⟹ 거제도와 일본의 남서부에 분포한다.

참고⟹ CHAE(1999)는 이 종이 우리 나라 거제도에서 출현함을 처음으로 보고하였다.

좀구굴치(상 : ♂, 하 : ♀)

170. 좀구굴치 *Micropercops swinhonis* (GüNTHER, 1873) ·············· <동사리과>

전장⇒ 4~5cm

형태⇒ 소형종으로 몸과 머리는 측편되었다. 제2등지느러미 연조 수 9~11개, 뒷지느러미 연조 수 6~8개, 종렬 비늘 수 33~37개, 새파 수 11~14개, 척추골 수 32~35개이다. 입은 위를 향해 비스듬히 열리며, 하악이 상악보다 앞으로 돌출되었다. 악골에는 이빨이 있으나 서골과 구개골에는 없다. 비늘은 즐린이다. 눈은 약간 위쪽으로 돌출되었으며, 양 눈 사이는 눈의 지름보다 넓고 오목하다. 등지느러미는 2개로 서로 근접하여 있다. 꼬리지느러미의 후연은 둥글다. 수컷은 황갈색으로 체측에 8~10개의 검은색 가로무늬가 있고, 암컷은 회갈색으로 체측에 검은색 가로무늬가 희미하게 있다. 눈 하단의 전새개부에는 검은색 줄무늬가 있다. 또, 수컷은 복부와 뒷지느러미 기부, 꼬리지느러미 하단에 진한 주황색을 나타낸다. 암컷은 지느러미가 무색이지만 산란기에는 뒷지느러미와 꼬리지느러미 기부에 노란색을 띤다. 제2등지느러미와 꼬리지느러미에 5~6개의 반점이 있다.

생태⇒ 농수로나 유속이 느린 하천의 수초가 많은 곳에 주로 서식한다. 주로 요각류, 깔따구류 및 실지렁이와 같은 움직임이 있는 동물성 먹이를 섭식한다. 산란기가 되면 수컷은 하천 바닥의 돌을 깨끗이 청소하여 산란장을 만들고 세력권을 형성한다. 암컷이 자신의 영역 안에 들어오면 수컷은 암컷과 나란히 하여 몸을 좌우로 흔들어 유인하여(zigzag dance) 암컷이 몸을 떠는 반응을 보일 때 수컷은 암컷을 인도하여 배 복역위의 자세로 산란 장소를 지시한다. 암컷이 이 지시에 따라 입을 약간 벌리고 몸을 떨면서 배 복역위 자세로 10~20개의 알을 낳으면 바로 수컷이 생식 돌기를 알에 비비면서 정자를 내어 수정시킨다.

분포⇒ 전북 진안군 마령, 부안군 청호 저수지와 고창군 흥덕면, 그리고 전주 만경강에서 채집되었으나 그 밖의 다른 지방에서는 채집 기록이 없다. 중국에도 분포한다.

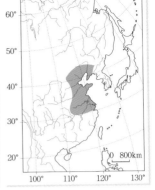

종구굴치의 알 보호 행동

종구굴치의 알

종구굴치 난 발생

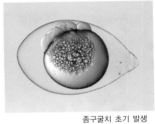

종구굴치 초기 발생

서식지(전북 완주 삼례)

망둑어과
Gobiidae

좌우 배지느러미는 유합되어 마치 흡반과 같은 모양이다. 새조골 수는 5개이며, 등지느러미의 극조부에 2~8개의 부드러운 극조가 있다. 눈은 두부의 측면이나 정상부에 있다. 전세계적으로 212속 1875종이 분포하는 것으로 알려져 있다.

날망둑(♂)

171. 날망둑

Chaenogobius
castaneus
(O'SHAUGHNESSY,
1875)

················· <망둑어과>

영명⇒ chestnut goby
방언⇒ 날살망둑어
전장⇒ 8~9cm

형태⇒ 머리는 원통형이며, 가슴지느러미 주변은 좌우로 약간 측편되었다. 제2등지느러미 연조 수 9~10개, 뒷지느러미 연조 수 8개, 종렬 비늘 수 65~73개, 새파 수 11~23개이다. 눈은 작고 머리의 정상부에 있다. 상악과 하악은 크기가 거의 동일하며, 상악은 비교적 작아서 눈의 전단부에 이른다. 악골에는 융모형의 매우 작은 이빨들이 있다. 꼬리지느러미의 후연은 둥글다. 복부를 제외한 몸 표면은 흑갈색이고

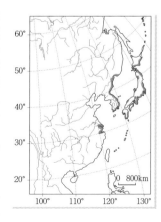

체측면에는 눈 크기의 연한 노란색 가로무늬가 다수 있다. 복부는 거의 흰색이거나 연한 노란색이다. 가슴지느러미는 거의 흰색이다. 제 1,2등지느러미에는 검은색 반점들이 줄지어 있는 종대무늬가 5열로 배열되어 있다. 산란기의 암컷은 등지느러미와 배지느러미 및 뒷지느러미에 검은색 색소가 뚜렷하게 침적되어 있다. 특히 뒷지느러미의 마지막 2~3째 번 연조에는 진한 검은색 색소가 침적되어 있다.

생태⟹ 바닥이 모래로 구성된 강 하구와 인접된 연안에서 동물성 플랑크톤 혹은 저서성 소동물을 먹고 산다. 산란기는 1~4월이다.

분포⟹ 동해안으로 유입되는 경남 일대의 하천 및 남해 연안과 부안, 철원에 분포한다.

날망둑(♀)

날망둑(♀)

꾹저구

172. 꾹저구 *Chaenogobius urotaenia* (HILGENDORF, 1879) ·············· <망둑어과 >

영명⇒ floating goby   전장⇒ 14cm

형태⇒ 머리는 상하로 심하게 종편되었고, 체측은 좌우로 약간 측편되었으며, 제2등지느러미 부근에서는 심하게 측편되어 있다. 제2등지느러미 연조 수 9~12개, 뒷지느러미 연조 수 10~11개, 종렬 비늘 수 69~77개, 새파 수 8~11개, 척추골 수 34~35개이다. 눈은 비교적 크고, 양안 간격은 다른 망둑어류에 비하여 많이 떨어져 있다. 상악은 하악과 비교하여 거의 비슷하거나 약간 길다. 상악의 후단부는 눈의 후연에 이른다. 악골에는 가늘고 작은 융모형의 이빨들이 밀생되어 있고, 서골과 구개골에는 이빨이 없다. 혀의 전단부는 중앙 부근이 약간 내만되어 있다. 비늘은 원린이며, 두부에는 비늘이 없다. 꼬리지느러미의 후연은 둥글다. 몸

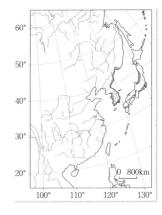

은 황갈색 바탕에 검은색 반점이 산재하는데, 체측 중앙에는 약 7개의 넓은 반점이 있고, 이 위쪽에도 아주 넓은 3~4개의 반점이 있다. 등지느러미와 꼬리지느러미에는 3~4줄의 가로무늬가 있으며, 제1등지느러미의 가장자리에는 검은색 반점이 있다. 가슴지느러미에는 특별한 반문이 없다. 뒷지느러미와 꼬리지느러미는 가장자리를 제외하고 전체 면에 검은색 반점들이 침적되어 연한 검은색을 나타내지만, 가장자리는 거의 흰색이다.

생태⇒ 주로 강 하구 자갈 바닥의 유속이 빠른 담수역에 서식하며, 수서 곤충을 섭식한다. 산

란기는 5~7월로 추정되며, 치어는 유속이 완만한 웅덩이의 중층에 표류하며 산다.

분포⟹ 우리 나라 전 연안의 기수역과 중·하류에 나타나며, 일본과 시베리아에 분포한다.

꾹저구(♂)

꾹저구(♀)

서식지(전남 완도 신계리)

왜꾹저구(♂)

173. 왜꾹저구 *Chaenogobius macrognathus* (BLEEKER, 1860) ⋯⋯⋯ <망둑어과>

방언⇒ 밀기망둥어   전장⇒ 4cm

형태⇒ 소형종으로 두부는 상하로 종편되었고, 체측은 좌우로 측편되었다. 제2등지느러미 연조 수 11~12개, 뒷지느러미 연조 수 9~11개, 종렬 비늘 수 49~53개, 척추골 수 34~35개이다. 하악 밑은 주름져 있고 검으며, 눈은 주홍색이고 비늘은 촘촘하지 않게 피부에 묻혀 있다. 상악은 길어서 눈의 후단부를 훨씬 지난다. 악골에는 작고 부드러운 융모형의 이빨이 밀생되어 있고, 혀의 중앙부는 약간 내만되어 있다. 등지느러미 기조 앞과 배에는 비늘이 없다. 암컷은 제1등지느러미 4~5째 번 극조의 끝이 실처럼 길지만, 수컷은 제1등지느러미 기조 끝이 길지 않다. 몸은 연한 노란색이거나 담회색이다. 암컷은 새개에서 뒷지느러미 기부 사이의 체측 하단부가 성숙된 알로 충만되어 연한 노란

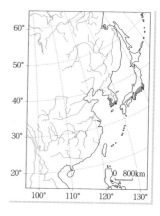

색을 나타내지만, 수컷은 특별한 색채를 띠지 않는다. 산란기의 암컷은 제1 ,2등지느러미와 뒷지느러미의 가장자리에 뚜렷한 검은색 반점들이 있어 검게 보인다. 배지느러미도 약간 검게 보인다.

생태⇒ 하구부 기수역의 모래와 진흙 바닥에서 산다. 산란기는 2~4월로 추정된다. 1~4월 말까지 강 하구의 실뱀장어를 포획하는 과정에서 함께 포획된다.

분포⇒ 동진강, 만경강, 금강 하류 및 섬진강 하구에서 출현하며, 일본의 연안과 강 하구에도 분포한다.

문절망둑

174. 문절망둑 *Acanthogobius flavimanus* (TEMMINCK and SCHLEGEL, 1845)

<망둑어과>

영명⇒ oriental goby   방언⇒ 망둥어   전장⇒ 25cm

형태⇒ 몸의 앞쪽은 원통형이고, 새개 후단부터 좌우로 측편되었다. 상악이 하악보다 약간 길다. 제2등지느러미 연조 수 12~14개, 뒷지느러미 연조 수 10~12개, 종렬 비늘 수 45~61개, 척추골 수 33개이다. 악골에는 이빨이 있으나 서골과 구개골에는 없다. 혀의 전단부는 반듯하다. 입은 복부 방향으로 약간 열려 있다. 눈은 머리의 정상부에 있다. 뺨과 새개부의 위쪽, 후두부는 아주 작은 원린으로 덮여 있고, 체측은 즐린으로 덮여 있다. 배지느러미는 유합되어 흡반을 형성하고 긴 타원형을 이룬다. 배지느러미는 가슴지느러미 기부보다 약간 후방에서 시작한다. 꼬리지느러미의 후연은

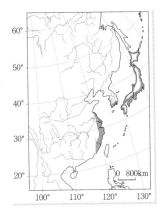

둥글다. 몸은 담황갈색 또는 담회황색으로 등 쪽은 짙고 배 쪽은 연하다. 체측 중앙에는 불규칙한 반문이 이어져 있으며, 꼬리지느러미 기저의 것이 가장 뚜렷하다. 등지느러미에는 검은 반점이 비스듬한 열을 이루고, 꼬리지느러미의 위쪽 2/3는 톱니 모양의 반점이 열을 이루어 체측 중앙에는 불규칙한 반문이 이어진다. 배지느러미와 뒷지느러미에는 반문이 없다. 산란기의 암컷은 머리 아랫부분과 뒷지느러미가 검어진다.

생태⇒ 강의 기수역이나 내만에 서식하며, 여름에는 다수의 어린 개체가 하구의 간석지나 하천의 하류역까지 침입한다. 저서성의 소형 갑각류, 작은 어류와 조류를 섭식한다. 산란기는

2~5월로 알려져 있으며, 수컷이 편평한 Y자 모양의 산란실을 조간대 개펄에 수직으로 만든다. 암컷 1마리가 지닌 포란 수는 8600~16,800개 정도이다.

분포⇒ 남해안 및 서해안에 인접한 강 하구, 일본 및 중국에 분포한다.

문절망둑

서식지(낙동강 하구)

왜풀망둑

175. 왜풀망둑 *Acanthogobius elongata* (Ni and Wu, 1985) ·············· <망둑어과>

전장⇒ 9cm

형태⇒ 몸은 가늘고 길며, 몸의 앞쪽은 원통형이지만 뒤쪽은 측편되었다. 제2등지느러미 연조 수 12~13개, 뒷지느러미 연조 수 10~12개, 종렬 비늘 수 32~40개, 척추골 수 32개이다. 눈은 작고 두부의 정상부에 있다. 상악은 하악보다 약간 길며, 상악은 비교적 짧아서 눈의 전단부에도 미치지 못한다. 악골에는 이빨이 있으나 서골과 구개골에는 없다. 혀의 전단부는 절형이다. 입은 정면에 있지 않고 복부 방향에 있다. 좌우 배지느러미는 유합되어 흡반을 형성하고 있다. 뒷지느러미는 제2등지느러미 바로 아래쪽에 있고, 몸의 중앙보다 앞쪽에서 시작한다. 꼬리지느러미 기조는 다른 지느러미에 비하여 약간 길고 후연은 둥글다. 뺨, 새개부, 후두부에는 비늘이 없으나 수컷의 생식공 돌기는

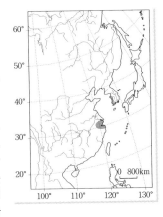

뾰족하고 암컷의 생식공 돌기는 끝이 잘린 원추형이다. 살아 있을 때는 거의 반투명하지만 포르말린 용액에 고정되면 옅은 황회색을 띤다. 체측 상단부는 약간 어둡고 아래쪽은 밝다. 지느러미에는 반문이 없고, 등지느러미, 뒷지느러미 및 꼬리지느러미 가장자리는 밝은 흰색 띠를 이룬다. 산란기에는 수컷의 배지느러미, 뒷지느러미, 꼬리지느러미, 복부 및 두부가 어두운 색으로 변한다.

생태⇒ 주로 조간대의 조수 웅덩이(tidepool)에 서식하고, 3~4월에 강 하구로 이동하여 실뱀장어와 새우잡이 그물에 포획된다. 먹이는 주로 동물성 플랑크톤인 요각류들이다. 산란기는 3월 말~6월 초로 알려져 있다. 포란 수는 2800~4600개이다.

분포⇒ 서해 및 남해 서부 연안과, 동중국해, 남중국 연안의 기수역에 분포한다.

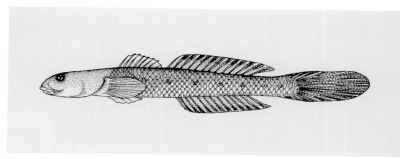

왜풀망둑

서식지(전북 부안 해창)

흰발망둑(♂)

흰발망둑(♀)

176. 흰발망둑

*Acanthogobius
lactipes*
(HILGENDORF,
1879)

········ <망둑어과>

영명⇒ white ventral
goby
방언⇒ 흰발망둥어
전장⇒ 7cm

형태⇒ 머리는 거의 원통형이지만, 가슴지느러미부터는 좌우로 약간 측편되었다. 제2등지느러미 연조 수 10~11개, 뒷지느러미 연조 수 9~11개, 종렬 비늘 수 33~37개, 새파 수 10~13개, 척추골 수 32개이다. 눈은 머리 위쪽에 있고 입은 크며 상악과 하악의 길이는 거의 비슷하다. 악골에는 이빨이 있으나 서골과 구개골에는 없다. 혀의 전단부는 둥글거나 반듯하다. 상악 후연은 눈의 중앙을 약간 못 미친다. 뺨,

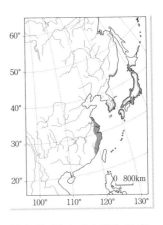

새개부, 후두부에는 비늘이 없고, 체측은 즐린으로 덮여 있다. 등지느러미는 2개이며, 산란기의 수컷은 제1등지느러미의 가시가 실 모양으

로 길어지고 제2등지느러미와 뒷지느러미도 길어져 그 끝이 꼬리지느러미 기부까지 달한다. 몸은 황갈색으로 체측 상단은 불규칙한 반문이 꼬리지느러미 기저까지 이어져 있고, 체측 중앙에는 약간 짙은 불규칙한 반문이 꼬리지느러미 기저까지 있다. 등지느러미에는 희미한 반점이 배열되어 있고, 꼬리지느러미 위쪽 2/3는 검은 반점이 있다. 산란기의 암컷은 제1등지느러미 후방에 1개의 검은색 반점이 나타나는데, 수컷의 경우는 더욱 뚜렷하다. 체측에는 11~12개의 담황색의 횡대가 나타나며, 배지느러미 중앙을 제외한 가장자리와 뒷지느러미가 검게 보인다. 산란기에는 성적 이형이 뚜렷하게 나타나는데, 수컷은 암컷에 비하여 약간 왜소하고 원통형에 가깝다.

생태⇒ 산란기는 5~9월로 하천에서 부화하여 바다로 내려간다. 하구의 모래나 갯벌의 웅덩이에 서식하며, 거의 담수인 곳에서부터 해수까지 서식하고 있어 염분 농도 변화에 적응도가 높다. 잡식성으로 저서 동물이나 조류를 먹는다.

분포⇒ 우리 나라에서는 거의 전 연안과 강 하류에 나타나며, 일본과 중국에도 분포한다.

서식지(전북 부안 해창)

비늘흰발망둑

177. 비늘흰발망둑 *Acanthogobius luridus* (Ni and Wu, 1985) ········ <망둑어과>

전장⇒6cm

형태⇒ 머리는 원통형이지만 몸통은 좌우로 측편되어 있
다. 제2등지느러미 연조 수 10~11개, 뒷지느러미 연
조 수 9~10개, 종렬 비늘 수 33~37개, 척추골 수
29~33개이다. 눈은 크고 양안은 거의 밀착되어 있으
며, 두부의 정상에 있다. 상악과 하악은 크기가 거의
같고, 상악은 작아서 눈의 전단부에 이르지 못한다. 악
골에는 이빨이 있으나 서골과 구개골에는 없다. 혀는
전단부의 중앙이 약간 내만되어 있다. 새개 상단에
4~7개의 둥근 비늘이 있으며, 후두부에도 둥근 비늘
이 조밀하게 나타나므로 흰발망둑과 쉽게 구별된다.
뺨에는 비늘이 없다. 체색은 황갈색 바탕에 체측의 위
쪽에 불규칙한 반점이 산재하고 아래쪽에는 반점이 없
다. 체측 중앙에는 8~11개의 불규칙한 반문이 있다.

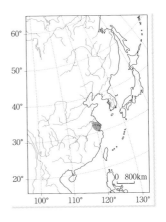

산란기의 암컷은 배지느러미 중앙 부분을 제외한 가장자리와 뒷지느러미가 검게 변하며, 수
컷은 제1등지느러미의 극조가 실처럼 연장되지 않는다.
생태⇒ 산란기는 5월 초~7월 초로 추정된다.
분포⇒ 서해 연안과 하구에서 채집되며, 중국에 분포한다.

풀망둑

178. 풀망둑 *Synechogobius hasta* (TEMMINCK and SCHLEGEL, 1845) ···· <망둑어과>

방언⟹ 큰망둥어　전장⟹ 53cm

형태⟹ 산란기 전까지의 체형은 문절망둑과 아주 유사하
나 성장함에 따라 몸이 홀쭉해지고 길어진다. 망둑어
류 가운데 가장 큰 종류이다. 제2등지느러미 연조 수
18~20개, 뒷지느러미 연조 수 14~17개, 종렬 비늘
수 56~69개, 새파 수 10~14개, 척추골 수 42~43개
이다. 뺨과 새개부의 위쪽, 후두부는 아주 작은 원린으
로, 체측은 즐린으로 덮여 있다. 하악 봉합부 바로 뒤
의 양쪽에 짧은 수염 같은 돌기가 1개씩 있다. 몸은 옅
은 갈색 또는 회색 바탕에 복부는 희고 약간 푸르스름
한 빛깔을 띤다. 어린 개체에서는 체측 중앙에 9~12
개의 갈색 반점이 뚜렷하지만 성장함에 따라 반점은
희미해진다. 등지느러미는 희미한 반점이 비스듬히 배
열되고, 꼬리지느러미는 반문이 없고 약간 짙은 회갈

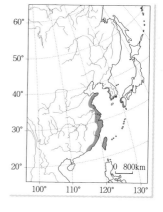

색을 띤다. 배지느러미와 뒷지느러미는 반문이 없다. 산란기의 암컷은 주둥이 부근과 가슴
지느러미 및 꼬리지느러미가 연한 노란색을 띤다.
생태⟹ 강 하구 기수역에 서식하며, 주로 게, 소형 어류, 새우류, 두족류 및 갯지렁이 등의 작
은 동물을 섭식한다. 산란기는 4월 말~5월 중순이며, 대부분은 5월 중순 이후 산란을 끝내
고 죽는다. 수조 내에서 관찰하면 산란은 모두 아침에 2~4시간에 걸쳐 이루어지며,
15,000~51,000개의 알이 파이프 내부의 위쪽 면에 1층으로 부착된다.
분포⟹ 동해 북부를 제외한 전 연안에 출현하지만, 주로 서해와 남해 서부에 많이 출현한다.
중국, 일본, 인도네시아 등지에도 분포한다.

풀망둑

서식지(전북 만경 만경강 하구)

열동갈문절

179. 열동갈문절

Sicyopterus japonicus
(TANAKA, 1909)
·············· <망둑어과>

영명⇒ parrot goby
전장⇒ 8cm

형태⇒ 몸은 원통형이며 뒤쪽으로 갈수록 약간 측편되었다. 제2등지느러미 연조 수 11개, 뒷지느러미 연조 수 11개, 종렬 비늘 수 54~61개이다. 꼬리지느러미 후연은 둥글다. 몸은 연한 갈색 혹은 진한 갈색이지만 복부는 밝은 색이다. 체측면에는 10개의 담갈색 횡반이 있다.

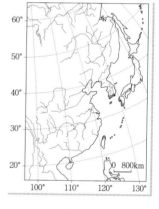

생태⇒ 하천 중·하류에서 부착 조류를 먹고 산다. 배지느러미는 흡착력이 매우 강하다. 산란기는 7~8월이며, 수심 20~70cm 정도의 평탄한 여울의 평편한 돌 아랫면에 여러 층으로 겹쳐서 알을 낳는다.

분포⇒ 우리 나라 남해안에 인접한 강 하구에 살며 일본, 타이완, 하와이 및 서인도양 연안에 산다.

참고⇒ 수컷은 부화할 때까지 알을 보호하는 습성이 있다.

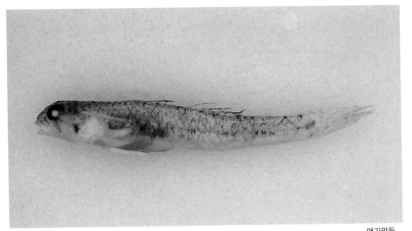

애기망둑

망둑어과(Gobiidae)

180. 애기망둑

Pseudogobius
masago
(TOMIYAMA, 1936)
········ <망둑어과>

전장⇒ 3cm

형태⇒ 몸은 소형으로 머리는 원통형이나 미병부는 측편되었다. 제 2등지느러미 연조 수 7개, 뒷지느러미 연조 수 7개, 종렬 비늘 수 28개, 척추골 수 26개이다. 꼬리지느러미 외연은 둥글다. 체측 상단부 비늘 후연에 흑갈색 색소가 침적되어 초승달 모양의 반문이 이어진다.

생태⇒ 하천 하류 기수역과 인접한 연안에 서식하면서 가끔 담수역에 들어온다. 진흙 바닥에 살면서 5~6월에 산란한다.

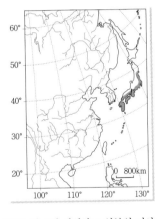

분포⇒ 영산강 하류(목포, 영암)와 만경강 하구에 서식하고 일본의 미야자키현에서 오키나와까지 분포한다.

참고⇒ 김 등(1986)은 영산강 하구에서 이 종의 표본을 국내에서 처음으로 채집하여 미기록종으로 보고하였다.

무늬망둑

181. 무늬망둑

Bathygobius fuscus
(RUPPEL, 1830)

·············· <망둑어과>

영명⇒ brown goby
전장⇒ 9cm

형태⇒ 몸과 머리는 위아래로 납작하지만, 뒤로 갈수록 점차 옆으로 납작해진다. 제2등지느러미 연조 수 9~10개, 뒷지느러미 연조 수 7~8개, 종렬 비늘 수 35~37개, 새파 수 8개, 척추골 수 26~28개이다. 머리는 큰 편이고, 눈은 머리의 등 쪽에 치우치며, 주둥이는 짧고 끝이 뾰족하다. 상악은 하악보다 약간 길다. 혀는 뭉툭하고 전단부가 반듯하다. 머리의 비늘은 원린이며, 체측에는 즐린이 덮여 있다. 꼬리

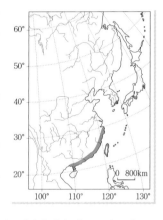

지느러미의 후연은 둥글다. 가슴지느러미의 상부 기조는 실 모양으로 나누어진 부분이 있다. 체색은 암갈색 바탕에 몸의 옆면에는 검고 큰 반점이 있다. 제1등지느러미의 가운데 부분에는 갈색의 넓은 반점이 있고, 제2등지느러미와 뒷지느러미에는 갈색의 가로줄 무늬가 있다. 뒷지느러미는 반문이 없고 가장자리는 약간 검다.

생태⇒ 여름에 돌 밑이나 빈 조개 껍데기에 산란한다.

분포⇒ 낙동강 하구와 남해 연안(통영, 제주도)에서 출현하며, 일본, 인도-태평양, 아프리카 및 북아메리카에도 분포한다.

갈문망둑

182. 갈문망둑

Rhinogobius
giurinus
(RUTTER, 1897)
.... < 망둑어과 >

영명⇒ paradise
goby
방언⇒ 경기매지
전장⇒ 7~9cm

형태⇒ 몸의 앞부분은 원통형이고 뒤로 갈수록 차츰 옆으로 납작해지며, 머리 앞부분은 위아래로 납작하다. 제2등지느러미 연조 수 7~8개, 뒷지느러미 연조 수 8개, 종렬 비늘 수 29~30개, 새파 수 9개, 척추골 수 26~27개이다. 측선은 없다. 몸의 형태와 체색 반문은 밀어와 유사하나 배지느러미의 흡반이 타원형이므로 밀어와 구분된다. 체색은 담갈색으로 체측 중앙에는 7~8개의 암갈색 반점이 있다.

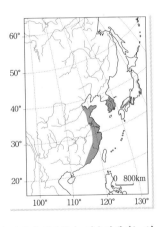

생태⇒ 하천 하류역과 기수역의 자갈 바닥에 서식한다. 기수역에서는 염분 농도가 낮은 곳에 많으며, 하천 하류역에서는 흡반의 흡착력이 약해서 흐름이 없는 곳에 많다. 잡식성으로 작은 저서 동물이나 수서 곤충 등을 주식으로 하지만 부착 조류를 섭식하기도 한다. 산란기는 7~8월로, 바닥에 절반 정도 묻힌 돌 아랫면에 알을 1층으로 조밀하게 부착시키고, 수컷이 보호한다. 알은 곤봉 모양이다.

분포⇒ 우리 나라 남한 전역의 하천과 저수지 및 제주도 천지연 폭포에 서식하며, 중국, 일본, 연해주 등지에도 분포한다.

갈문망둑과 성숙된 알

갈문망둑의 산란

서식지(전북 고산)

밀망둑속의 분류와 변이 연구

　밀망둑속(*Rhinogobius*)의 밀어(*R. brunneus*)는 세계적으로 약 20여 개의 동종 이명(synonym)이 있을 정도로 반문과 체색이 다양하여 일본에서는 8개의 반문형이 보고되었고, 타이완에도 3가지 반문형이 보고되었으나 아직도 분류학적으로 정리가 되지 않은 실정이다.

　최근 국내의 여러 지리 집단에 대한 유전적인 분석 결과, 일본과 타이완의 집단과 구별되는 A, B, C 타입으로 구분되었다. 그리고 갈문망둑(*R. giurinus*)도 제주도산과 내륙 지방산의 두 타입으로 분류되어 추후 종합적인 조사 연구가 요망된다(김종범, 1995).

밀어

183. 밀어 *Rhinogobius brunneus* (TEMMINCK and SCHLEGEL, 1845) … <망둑어과>

영명⇒ common freshwater goby   방언⇒ 퉁거니   전장⇒ 8cm

형태⇒ 머리는 종편되어 있고, 몸통은 원통형으로 차츰 측편되었다. 제2등지느러미 연조 수 8~9개, 뒷지느러미 연조 수 7~9개, 종렬 비늘 수 30~35개, 새파 수 11~13개이다. 주둥이의 외연은 둥글고 상악은 하악보다 약간 길어 전방으로 돌출되어 있다. 악골에는 이빨이 없거나 연한 융모형의 이빨이 있다. 혀의 전단부는 둥근 형태이다. 꼬리지느러미의 후연은 둥글다. 배지느러미는 유합되어 있으며, 크기가 매우 작고 원형을 이루고 있다. 체색과 반문은 변이가 많은데, 보통 담갈색 바탕에 체측 중앙에는 7개 정도의 큰 암갈색 반점이 있으며, 등지느러미, 뒷지느러미 및 꼬리지느러미에는 여러 줄의 가로무늬가 있다. 눈 앞쪽에는 황갈색의 너비가 좁은 V자형 반문이 있다. 배지느러미

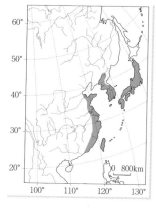

의 흡반 모양은 둥글고, 수컷은 제1등지느러미의 제1기조가 신장되었다. 산란기의 수컷은 노란색을 많이 띠지만 변이가 심하다.

생태⇒ 하천 중류의 여울부에서 하류까지 널리 서식하며, 수서 곤충과 부착 조류를 주로 섭식한다. 산란기는 5~7월로 돌 밑에 좁은 틈을 만들고 알을 1층으로 붙이며, 산란 후에는 수컷이 알을 지킨다. 수정된 알은 20~22℃에서 3~4일이면 부화한다.

분포⇒ 우리 나라에서는 제주도와 울릉도를 포함한 전 담수역에 나타나며, 중국, 일본, 연해주 등지에도 분포한다.

밀어

서식지(전북 무주)

민물두줄망둑

184. 민물두줄망둑 *Tridentiger bifasciatus* STEINDACHNER, 1881

<망둑어과>

방언⇒ 줄무늬매지   전장⇒ 8cm

형태⇒ 몸은 짧고, 앞부분의 단면은 원형에 가까우나 뒤로 갈수록 차츰 옆으로 납작해진다. 제2등지느러미 연조 수 12개, 뒷지느러미 연조 수 10~11개, 종렬 비늘 수 50~60개, 새파 수 10~11개이다. 머리는 위아래로 약간 납작하며, 주둥이는 끝이 뭉툭하고, 꼬리지느러미의 후연은 둥글다. 산란기의 수컷은 주둥이와 새개부가 커지고 불룩하며 체측의 줄무늬는 선명하지 않다. 암컷에서는 뚜렷한 변화가 없다. 몸은 연한 갈색으로 체측 중앙과 등지느러미 기부 아래쪽에 2개의 암갈색 줄무늬가 있는데, 체측 중앙의 것은 주둥이 끝에서 미병부까지 길게 이어진다. 새개 위에는 흰 점이 산재하며, 등지느러미 외연은 노란색을 띠나 고정하면 밝은 색으로 변한다. 색채와 반문의 변이가 심하다.

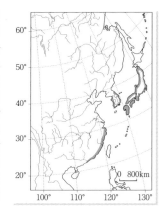

생태⇒ 바위나 암벽 혹은 개펄로 된 강 하구의 기수 및 담수역에 서식한다. 주로 작은 갑각류, 따개비류 및 갯지렁이류를 먹고 산다. 수조 내에서 관찰된 수컷은 PVC 파이프를 산란장으로 선택하고 다른 수컷의 접근에 대해 심한 세력권을 보이지만, 암컷이 접근하면 구애 행동으로 암컷을 PVC 파이프 안으로 유인하여 내벽에 산란하게 한다. 수컷은 꼬리 부분을 좌우로 움직이면서 방정하여 수정시킨다.

분포⇒ 큰 강 하구의 기수역과 담수에 서식하며, 중국, 일본, 연해주 등지에도 분포한다.

참고⇒ 본 종에 대하여 처음에는 두줄망둑(*Tridentiger trigonocephalus*)으로 보고하였으나 두줄망둑보다 민물에 더 적응하였고, 형태적으로도 가슴지느러미 제1연조의 결각, 두부와 복부의 백색 반점, 뒷지느러미 횡반문 형태, 두부 감각관의 차이에 의하여 본 종은 *T. bifasciatus*임을 확인하였다.

서식지(전북 부안 해창)

황줄망둑

185. 황줄망둑

Tridentiger
nudicervicus
TOMIYAMA, 1934

.... <망둑어과>

영명⇒ bare nape
goby

전장⇒ 5cm

형태⇒ 몸은 소형으로 머리는 종편
되어 있고, 후반부는 측편되었
다. 제2등지느러미 연조 수 10~
11개, 뒷지느러미 연조 수 9개,
종렬 비늘 수 34~37개, 척추골
수 26~28개이다. 주둥이는 짧
고 둥글며, 꼬리지느러미 후연은
둥글다. 고정된 표본의 등 쪽은
갈색이고 복부는 우윳빛을 띤다.
전새개부에는 2줄의 흑갈색 줄
무늬가 있고, 체측에는 어두운
색깔의 반문이 종렬한다.

생태⇒ 기수역에서 가끔 민물두줄
망둑과 혼서한다.

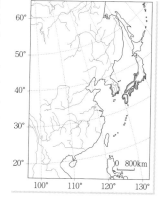

분포⇒ 금강(옥구), 동진강(부안), 영산강(목포) 및 강화도 등의 서남해
연안과 하구에 서식한다. 일본에도 분포한다.

참고⇒ IWATA and JEON(1987)은 전북 옥구군에서 채집하여 미기록종
으로 보고하였다.

검정망둑

186. 검정망둑

Tridentiger
obscurus
(TEMMINCK and
SCHLEGEL, 1845)
.... < 망둑 어과 >

영명⇒ trident goby
방언⇒ 매지, 뚝지
전장⇒ 11cm

형태⇒ 머리가 크며 폭이 넓다. 제2등지느러미 연조 수 10~12개, 뒷지느러미 연조 수 9~11개, 종렬 비늘 수 32~37개, 새파 수 11~14개이다. 주둥이는 뭉툭하고, 상악과 하악의 길이는 같다. 양악의 이빨은 2열로 외열의 이빨은 바깥쪽의 2~3개를 제외하고 모두 3첨두이다. 제1등지느러미로부터 머리 중간 부분에 많은 즐린이 덮여 있지만 머리 앞쪽은 없고, 후두부 뒤쪽과 복부에 비늘이 있다. 성숙한 수컷의 제1등지느러미 2, 3기조는 대단히 길어서 등 후방으로 길게 펼 경우 제2등지느러미 중간 부분을 지난다. 체색은 진한 검은색으로 가슴지느러미 기저부 근처에 황백색의 가로 띠가 나타난다. 뺨에 연한 빛의 반점이 산재해 있으나 개체에 따라 뚜렷하지 않은 것도 있다.

생태⇒ 하구역이나 하류역의 바위나 돌, 또는 인공 축조물 등에 모여 살며, 은신처를 점유하는 경우도 있다. 잡식성으로 조류나 각종 무척추동물, 소형의 어류 등을 먹는다. 산란기는 5~9월이며, 돌의 아랫면이나 돌무더기 사이의 빈 공간을 수컷이 점유하여 산란실로 만든다. 암컷이 접근하면 수컷은 완전히 검은색으로 변하고, '구구'하는 소리를 내며 지그재그 춤을 추면서 구애한다.

분포⇒ 강화도, 백령도, 제주도, 태안, 목포, 광양, 부산, 울진, 영덕, 동해 등에 분포하며, 중국, 일본, 연해주 등지에도 출현한다.

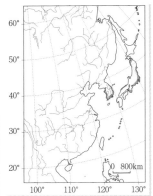

검정망둑

검정망둑의 산란

검정망둑

서식지(전남 완도읍 대야리)

민물검정망둑(♂)

농어목(Perciformes)

187. 민물검정 망둑

Tridentiger brevispinis KATSUYAMA, ARAI and NAKAMURA, 1972

·············· <망둑어과>

영명⇒ trident goby

전장⇒ 10cm

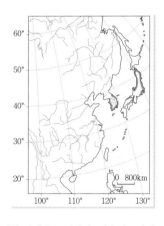

형태⇒ 머리는 종편되었고, 몸 후단으로 갈수록 측편된다. 제2등지느러미 연조 수 10~12개, 뒷지느러미 연조 수 9~10개, 종렬 비늘 수 31~36개, 새파 수 8~11개이다. 주둥이는 뭉툭하고 상악과 하악의 길이는 일치한다. 후두부, 복부 및 두정부에 비늘이 있다. 성숙한 수컷의 제1등지느러미 제3기조의 길이는 검정망둑보다 짧아서 후방으로 길게 펼 경우 제2등지느러미의 전단에 미친다. 체색은 물 속에서는 검은색을 띠나 물 밖으로 나오면 연한 갈색으로 변한다. 가슴지느러미 기저부에 황백색의 횡대가 나타나고, 뺨에는 연한 빛의 반점이 산재한다. 검정망둑과 유사하다.

생태⇒ 순 담수역의 자갈과 돌이 많은 곳에 서식한다. 잡식성이지만 부착 조류를 먹기도 한다. 산란기는 5~7월로 돌 틈 사이에 산란실을 만들어 서양배 모양의 알을 1층으로 조밀하게 부착시키며, 수컷은 알들이 부화할 때까지 그 자리에서 보호한다.

분포⇒ 논산천, 웅천, 삼척 마읍천, 부안 백천, 부안 청호 저수지, 아산, 진도에서 채집되었으며, 일본에도 분포한다.

384

민물검정망둑

서식지(경남 남해도)

385

줄망둑

188. 줄망둑 *Acentrogobius pflaumi* (BLEEKER, 1853) ·············· <망둑어과>

영명⇒ stripe goby   방언⇒ 줄망둥어, 툭눈매지   전장⇒ 7cm

형태⇒ 머리의 앞부분은 종편되어 있지만 몸 후단으로 갈수록 차츰 옆으로 납작해진다. 제2등지느러미 연조 수 10개, 뒷지느러미 연조 수 10개, 종렬 비늘 수 26~29개, 새파 수 10~11개, 척추골 수 25~27개이다. 눈은 머리의 등 쪽에 치우치며, 주둥이는 눈의 지름보다 길다. 상악과 하악은 길이가 거의 같다. 혀는 중앙부가 약간 내만되어 있다. 뺨과 새개에는 비늘이 없다. 몸은 회갈색으로 배 쪽은 다소 옅다. 눈에서 가슴지느러미 기저의 윗부분까지와 뺨에는 검은색 띠가 있다. 가슴지느러미 기부 위쪽에서 꼬리지느러미 기점까지의 몸의 옆면 중앙에는 6개 정도의 검은 반점이 있으며, 이들 반점 사이에는 몸의 장축을 따라 뻗은 옅은 검은색 줄이 이어진다. 등지느러미, 뒷지느러미 및 꼬리지느

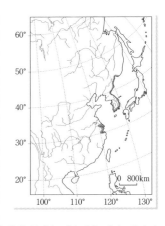

러미에는 작은 점들이 줄무늬를 이루며, 배지느러미의 후부 중앙은 검은색을 띤다. 산란기의 수컷은 배지느러미, 뒷지느러미, 가슴지느러미와 몸의 복부 및 머리가 어두운 색으로 변한다.

생태⇒ 연안의 얕은 해역과 강 하구의 기수역의 펄이나 모랫바닥 혹은 웅덩이에 서식하며, 동물성 먹이를 먹는다. 산란기는 여름이며, 조가비의 아랫면에 산란한다.

분포⇒ 우리 나라 연안의 기수역과 강 하구에 분포하며, 일본과 필리핀 등지에도 분포한다.

점줄망둑

189. 점줄망둑 *Acentrogobius pellidebilis* LEE and KIM, 1992 ············ <망둑어과>

영명⇒ spotted goby   전장⇒ 7cm

형태⇒ 몸은 길쭉하고 옆으로 약간 납작하다. 머리는 옆으로 납작하고 수염은 없다. 제2등지느러미 연조 수 10개, 뒷지느러미 연조 수 10개, 종렬 비늘 수 25~29개, 척추골 수 26개이다. 목, 새개 및 가슴 부분은 원린으로, 가슴지느러미 끝에서 수직 상방의 뒤쪽으로는 즐린으로 덮여 있는데, 이들 비늘은 뒤쪽으로 갈수록 커진다. 뺨에는 비늘이 없고, 새개부의 뒤쪽에는 비늘이 있다. 등지느러미 가시의 2~4째 번의 기조는 길이가 비슷하다. 꼬리지느러미는 뾰족하다. 입은 작아서 눈의 전단부에 거의 미친다. 악골에는 이빨이 있으나 서골과 구개골에는 없다. 혀의 전단부는 반듯하다. 생식공 돌기는 수컷이 뾰족하고 암컷은 끝이 잘린 모양이다. 지느러미의 모양과 길이에서 암수 차이는 없다.

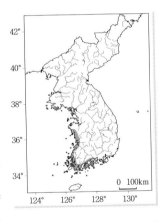

등지느러미 기점 앞 비늘 수가 7~8개로 줄망둑과는 잘 구별된다. 살아 있을 때에는 몸과 머리 옆면에 작은 은색 점이 여러 개 있으나, 고정된 표본에서는 이러한 반점은 사라지는 대신 몸의 측면 중앙에 5개의 암점이 있다. 제1등지느러미의 기조막에는 암갈색의 줄이 있다.

생태⇒ 진흙 바닥인 조간대와 하구의 웅덩이에 서식하며, 봄과 여름철에 하구의 낭장망에 많은 양이 포획된다. 산란기는 이른 여름으로 추정된다.

분포⇒ 한국 고유종으로, 서해와 남해 연안과 강 하구에 분포한다.

날개망둑

190. 날개망둑 *Favonigobius gymnauchen* (BLEEKER, 1860) ············ <망둑어과>

전장⇒ 9cm

형태⇒ 머리는 종편되었고, 가슴지느러미 부근부터 좌우로 약간 측편되었다. 제2등지느러미 연조 수 8~9개, 뒷지느러미 연조 수 9개, 종렬 비늘 수 28~30개, 새파 수 9~13개, 척추골 수 26~27개이다. 눈은 머리의 등 쪽에 있다. 주둥이는 끝이 뾰족하고, 하악은 상악보다 약간 길다. 악골에는 작은 이빨들이 밀생되어 있으나, 서골과 구개골에는 이빨이 없다. 혀의 전단부는 반듯하다. 등지느러미는 2개이다. 수컷 제1등지느러미의 제2극은 다른 극조에 비하여 길게 사상으로 연장되어 있으며, 산란기에는 뚜렷하다. 제2등지느러미의 마지막 연조와 뒷지느러미의 마지막 연조는 다소 길어서 꼬리지느러미 기부를 약간 지난다. 체색은 연한 담색으로 몸의 옆면 등 쪽은 검은 반점으로 얼룩지며, 아래

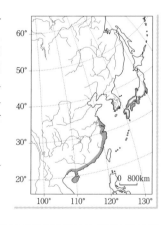

쪽은 밝은 색으로 무늬가 없다. 머리에는 눈밑, 뺨, 새개 위에 검은색 무늬가 아래로 뻗어 있으며, 그 사이에 흰색 부분이 있다. 몸의 옆면 중앙에는 6개 정도의 작고 검은 반점이 배열되며, 이 반점의 윗부분에 작은 흰색 반점이 있다. 산란기에는 어두운 색으로 변한다. 꼬리지느러미에는 3~4줄의 검은색 줄무늬가 있다.

생태⇒ 기수역이나 연안의 모랫바닥에 서식하며, 서해 연안에서는 산란기가 7월 중·하순이며, 산란 후 모두 죽는다.

분포⇒ 서해와 남해 연안에 나타나며, 일본, 중국, 필리핀 등지에도 출현한다.

날개망둑

서식지(경남 남해도)

모치망둑

191. 모치망둑 *Mugilogobius abei* (JORDAN and SNYDER, 1901) ····· <망둑어과>

영명⟹ estuarine goby   전장⟹ 5cm

형태⟹ 소형종으로, 머리는 원통형이나 약간 종편되어 있다. 가슴지느러미 부분부터 좌우로 약간 측편되어 있다. 제2등지느러미 연조 수 8개, 뒷지느러미 연조 수 8개, 종렬 비늘 수 37~40개이다. 머리는 크고 주둥이는 약간 둥글다. 측면을 향한 눈은 보통 크기이고 양안 사이는 약간 볼록하다. 상악과 하악은 길이가 거의 같다. 악골에는 이빨이 있고, 혀의 전단부 중앙은 내만되어 있다. 후두부와 새개의 윗부분을 제외한 머리에는 비늘이 없고, 몸에는 즐린이 덮여 있으며, 앞쪽은 작고 뒤로 갈수록 커진다. 등지느러미는 2개이며, 서로 분리되어 있다. 생식공 돌기는 암컷은 끝이 잘린 모양이고 수컷은 뾰족하다. 포르말린 용액에 고정하면 머리와 몸의 등 쪽이 회갈색이고 배 쪽은 백회색이다.

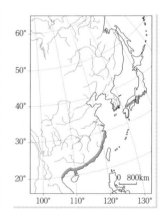

몸의 앞쪽 절반은 약 5개의 암갈색 세로 줄무늬가 있고, 뒤쪽 절반에는 2줄의 암색띠가 꼬리지느러미 기부까지 뻗는다. 제1등지느러미 뒷부분에 1개의 검은 점이 있고, 제2등지느러미, 뒷지느러미, 가슴지느러미와 배지느러미는 회색이다. 꼬리지느러미는 노란색을 띠며, 기조를 따라 검은색 띠가 있다. 산란기의 수컷은 혼인색이 나타나 체표면은 어두운 색을 띠면서 등지느러미와 뒷지느러미의 가장자리가 뚜렷한 노란색을 띠고, 복부 아랫면의 일부가 은백색을 나타낸다. 반면 암컷은 체색이 아주 엷어져서 산란기 암수의 차이가 뚜렷하다.

생태⟹ 하구의 연안역과 기수역의 모래와 진흙 바닥, 특히 간조시의 게 구명에 서식한다. 산란기는 6~8월이며, 수컷은 혼인색을 띠고 산란장을 형성하여 세력권 표시, 구애 및 알을 보호하는 행동을 한다.

분포⇒ 부산, 광양, 목포, 무안, 부안, 군산, 보령, 강화도의 서부와 남부 연안 등에 서식하며, 중국, 타이완과 일본에도 분포한다.

참고⇒ 소형 어류로 관상용으로 이용 가치가 있다.

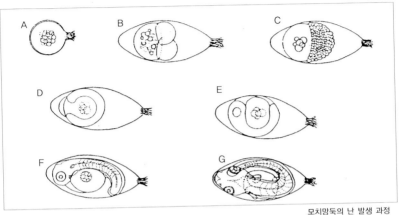

모치망둑의 난 발생 과정

A. 미수정란   B. 2세포기   C. 상실기   D. 포배기   E. 안포 형성   F. 13 체절기   G. 부화 직전

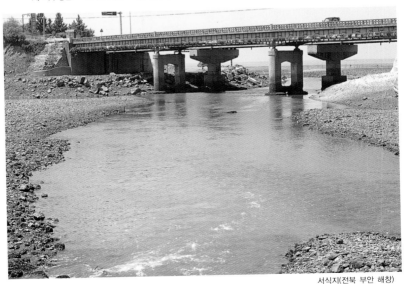

서식지(전북 부안 해창)

제주모치망둑

192. 제주모치 망둑

Mugilogobius fontinalis
(JORDAN and SEALE, 1906)
.... <망둑어과>

전장⇒4cm

형태⇒ 소형으로 머리는 크고 종편이며 몸통부는 측편이다. 제2등지느러미 연조 수 8개, 뒷지느러미 연조 수 8개, 종렬 비늘 수 38~39개, 척추골 수 24~26개이다. 주둥이는 둥글다. 꼬리지느러미 후연은 둥글다. 몸은 회갈색으로 체측에는 5~7개의 흑갈색 반점이 있다. 제1등지느러미 후단에 검은색 반점이 있고, 산란기에 수컷은 제1등지느러미 가장자리에 노란색을 띤다.

생태⇒ 강 하구나 내만의 모래와 진흙 바닥의 돌 밑에서 암수 1쌍씩 산다.

분포⇒ 제주도(북제주군 구좌읍, 한림읍, 남제주군 모슬포)에서 확인되었다. 일본, 타이완, 사모아 등지에도 분포한다.

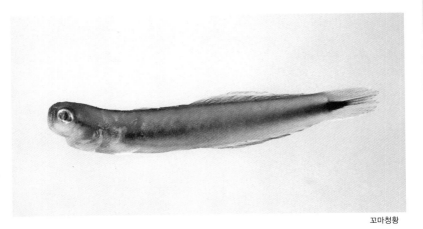

꼬마청황

193. 꼬마청황 *Parioglossus dotui* TOMIYAMA, 1958 ·························· <망둑어과>

전장⇒3~4cm

형태⇒ 몸은 좌우로 약간 측편되었다. 제2등지느러미 연
조 수 17~18개, 뒷지느러미 연조 수 17~18개, 종렬
비늘 수 82~93개, 새파 수 14~17개, 척추골 수
25~27개이다. 큰 눈은 측면에 있고, 하악은 상악보다
커서 앞으로 약간 돌출되어 있다. 악골에는 이빨이 있
으나 서골과 구개골에는 없다. 등지느러미는 2개이다.
배지느러미는 유합되어 있지 않아 흡반을 형성하지 않
으며, 서로 인접되어 있다. 꼬리지느러미는 중앙부가
약간 내만되어 있거나 거의 반듯하다. 비늘은 원린이
다. 몸은 대체로 녹색과 청갈색을 띤다. 복부는 체측보
다 약간 연한 색을 띤다. 새공 후연부터 꼬리지느러미
중간 부위까지는 연한 청갈색 바탕에 연한 검은색 줄
무늬가 있다. 제2등지느러미의 가장자리가 일부 짙은
색으로 나타나기도 하며, 제1등지느러미는 거의 무색에 가깝다.

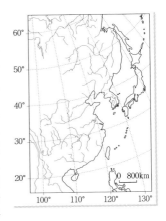

생태⇒ 강 하구나 조수 웅덩이(tidepool)의 중층에서 유영하다가 놀라면 돌 틈으로 숨는 습성
이 있다. 산란기는 7~9월로 추정된다. 성숙된 암컷은 455~1400개 정도의 성숙된 알을 포
란한다. 산란기가 되면 수컷의 생식기는 뾰족한 형태인 반면 암컷은 사각형이면서 끝이 절
단된 삼각형을 하고 있어 성적 이형 현상을 보인다.

분포⇒ 부산(해운대), 남해안 일대, 추자도 및 제주도에 서식하며, 일본에도 분포한다.

짱뚱어

194. 짱뚱어 *Boleophthalmus pectinirostris* (LINNAEUS, 1758) ········ <망둑어과>

영명⇒ blue spotted mud hopper   방언⇒ 짝동이   전장⇒ 15cm

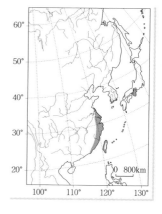

형태⇒ 몸의 앞부분은 단면이 거의 원형에 가까우나 뒤로 갈수록 좌우로 측편되어 납작해지고 가늘다. 제2등지느러미 연조 수 23~25개, 뒷지느러미 연조 수 22~23개, 종렬 비늘 수 100~130개, 새파 수 6~7개, 척추골 수 26개이다. 머리는 크고 위아래로 납작하여 머리의 폭이 몸의 폭보다 넓다. 눈은 머리 위쪽에 돌출하며, 양안 간격은 아주 좁다. 주둥이는 끝이 뭉툭하고 입은 아래쪽에 수평으로 열린다. 하악과 상악은 길이가 거의 같고, 전단부에는 3~4개의 비교적 크고 날카로운 송곳니가 다수 있고, 후단에는 작고 날카로운 이빨들이 밀생되어 있다. 등지느러미는 2개로 제1등지느러미의 극조는 끝이 연장되었고, 꼬리지느러미의 후연은 밖으로 돌출되었다. 가슴지느러미 기부에는 육질이 잘 발달되었다. 몸은 회갈색 바탕에 코발트색 반문이 체측부를 중심으로 등 쪽과 복부에 넓게 산재해 있다.

생태⇒ 하구나 연안의 개펄에 구멍을 파고 서식한다. 서식공은 50~90cm로 파고 내려가면서 출입공이 두 개인 Y자형을 만든다. 낮 동안 간조시에 활동한다. 산란기는 5월 중순~7월 말경으로 이때 수컷은 점프하는 독특한 구애 활동을 한다. 갯벌 표면에 있는 부착 조류를 섭식한다.

분포⇒ 서·남해 연안과 주변 하구에서 출현하며, 중국, 일본, 미얀마, 말레이 군도 등지에도 분포한다.

짱뚱어의 포획

포획된 짱뚱어

짱뚱어

짱뚱어 배지느러미 흡반

서식지(전남 장흥군 용한면 지천리)-이용주 박사 제공

말뚝망둥어

195. 말뚝망둥어

Periophthalmus modestus
CANTOR, 1842
.... <망둑어과 >

영명⇒ mud hopper
전장⇒ 10cm

형태⇒ 머리는 원통형이며, 가슴지느러미 부근은 좌우로 약간 측편되어 있다. 제2등지느러미 연조 수 10~12개, 뒷지느러미 연조 수 10~11개, 종렬 비늘 수 75~84개이다. 체고가 가장 높은 곳은 머리이며, 미병부로 갈수록 차츰 낮아진다. 눈은 두정부에 있는데 외부로 돌출되어 있고, 양안 간격은 매우 좁다. 상악은 하악보다 길고, 1쌍의 육질 돌기가 마치 수염처럼 하악쪽으로 내려져 있다. 악골에는 이빨이 다수 있으며, 혀의 전단부는 둥글다. 배지느러미는 가슴지느러미 기점보다 앞쪽에서 시작하고 후연부는 V자 모양을 하고 있다. 등지느러미는 2개이며, 제2등지느러미 기부는 뒷지느러미 기부와 동일한 위치에 있다. 꼬리지느러미는 둥글다. 항문과 생식공은 뒷지느러미의 바로 앞에 있으며, 수컷은 뾰족하고 암컷은 끝이 잘린 모양이다. 주둥이, 뺨, 양안 간격을 제외하고 몸 전체가 즐린으로 덮여 있으며, 미병부의 비늘이 약간 크다. 몸은 아래보다 윗부분이 진하고, 윗면과 측면에는 작은 암점이 산재한다.

생태⇒ 내만이나 하구 또는 기수역의 개펄 바닥에 산다. 간조 때는 가슴지느러미와 꼬리지느러미를 이용하여 육상을 활발하게 뛰어다니며 작은 갑각류나 곤충을 잡아먹는다. 생활형이 계절에 따라 뚜렷하게 변하는데, 추운 계절(11월 중순~3월 초순)에는 개펄의 굴에서 지낸다. 산란기는 5월 하순부터 8월 상순경으로 개펄의 굴 속에 알을 낳는다. 산란 수는 5216~8411개 정도이다.

분포⇒ 서해와 남해 연안에 서식하며, 일본, 중국, 오스트레일리아, 인도, 홍해에도 서식한다.

말뚝망둥어

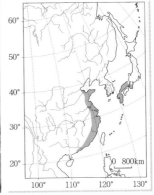

서식지(전북 부안 해창)

큰볏말뚝망둥어

196. 큰볏말뚝망둥어 *Periophthalmus magnuspinnatus*
LEE, CHOI and RYU, 1995 ················ <망둑어과>

전장⇒ 9cm

형태⇒ 몸은 길고, 미병부로 갈수록 좌우로 측편된다. 제 2등지느러미 연조 수 12~14개, 뒷지느러미 연조 수 11~12개, 종렬 비늘 수 86~90개이다. 눈은 두정부에 있는데 외부로 돌출되어 있고, 양안 간격은 매우 좁다. 등지느러미는 2개로 서로 인접되어 있다. 꼬리지느러미의 후연은 둥글다. 뺨을 제외한 몸 전체는 원린으로 덮여 있다. 몸은 대체로 흑갈색을 띠며, 복부는 보다 밝은 색을 띤다. 제1등지느러미는 전반적으로 연한 검은색이지만, 가장 바깥쪽의 가장자리는 흰색이고 그 안쪽의 가장자리는 짙은 검은색을 띠며, 가장 안쪽으로는 연한 검은색을 띤다. 제2등지느러미 중앙부에는 검은색 줄무늬가 있고, 그 안쪽으로 연한 검은색을 띤다.

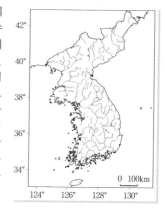

생태⇒ 말뚝망둥어와 거의 동일한 서식처를 가지지만 미세 서식처가 달라 생태적으로 분리되는 것으로 추정되는데, 이에 관하여는 추후 조사가 요구된다. 성적 이형이 분명하여, 수컷의 생식기가 뾰족한 데 비해 암컷은 삼각형이고, 수컷의 등지느러미는 암컷보다 약간 길게 발달되어 있다.

분포⇒ 전남 승주군을 포함한 남해안과 서해안으로 유입되는 강 하구와 인접 연안에 출현한다.

참고⇒ LEE *et al.*(1995)에 의하여 신종으로 기재, 보고되었다.

큰볏말뚝망둥어

서식지(전남 영광 법성포)

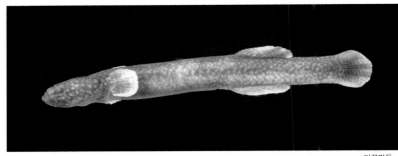

미끈망둑

197. 미끈망둑   *Luciogobius guttatus* GILL, 1859 ·························· <망둑 어과>

영명⇒ flat-head goby   방언⇒ 미끈망둥어, 막대망둥어   전장⇒ 8cm

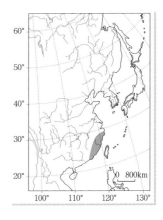

형태⇒ 머리는 심하게 종편되어 두정부는 편평하고, 등지느러미 기부 앞쪽의 체형은 원통형이며, 등지느러미 위치의 체형은 좌우로 측편되어 있다. 등지느러미 연조 수 10~13개, 뒷지느러미 연조 수 11~13개, 종렬비늘 수 0개, 새파 수 7~8개, 척추골 수 36~39개이다. 눈은 두정부에 있고, 눈의 액골 부분은 육질로 볼록하다. 입은 크고 수평으로 열린다. 하악은 상악보다 약간 크거나 거의 동일하다. 악골에는 매우 작고 부드러운 융모형의 이빨이 조금 있다. 혀의 전단 중앙부는 내만되어 있다. 등지느러미는 1개이며, 몸의 중앙보다 뒤쪽에 있다. 꼬리지느러미의 후연은 둥글고 미병부와 접하는 부위는 육질로 덮여 약간 비후되어 있다. 배지느러미는 유합되어 있으며, 크기는 매우 작다. 비늘은 없고 피부는 미끈거린다. 산란기 수컷은 암컷과 달리 뺨이 볼록해지며, 머리가 커지고 종편된다. 몸은 황갈색이고, 아주 작은 검은 점들이 온몸에 밀생하며, 머리와 체측 상단부는 검게 보이고 복부는 회색을 띤다.

생태⇒ 하천 하류의 자갈이 있는 기수역이나 조수 웅덩이의 자갈과 돌이 많은 조간대에 서식하면서 소형 무척추동물을 먹고 산다. 산란기는 1~5월이며, 간조시 조간대의 작은 돌 틈 사이의 아랫면에 산란 후 암컷은 산란지를 떠나고, 수컷이 남아 알을 보호한다. 산란 수는 평균 643개이며, 수정란은 지름이 2.7~2.8×0.6~0.7mm로 부착사를 지닌 투명한 침성란이다.

분포⇒ 울릉도를 포함하여 동해안과 남해안 및 서해안의 연안 및 기수역에 서식하며, 일본과 연해주 등에도 분포한다.

사백어

198. 사백어 *Leucopsarion petersii* HILGENDORF, 1880 ·················· <망둑어과>

영명⇒ice goby   일명⇒shirouo   전장⇒4~5cm

형태⇒ 몸은 가늘고 길며 머리는 상하로 종편되었고, 새 개 후단부터는 좌우로 측편되었다. 등지느러미 연조 수 13~14개, 뒷지느러미, 연조 수 18개, 척추골 수 35~36개이다. 눈은 비교적 크고 두부의 측면에 있다. 하악은 상악보다 길다. 악골에는 작고 부드러운 융모 형의 이빨이 있다. 혀의 전단부 중앙은 내만되어 있다. 등지느러미는 1개로 몸의 중앙보다 뒤쪽에 있다. 꼬리 지느러미는 중앙 부위가 약간 내만되어 상·하 양엽으로 구분된다. 뒷지느러미는 등지느러미의 기부보다 약간 앞쪽에서 시작한다. 배지느러미는 매우 작다. 비늘과 측선이 없다. 산란기 암컷은 복부가 부풀어 수컷보다 크고 여기에 검은 점들이 있다. 몸 표면에는 색소가 없으며, 살아 있을 때에는 반투명하여 몸 속에 있는 부

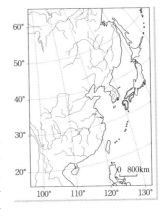

레가 체벽을 통해 보인다. 표본을 고정하면 체색이 흰색으로 변한다.

생태⇒ 해안선이 움푹 들어가 파도의 영향이 없는 깨끗한 연안이나 강 하구에서 봄까지 서식하며, 얕은 곳의 중층이나 저층에 무리를 지어 유영 생활을 한다. 동물성 플랑크톤을 먹고 생활하다가, 봄이 되면 산란을 위해 물이 깨끗한 하천의 하류역에 거슬러 올라간다. 산란기는 2~4월로 추정된다. 수컷은 모랫바닥에 5~30cm 정도 돌의 아랫면에 산란실을 만들고 암컷은 돌의 안쪽면에 길이 3mm 정도의 긴 방망이 모양의 알 약 300개를 1층으로 붙인다. 수컷은 수정시킨 후 부화할 때까지 2주 정도 보호하고, 부화되면 암수 모두 죽는다.

분포⇒ 동해안으로 유입되는 경남 일대의 하천과 남해 연안과 강 하구에서 서식하며, 일본과 중국에도 분포한다.

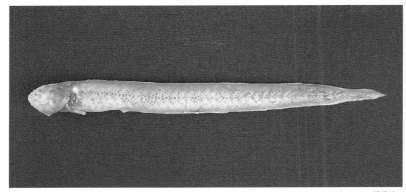

빨갱이

199. 빨갱이

Ctenotrypauchen
microcephalus
(BLEEKER, 1860)
·············· <망둑어과 >

영명⇒ red eel goby
전장⇒ 17cm

형태⇒ 몸은 아주 길게 연장되었고, 몸의 앞부분은 원통형이나 뒤로 갈수록 차츰 옆으로 납작하다. 등지느러미 연조 수 51~56개, 뒷지느러미 연조 수 43~50개, 종렬 비늘 수 62~66개, 새파 수 6개, 척추골 수 36~37개이다. 머리는 작고, 눈은 아주 작으며, 머리 위쪽에 치우쳐 있다. 양안 사이에는 골융기가 있다. 주둥이는 짧고 끝이 둔하며, 입은 주둥이 끝에 약간 비스듬히 열린다. 상악과 하악에는 작지만

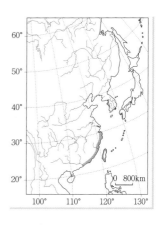

날카로운 이빨들이 밀생되어 있다. 비늘은 원린이다. 등지느러미는 1개이며, 배지느러미의 후단부에서 시작하여 꼬리지느러미와 연결되어 있다. 뒷지느러미는 몸의 중앙보다 훨씬 앞쪽에서 시작하여 꼬리지느러미와 연결되어 있다. 가슴지느러미와 배지느러미는 다른 지느러미에 비하여 비교적 작은 편이다. 체색은 몸과 머리가 붉은색이고 반문은 없다. 등지느러미와 뒷지느러미는 거의 미색이나 꼬리지느러미는 붉은 빛을 띤다.

생태⇒ 강 하구나 연안의 진흙 바닥에 산다. 봄에는 실뱀장어나 젓새우 채집망에 잡힌다.

분포⇒ 서해안과 제주도에서 잡히며, 일본, 중국, 말레이시아 등지에도 분포한다.

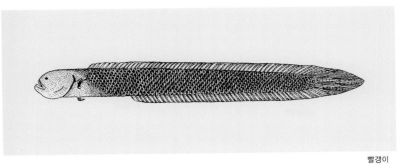

빨갱이

서식지(전남 영광 법성포)

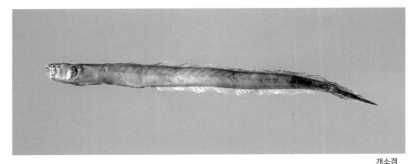

개소겡

200. 개소겡 *Odontamblyopus lacepedii* (TEMMINCK and SCHLEGEL, 1845)
＜망둑어과＞

영명⇒ eel goby   방언⇒ 수수뱀   전장⇒ 30cm

형태⇒ 머리는 원통형이며, 가슴지느러미 부근에서부터 좌우로 측편되었다. 등지느러미 연조 수 42개, 뒷지느러미 연조 수 41개, 새파 수 34~60개, 척추골 수 33~34개이다. 주둥이는 뭉툭하고, 상악과 하악의 길이는 같다. 상악과 하악의 전단부에는 날카롭고 비교적 긴 이빨이 다수 있으며, 그 후연으로 작은 이빨들이 있다. 혀는 육질의 막으로 싸여 있다. 눈은 매우 작고 두정부에 있다. 비늘은 피부에 묻혀 있어 눈으로 확인하기 어려울 정도로 작지만, 후두부, 복부 및 두정부에 작은 비늘이 있다. 등지느러미는 1개로, 가슴지느러미 기부의 약간 뒤쪽에서 시작하여 꼬리지느러미와 연결되고, 배지느러미도 꼬리지느러미와 연결되어 있다. 꼬리지느러미는 길이가 약간 길다. 몸은 적갈색을 띠며, 체측에 특별한 반문이 없다.

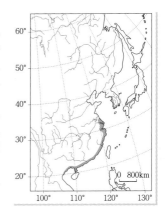

생태⇒ 간조시 간석지에 형성된 수심이 얕은 조수 웅덩이에 구멍을 파고 사는데, 보통 구멍은 4~6개의 입구(지름 3~4mm)가 있고 대롱 모양을 하는데, 각각 비스듬하게 지그재그 모양으로 아래로 내려가면서 끝에서는 하나로 연결되며, 깊이는 50~90cm이다. 보통 1개의 집에 암컷 또는 수컷 1마리씩이 있는데, 가장 깊은 곳에서 머리를 아래쪽으로 하고 있다. 이매패, 권패 등의 새끼 조개와 작은 어류 등을 섭식하며, 전장 2~6cm의 치어나 유어는 요각류를 섭식한다.

분포⇒ 서해와 남해 연안과 강 하구에 출현하며, 중국, 일본, 인도 등지에도 분포한다.

버들붕어과
Belontiidae

상악은 전방으로 돌출하고, 서골과 구개골에는 이빨이 없다. 측선은 퇴화되었거나 없으며, 배지느러미가 약간 신장되어 있다. 전세계에 5속 14종이 있다. 1차 담수어이다.

버들붕어(♂)

201. 버들붕어 *Macropodus ocellatus* CANTOR, 1842 ······················ <버들붕어과>

영명⇒ round tailed paradise fish   방언⇒ 꽃붕어   전장⇒ 4~7cm

형태⇒ 몸은 긴 타원형으로 좌우로 심하게 측편되었다. 등지느러미 연조 수 6~8개, 뒷지느러미 연조 수 10~11개, 종렬 비늘 수 29~30개, 새파 수 2개이다. 머리는 크고, 눈은 큰 편이며, 안경은 주둥이 길이보다 약간 짧다. 주둥이는 끝이 뾰족하고, 입은 작고 주둥이 끝이 약간 위를 향하여 비스듬히 열린다. 하악은 상악보다 약간 길어 전방으로 나와 있다. 상악은 짧아서 말단이 눈의 중심부를 약간 지난다. 측선은 없고, 비늘은 즐린으로 머리와 체측면, 복부의 전면에 덮여 있다. 등지느러미는 새개 후단부에서 약간 떨어진 곳에서 시작하여 미병부까지 이어진다. 전단부의 극조 길이는 짧지만, 후단부의 마지막 2째 번 연조는 매우 길어 꼬리지느러미 절반 정도에 이른다. 뒷지느러미는 등지느러미 4~6 극조에서 시작하여 꼬리지느러미와 거의 인접하고, 후단부의 마지막 3~4째 번 연조 길이가 매우 길어 꼬리지느러미 절반 정도에 도달한다. 배지느러미의 2째 번 연조는 다른 연조에 비하여 약간 길어 뒷지느러미 3~4 극조에 도달한다. 항문은 배지느러미의 후단부에 있어 배지느러미로 둘러싸여 있다. 가슴지느러미는 배지느러미의 바로 위에 있다. 꼬리지느러미는 둥근 모양이다. 몸은 암황색 바탕에 등 쪽은 암녹색이고, 배 쪽은 담갈색이다. 특히 머리 아랫부분에서 뒷지느러미 전단부까지의 복부는 밝은 노란색이다. 체측에는 10개 이상의 담홍색 횡반이 있고, 새개 위에는 안경보다 약간 작은 청색 반점이 있다. 세력권 방어 행동과 산란 행동 때 수컷의 몸통 후반부는 검은색으로, 전반부는 갈색 바탕에 검은색 가로무늬가 매우 뚜렷해지며, 모든 지느러미의 색상이 화려해지고 몸 전체가 창백한 담색으로 변한다.

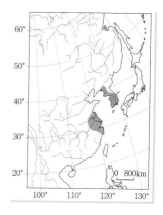

생태⟹ 연못이나 웅덩이 또는 물이 잘 흐르지 않는 하천의 수초가 많은 곳에서 주로 수서 곤충을 먹고 산다. 산란기는 6~7월로, 수컷이 수면에 기포 방울로 둥지를 만든 후 암컷을 유인해 자신의 몸으로 암컷을 감아 180° 회전하여 암수의 생식기가 기포소를 향하게 한 후, 몇회에 걸쳐서 산란과 방정을 한다. 알은 분리 부성란으로 구형이며 담회색이다. 알을 낳을 무렵이면 암컷을 독점하기 위하여 수컷끼리 매우 치열한 싸움을 벌인다. 또, 수컷은 암컷이 알을 낳는 동안에도 다른 개체들의 접근을 적극적으로 방어한다.

분포⟹ 우리 나라에서는 거의 전국에 서식하며, 중국과 일본에도 분포한다.

참고⟹ 버들붕어는 세력권 방어 행동과 산란 행동이 특이하므로 교육용으로 좋은 재료가 되고, 또 모양과 색채가 아름다울 뿐만 아니라 환경 변화에 대한 내성이 강하고 사육하기 쉬워 관상용으로 적당하다.

버들붕어(♂)의 알 보호 행동

버들붕어의 거품집

가물치과
Channidae

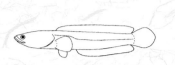

　몸은 원통형으로 길며, 등지느러미와 뒷지느러미의 기조부가 길다. 가슴지느러미의 연조 수는 6개이다. 지느러미에는 극조가 없다. 바늘의 형태는 원린 또는 즐린이다. 전세계에 분포하며, 담수에 서식한다.

가물치

202. 가물치　*Channa argus* (Cantor, 1842) ································· <가물치과>

영명⇒ snakehead　　전장⇒ 30~70cm

형태⇒ 몸은 가늘고 길다. 몸통은 원통형이지만, 두정부는 심하게 종편되어 편평하다. 등지느러미 연조 수 48~50개, 뒷지느러미 연조 수 31~35개, 측선 비늘 수 59~69개, 새파 수 3개, 척추골 수 56개이다. 하악은 상악보다 약간 전방으로 돌출되어 있다. 상악과 하악에는 날카로운 송곳니 형태의 이빨이 일렬로 배열되어 있다. 구개골에는 이빨이 있으나 서골에는 없다. 혀에는 이빨 모양의 단단한 육질 돌기가 있다. 상악은 길어서 눈의 후연부를 훨씬 지난다. 새파는 독특한 넓적한 판 모양이다. 하악 아래의 협부를 제외한 두정부, 안와부 및 새

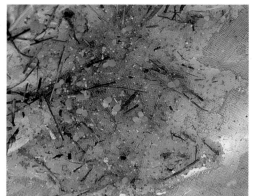
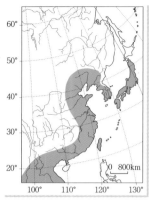

가물치의 알

개부를 포함하여 몸 전체면은 원린으로 덮여 있다. 측선은 아가미 후단에서 미병부까지 완전하여 거의 직선으로 되어 있으나, 새개 후단부터 뒷지느러미 3~5째 번 연조 부위까지는 나머지 부분보다 약간 위로 비스듬하게 있다. 등지느러미는 새개 상단부에서 시작하여 미병부 끝까지 있다. 가슴지느러미는 등지느러미 기점부 바로 밑에서 시작하며, 길이는 약간 길어서 배지느러미 중간 지점까지 도달한다. 뒷지느러미는 등지느러미 14~16째 번 연조 부위 아래에서 시작하여 미병부까지 있다. 항문은 뒷지느러미 바로 앞에 있다. 체색은 황갈색이나 암회색 바탕에 측편에는 짙은 암회색이나 연한 검은색의 큰 반문이 마름모꼴로 배열되어 있고, 중간에 동공만한 반점들이 있다. 등지느러미, 뒷지느러미와 꼬리지느러미는 대체로 암회색을 띠면서 약간 짙은 암회색의 반문이 3열로 있다.

생태 ⇒ 저수지나 늪, 또는 흐름이 거의 없는 수심 1m 정도의 물풀이 무성한 곳을 좋아한다. 아가미 호흡과 함께 공기 호흡을 하며, 수온 변화에 강하여 0~30℃에서 산다. 겨울에는 깊은 진흙 바닥 속에 묻혀서 지내기도 하고, 비가 오면 습지에서 기어다니기도 한다. 물고기, 수서 곤충과 개구리 등을 먹고 산다. 먹이가 없을 경우에는 자신들의 어린 치어나 약한 개체를 먹는 공식(共食)을 한다. 산란기는 5~8월로, 수온 20~30℃에서 암수 공동으로 물 위에 물풀의 줄기나 잎을 이용하여 둥지를 만든 후 산란한다. 보통 둥지는 지름이 1m 안팎이고 원판형이다. 날씨가 맑고 수면이 조용한 날이면 암컷이 먼저 수면 위로 올라와 알을 낳고 곧이어 수컷이 방정한다. 암컷은 1회 산란시 1300~15,000개(평균 7300개)의 알을 낳는다.

분포 ⇒ 우리 나라에서는 거의 전국에 서식하며, 중국과 헤이룽강 수계 및 일본에도 분포한다. 원산지는 아시아 대륙의 동부이다.

참고 ⇒ 식용과 약용으로 널리 사용되고 있어 양식 대상이기도 하며, 어린 개체는 관상용으로도 이용된다.

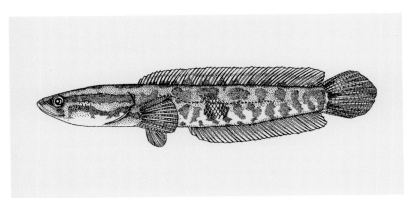

가물치

서식지(전남 영광 홍농 칠암 저수지)

가자미목
Pleuronectiformes

가자미과
Pleuronectidae

몸은 심하게 평편하고, 눈은 대부분 몸의 우측(강도다리는 예외)에 있
다. 유안측에는 골질판이나 골질 돌기가 있는 비늘로 덮여 있다. 난황에는
유구가 없다. 전세계에 39속 93종이 있다.

돌가자미

203. 돌가자미

Kareius
bicoloratus
(BASILEWSKY,
1855)
.... < 가자미과 >

영명⇒ stone
flounder
방언⇒ 돌가재미
전장⇒ 50cm

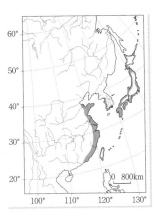

형태⇒ 몸은 편평하고 두 눈은 우측에 있다. 등지느러미 연조 수 63~71개, 뒷지느러미 연조 수 46~52개, 새파 수 8개, 척추골 수 37~39개이다. 측선은 양 측면에 발달되어 있으며, 가슴지느러미 상단부의 측선은 일직선이고 상후두골 방향으로 부속 측선이 뻗어 있다. 체측에는 비늘이 없고, 유안측에는 골질판이 3~4열로 배열되어 있다. 무안측의 이빨은 유안측보다 발달되어 있다. 입은 작아서 하악의 전방 하부에 이른다. 유안측의 등 쪽과 배 쪽 가장자리에는 흰색 점이 산재한다. 유안측은 등지느러미, 뒷지느러미 및 꼬리지느러미를 포함하여 전체가 짙은 갈색이다. 무안측은 전면이 모두 흰색이다.

생태⇒ 갑각류, 다모류 및 패류 등을 섭식한다. 산란기는 12~1월이다. 암컷 1마리는 약 20만~80만 개의 알을 가진다.

분포⇒ 우리 나라 연안과 하구 수역에 서식하며, 일본과 타이완에도 분포한다.

411

강도다리

204. 강도다리 *Platichthys stellatus* (PALLAS, 1788) ·························· <가자미과>

영명⇒ starry flounder   일명⇒ numagarei   전장⇒ 40cm

형태⇒ 몸은 마름모형으로 심하게 평편하고, 두 눈은 좌
측에 있다. 등지느러미 연조 수 57~59개, 뒷지느러미
연조 수 40~43개, 측선 비늘 수 61개, 새파 수 11~
13개, 척추골 수 35개이다. 측선은 양 측면에 발달되
어 있다. 측선은 일직선이며, 가슴지느러미의 상단부
에서는 약간 만곡되어 있다. 상후두골 방향으로 뻗어
있는 부속 측선이 있다. 입은 작아서 하악의 동공 앞에
이른다. 체측면은 비늘이 없고, 등지느러미와 뒷지느
러미의 기저를 따라 골질 융기선이 있으며, 체측에도
강한 가시를 가지고 있는 골질판이 여러 열로 배열되
어 있다. 등지느러미, 뒷지느러미 및 꼬리지느러미 기
조에는 검은색 띠가 있다. 무안측의 체색은 거의 흰색
에 가깝다. 유안측의 체측은 흑갈색이나 진회색이다.

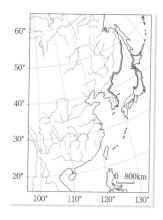

유안측의 등지느러미, 뒷지느러미 및 꼬리지느러미에는 검은색의 진한 반문들이 배열되어
있다.

생태⇒ 산란은 강 하구나 담수역까지 올라와 이루어진다. 산란기는 2~3월로 알려져 있다. 성
숙한 알은 구형으로 지름 1mm 전후, 수온 2.0~5.4°C에서 수정이 이루어지며, 크기는 수컷
이 3년이면 30.8cm, 5년이면 38.3cm까지 자라게 된다.

분포⇒ 동해안 연안에 서식하며, 일본 중부 이북, 오호츠크 해, 베링 해 등지에 분포한다.

도다리

205. 도다리 *Pleuronichthys cornutus* (TEMMINCK and SCHLEGEL, 1846)

<가자미과>

영명⇒ fine spotted flounder   **전장**⇒ 30cm

형태⇒ 몸은 심하게 평편하고, 두 눈은 우측에 있다. 등지느러미 연조 수 72~74개, 뒷지느러미 연조 수 53~56개, 새파 수 9개, 척추골 수 37~39개이다. 측선은 양 측면에 발달되어 있고, 만곡 부위가 없이 일직선이며, 상후두골 방향의 부속 측선이 있다. 입은 작아서 하안의 전단부에 이른다. 무안측의 이빨이 유안측보다 더 발달되어 있다. 유안측의 체측면에는 소형 암갈색 반점이 산재되어 있다. 양안 사이에는 날카로운 비골이 외부로 돌출되어 있다. 유안측의 가슴지느러미는 새열상부와 동일한 위치에 있다. 유안측은 전체 면이 연한 갈색이나 진회색이고, 지느러미를 제외한 유안측의 체측에는 별 모양의 검은색 반점이 전체 면에 있다. 무안측의 체색은 모두 흰색이다.

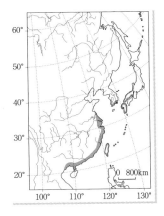

생태⇒ 산란기는 가을~겨울로 여러번 산란한다. 1마리의 암컷은 9만~39만 개의 알을 가지고 있다. 부화한 어린 치어는 저서 생활을 하며, 다모류나 패류 등을 섭식한다.

분포⇒ 군산, 목포, 여수, 마산, 진해 및 부산 주변의 강 하구와 연안 주변에 서식하며, 일본 중부 이남, 타이완 및 중국에도 분포한다.

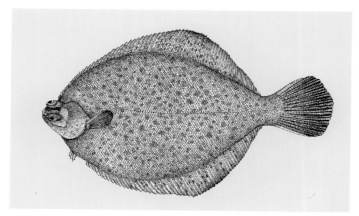

도다리

서식지(경남 남해도)

참서대과
Cynoglossidae

　몸은 심하게 평편하고, 눈은 좌측면에 편중되어 있다. 등지느러미는 문 단부에서 시작한다. 무안측에는 가슴지느러미가 없다. 측선은 2~3개이다. 등지느러미와 뒷지느러미는 꼬리지느러미와 연결되어 있다. 태평양, 인도 양 및 대서양의 온대와 열대 수역의 연안 수역에 서식하는 저서성 어류로, 전세계에 3속 110종이 있다.

박대

206. 박대 *Cynoglossus semilaevis* GÜNTHER, 1873 ·························· <참서대과>

방언⟹ 서치　전장⟹ 50cm

형태⟹ 몸과 머리는 위아래로 몹시 납작하고, 폭이 넓고 길어 위에서 보았을 때 긴 타원형이 다. 등지느러미 연조 수 120~127개, 뒷지느러미 연조 수 93~99개, 측선 비늘 수 136~ 150개, 척추골 수 56~58개이다. 머리는 작고, 눈은 매우 작으며, 몸의 왼쪽에 치우쳐 있다. 주둥이는 끝이 둥글며, 입은 뒷지느러미 쪽에 열려 있다. 등지느러미와 뒷지느러미는 모두 기부가 길며, 꼬리지느러미와 연결되어 있다. 가슴지느러미는 없다. 입은 눈 바로 아래쪽에 있고, 입 주변의 돌기는 없다. 유안측에만 발달된 3줄의 측선이 있다. 무안측의 비늘은 원린

이고, 유안측의 비늘은 즐린이다. 유안측은 지느러미
와 체측 모두 홍갈색이며, 무안측은 거의 흰색이다.

생태⇒ 중국 보하이만에 분포하는 박대의 산란기는
8~10월경으로 알려져 있으나, 우리 나라 동진강 하구
를 비롯한 서해 연안에서 2~4월에 전장 3~8cm의 치
어들이 잡히는 것을 볼 때, 우리 나라에 분포하는 박대
의 산란기는 그보다 약간 늦을 것으로 추정된다. 연안
의 진흙 바닥에 살면서 주로 갑각류, 패류 및 다모류를
섭식한다.

분포⇒ 우리 나라에서는 서해 연안(인천, 군산, 부안)에
서 출현하며, 서해로부터 중국해까지 분포한다.

참고⇒ 한국산 참서대과 어류 중 본 종이 대형종으로 조
사된 개체 중 가장 큰 것은 체장 51.0cm이다.

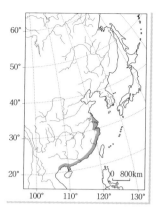

박대

복어목
Tetraodontiformes

참복과
Tetraodontidae

    등지느러미와 뒷지느러미의 연조 수는 7~18개이고, 배지느러미가 없다. 전상악골과 악골은 좌우의 골과 유합되어 있지 않다. 어떤 종은 산란 시기의 생식소에 강한 독성을 지닌 물질이 포함되어 있으나 근육에는 없다. 인도양, 대서양 및 태평양의 열대와 아열대에 19속 121종이 있는 것으로 알려졌는데, 그 가운데 3속 12종이 담수에 살고 있다.

까치복

207. 까치복

Takifugu xanthopterus (TEMMINCK and SCHLEGEL, 1850)

·················· <참복과>

영명⇒ striped puffer
방언⇒ 까치복아지
전장⇒ 50~60cm

형태⇒ 몸은 원통형이면서 전형적인 복어형으로 머리가 크다. 등지느러미 연조 수 16~17개, 뒷지느러미 연조 수 14~15개이다. 꼬리지느러미의 후연은 거의 반듯하다. 등 쪽과 배 쪽에는 작은 가시가 밀생해 있으며, 배 쪽의 가시가 등 쪽의 가시보다 강하고 날카롭다. 배 쪽과 등 쪽의 가시는 서로 연결되어 있지 않다. 등지느러미 담기골 수는 15개이고, 7째 번 척추골 뒤에서 시작하며, 뒷지느러미 담기골 수

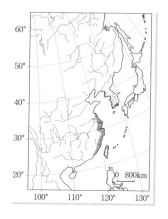

는 11개이다. 체색은 등 쪽이 흑청색이고 배 쪽은 흰색인데, 등 쪽에는 비스듬히 뻗은 4줄의 흰색 줄무늬가 있다. 등지느러미, 뒷지느러미, 가슴지느러미 및 꼬리지느러미는 모두 진한 노란색을 띤다.

생태⇒ 산란기인 4~5월에 강 하구에서 산란하고, 겨울에는 남쪽으로 이동한다.

분포⇒ 서해와 남해 연안에서 서식하고, 황해, 동중국해와 일본 남부에도 분포한다.

참고⇒ 간장과 난소에 약한 독이 있지만, 국내에서 식용으로 가장 많이 이용한다.

까치복

까치복

208. 매리복

*Takifugu
vermicularis*
(TEMMINCK and
SCHLEGEL, 1850)

<참복과>

영명⇒ vermiculated
puffer
방언⇒ 벌레복

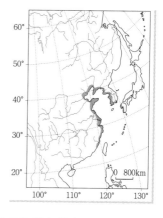

형태⇒ 몸은 유선형이며, 머리 부분은 뭉툭하지만 미병부는 원통형이다. 등지느러미 연조 수 13~14개, 뒷지느러미 연조 수 10~12개이다. 등 쪽에만 소극의 흔적이 있다. 살아 있을 때의 가슴지느러미는 황갈색이고 뒷지느러미는 연한 노란색이다. 등 쪽에는 갈색 바탕에 작은 흰색 반점이 있고, 복부는 흰색이다.

생태⇒ 하천의 기수역과 연안에 산다. 5~7월경 연안에서 산란하는 것으로 추정된다.

분포⇒ 동해안의 강구와 서남 해안의 군산, 부안, 무녀도, 목포, 여수, 제주 등지에 출현, 서식하고 있으며, 일본과 동중국 연안에도 분포한다.

참고⇒ 속명은 원래 *Fugu*로 사용되었으나 최근 MATSUURA(1990)는 국제 동물 명명 규약의 선취권 원칙에 따라서 *Takifugu*로 하였다. LEE(1993)는 한국산 표본을 검토하는 과정에서 *T. snyderi*를 *T. vermicularis*로 하였다.

복섬

209. 복섬 *Takifugu niphobles* (JORDAN and SNYDER, 1901) ················· <참복 과>

영명⇒ grass puffer   방언⇒ 졸복아지   전장⇒ 20cm

형태⇒ 몸은 유선형이며, 머리 부분은 뭉툭하지만 미병부는 원통형이다. 등지느러미 연조 수 12~14개, 뒷지느러미 연조 수 10~12개이다. 등 쪽과 배 쪽에는 작은 소극이 있고, 체측에 도 상부 측선을 따라 미병부까지 소극이 있다. 두골의 모양은 액골의 높이가 넓이보다 길고 전액골이 작으며, 액골과 전액골이 만나는 부위는 안쪽으로 깊게 들어가 있고, 설이골의 후 돌기도 수평으로 되어 있다. 액골 융기연의 중간 부분은 돌기 모양이고, 끝이 전액골이 거의 앞쪽 끝까지 도달한다. 살아 있을 때의 등지느러미, 가슴지느러미 및 꼬리지느러미는 연한 노란색이며, 꼬리지느러미의 앞쪽과 기조는 갈색이고 기조막은 노란색이다. 뒷지느러미는 흰색이다. 등 쪽은 청갈색이나 황갈색이며, 군데군데 동공보다 작은 흰색 원형 반점이 산재 되어 있다. 복부는 흰색이고, 가슴지느러미 후단부에는 큰 검은색 반문이 1개 있다.

생태⇒ 대부분 연안 주변에서 서식하는 것으로 알려졌으나, 다수의 개체들이 기수역과 담수역 에서 출현한다. 주로 새우, 게, 갑각류, 패류, 다모류 및 작은 어류 등을 섭식한다. 산란장과 초기 발생에 대하여 일부 알려져 있다. 산란기는 5~7월경이고, 연안의 자갈밭에서 만수위 1~2시간 전에 산란하는 것으로 알려져 있다. 산란은 담수나 지하수가 유입되는 기수역에서 많은 무리가 모여 한다. 전장 10cm 이상이면 성숙한 개체가 된다. 강한 독을 산란기뿐만 아 니라, 항상 간, 난소, 표피, 내장에 가지고 있다.

분포⇒ 울릉도, 제주도를 포함한 전 연안 주변과 인접 기수역에서 서식한다.

참고⇒ 복어류 가운데 가장 흔한 종으로 기수는 물론 담수에서도 서식하는데, 난소와 내장은 맹독성이고 피부는 강독성이다. 정소와 근육은 독이 없거나 약독성이지만 식용으로는 부적 당하다.

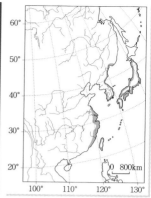

복섬

서식지(경남 남해도)

흰점복

210. 흰점복 *Takifugu poecilonotus* (TEMMINCK and SCHLEGEL, 1850) ···<참복과>

영명⇒ fine patterned puffer   전장⇒ 30cm

형태⇒ 몸은 유선형이며, 머리 부분은 뭉툭하지만 미병부는 원통형이다. 등지느러미 연조 수 11~13개, 뒷지느러미 연조 수 10~11개, 척추골 수 21~22개이다. 등 쪽과 배 쪽에는 소극이 다수 있으며, 체측에도 소극이 있어 서로 연결되어 있다. 두골에서 액골은 중앙의 융기연이 전액골에 도달하지 못하고 액골 사이에 도달된다. 등 쪽과 체측 상단부에는 황갈색 바탕에 다양한 크기의 흰색 반점들이 산재되어 있다. 일부는 등 쪽에 7개의 희미한 검은색 반문이 있기도 하다. 등지느러미, 가슴지느러미 및 뒷지느러미는 담황색이다. 꼬리지느러미의 기조막은 노란색이고, 기조는 황갈색이거나 흑갈색이다.

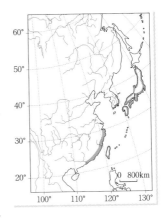

생태⇒ 대부분 연안 주변에서 서식하는 것으로 알려졌으나, 일부는 조류가 번성하는 기수역 및 하구에서 서식한다. 산란 및 생활사에 대해서는 알려진 것이 거의 없다. 5~7월경 연안과 기수의 갈조류가 있는 곳에서 산란하는 것으로 추정된다. 최대 산란 수는 10만 개이다. 강한 독을 산란기뿐만 아니라, 항상 간, 난소, 내장 및 표피에 가지고 있다.

분포⇒ 동해와 남해 연안에서 서식하며, 일본(북해도 이남)과 인도차이나 반도 주변까지 분포한다.

참고⇒ 간과 난소는 맹독성이고, 정수와 표피와 장은 강독성이며, 근육은 약한 독이 있다고 알려져 있다.

황복

211. 황복 *Takifugu obscurus* (ABE, 1949) ⋯⋯⋯⋯⋯⋯⋯⋯⋯⋯⋯⋯⋯⋯⋯ <참복과>

영명⇒ river puffer   전장⇒ 45cm

형태⇒ 몸은 유선형이며, 머리 부분은 뭉툭하지만 미병부는 원통형이다. 등지느러미 연조 수 17~19개, 뒷지느러미 연조 수 15~17개, 척추골 수 23~24개이다. 소극은 등 쪽과 배 쪽에 발달되었다. 전장 10cm 미만의 어릴 경우에는 가슴지느러미 부근에서 등 쪽과 배 쪽의 소극이 서로 연결되어 있지 않으나, 성체는 가슴지느러미 부근의 등 쪽과 배 쪽의 소극이 서로 연결되어 있다. 두골의 모양은 액골의 높이가 넓이와 비슷하지만 약간 길다. 전액골은 커서 외측에서 액골과 설이골보다 크고 앞쪽으로 그 끝이 확대된다. 액골과 전액골이 만나는 부위는 안쪽으로 약간 들어가 평행하고, 설이골의 후돌기는 다른 종들과 달리 전방을 향하고 있다. 액골의 중앙 융기연은 끝이 전액골 뒷부분의 중앙에 도달되고, 액골 중앙 융기연을 따라 홈들이 뚜렷이 나타나고 있어, 이 속 어류 가운데 가장 분화된 두골의 모습을 보여 주고 있다. 살아 있을 때의 몸은 대체로 노란색을 띠고, 등 쪽은 검은색이며, 가슴지느러미 상후방과 뒷지느러미 기점부에 커다란 검은색 반점이 있다. 배 쪽은 흰색이며, 체측 중앙을 따라 노란색 선이 있다.

생태⇒ 연안 주변에서 새우류와 게류 등의 작은 동물이나 어린 물고기를 잡아먹고 살며, 3~5월에 산란하러 강으로 올라온다. 알을 낳는 곳은 바닥에 자갈이 깔려 있는 여울로, 조수의 영향을 받지 않는 곳이다. 부화한 어린 새끼는 바다로 내려가 자란다.

분포⇒ 서해로 유입되는 하천과 기수역에 분포한다. 국내 대부분의 강들이 오염되거나 개발되어 수가 현저하게 줄었으나, 임진강 하류에서는 최근에도 서식하는 개체를 확인할 수 있다. 동중국해 및 남중국해와 인접한 강 하류에도 분포한다.

참고⇒ 근육과 정소에는 독성이 없고, 표피에는 독성이 있는 것으로 알려져 있다. 최근 양식 대상종으로 인공 양식에 관한 연구가 진행되고 있다.

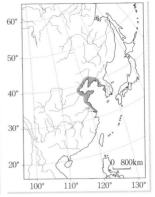

참복과(Tetraodontidae)

황복

서식지(금강 하구둑)

자주복

212. 자주복

Takifugu rubripes
(TEMMINCK and
SCHLEGEL, 1850)
·················· <참복과>

영명⇒ tiger puffer
방언⇒ 검복아지
전장⇒ 75cm

형태⇒ 몸은 유선형이며, 머리 부분은 뭉툭하지만 미병부는 원통형이다. 등지느러미 연조 수 17~18개, 뒷지느러미 연조 수 13~15개이다. 등 쪽과 복부에는 소극이 다수 밀생하면서 발달되어 있으나 서로 연결되어 있지 않다. 두골의 모양은 액골의 높이가 넓이와 비슷하거나 약간 길고, 전액골은 외측에서 액골과 설이골이 비슷하여 3등분된다. 액골 중앙 융기연을 따라 홈들이 뚜렷하여 분화된 모습을 보여 준

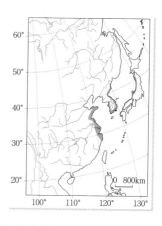

다. 등 쪽은 검은색 바탕이나 복부는 흰색이다. 등지느러미, 가슴지느러미 및 꼬리지느러미는 검은색이나, 뒷지느러미는 연한 노란색이다. 가슴지느러미 후단부와 등지느러미 앞에는 흰색 테두리의 검은색 큰 반점이 있다. 일부 개체에서는 뒷지느러미가 흰색이거나 연한 적색이다. 등 쪽과 체측 상단부에는 가는 흰색 무늬나 원형 무늬가 있다.

생태⇒ 하절기에는 황해나 동해에서 생활하고, 동절기에는 제주도 주변과 대한 해협으로 이동한 후 3~5월경에 연안 주변이나 강 하구의 자갈, 모래 및 바위 주변에 산란하는 것으로 알려져 있다. 암컷은 최대

150만 개의 알을 산란한다. 간과 내장 등에 맹독성의 독을 가지고 있다. 10℃ 이하가 되면 바닥의 모래와 펄 속에 숨는다.

분포⇒ 대부분 연안 주변에 서식하지만, 일부는 기수역에서도 서식한다. 일본, 러시아(블라디보스톡) 및 타이완 주변에도 서식한다.

참고⇒ 근육과 표피는 독성이 없으며, 난소, 간, 내장은 강독성으로 알려져 있으나 개체와 시기에 따라 차이가 심하다.

서식지(낙동강 하구)

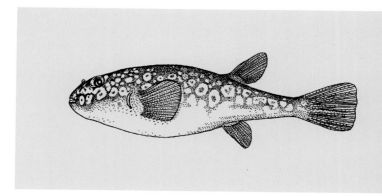

흰점복

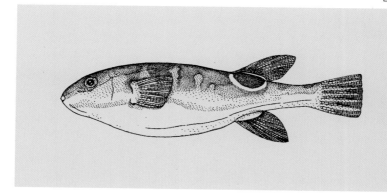

황복

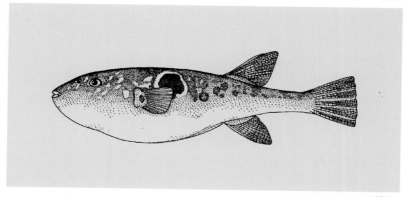

자주복

참갈겨니(♂)

213. 참갈겨니 *Zacco koreanus* KIM, OH, and HOSOYA, 2005 ········ <피라미아과>

영명⇒ korean chub   전장⇒ 10~14cm

형태⇒ 갈겨니와 비슷하나 몸통 측면은 노란색을 띠고 동공 위쪽에 반원 모양의 붉은색 반점이 없다. 등지느러미 연조 수는 7개, 뒷지느러미 연조 수는 10개, 측선 비늘 수는 44~49개, 측선 상부 비늘 수 9~10개, 새파 수 9~10개, 척추골 수 42~44개이다. 머리는 약간 납작하고, 입수염은 없다. 측선은 완전하고, 몸통 중간에서 아래쪽으로 오목하게 이어진다. 등지느러미의 기점은 중간에서 약간 뒤쪽에 위치하고, 배지느러미는 그보다 약간 앞쪽에 있다. 뒷지느러미는 커서 삼각 모양이고, 그 말단은 꼬리지느러미 기부에 도달한다. 체측 상단부는 청갈색이고 복부는 회색이며, 체측 중앙의 청갈색 긴 띠가 꼬리지느러미 기부에 이른다. 산란기가 되면 수컷은 체측이 노란색을 띠는데, 가슴지느러

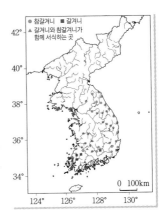

미 전단과 복부 가장자리는 붉은색을 띠며, 꼬리지느러미와 뒷지느러미도 노란색을 띤다. 주둥이 앞에서부터 눈 가장자리까지 두 줄의 추성이 이어지고, 안하부, 하악부, 뒷지느러미 기조에 한 줄의 추성이 생긴다.

생태⇒ 참갈겨니는 하천의 중·상류의 흐름이 비교적 빠른 수역에 살면서 공중에서 떨어진 곤충, 식물의 열매 등을 먹고 산다. 산란기는 5~7월이다.

분포⇒ 한국 특산종으로, 한강, 금강, 만경강, 동진강, 탐진강, 섬진강, 낙동강과, 동해안으로 흐르는 대부분의 하천에 분포한다.

참고⇒ 이전에는 갈겨니로 알려졌으나 2005년에 신종 참갈겨니로 기재 발표되었다(Kim *et al.*, 2005). 두 종이 혼서하는 수역에서는 참갈겨니는 갈겨니보다 비교적 빠른 수역에 출현한다.

429

저

추성

산란기의 수컷

서식지(전북 무주구천동)

부 록
Appendix

1. 한국산 민물고기 목록

칠성장어목
Petromyzontiformes

칠성장어과 Petromyzontidae
1. 칠성장어
Lampetra japonica (MARTENS)
2. 다묵장어 ★
Lampetra reissneri (DYBOWSKI)
3. 칠성말배꼽 ※
Lampetra morii BERG

철갑상어목
Acipenseriformes

철갑상어과 Acipenseridae
4. 철갑상어
Acipenser sinensis (GRAY)
5. 칼상어
Acipenser dabryanus DUMERIL
6. 용상어
Acipenser medirostris AYRES

뱀장어목
Anguilliformes

뱀장어과 Anguillidae
7. 뱀장어
Anguilla japonica TEMMINCK and SCHLEGEL
8. 무태장어
Anguilla marmorata QUOY and GAIAMARD

청어목
Clupeiformes

멸치과 Engraulidae
9. 웅어
Coilia nasus TEMMINCK and SCHLEGEL
10. 싱어
Coilia mystus (LINNAEUS)
청어과 Clupeidae
11. 밴댕이
Sardinella zunasi (BLEEKER)
12. 전어
Konosirus punctatus (TEMMINCK and SCHLEGEL)

잉어목
Cypriniformes

잉어과 Cyprinidae
잉어아과 Cyprininae
13. 잉어
   Cyprinus carpio LINNAEUS
14. 이스라엘잉어 ▲
   Cyprinus carpio LINNAEUS
15. 붕어
   Carassius auratus (LINNAEUS)
16. 떡붕어 ▲
   Carassius cuvieri (TEMMINCK and
   SCHLEGEL)
17. 초어 ▲
   Ctenopharyngodon idellus (CUVIER
   and VALENCIENNES)

납자루아과 Acheilognathinae
18. 흰줄납줄개
   Rhodeus ocellatus (KNER)
19. 한강납줄개 ※
   Rhodeus pseudosericeus ARAI, JEON
   and UEDA
20. 각시붕어 ※
   Rhodeus uyekii (MORI)
21. 떡납줄갱이
   Rhodeus notatus NICHOLS
22. 서호납줄갱이 ※
   Rhodeus hondae (JORDAN and METZ)
23. 납자루
   Acheilognathus lanceolatus
   (TEMMINCK and SCHLEGEL)
24. 묵납자루 ※ ★
   Acheilognathus signifer BERG
25. 칼납자루 ※
   Acheilognathus koreensis KIM and
   KIM

26. 임실납자루 ※
   Acheilognathus somjinensis KIM and
   KIM
27. 줄납자루 ※
   Acheilognathus yamatsutae MORI
28. 큰줄납자루 ※
   Acheilognathus majusculus KIM and
   YANG
29. 납지리
   Acheilognathus rhombeus (TEMMINCK
   and SCHLEGEL)
30. 큰납지리
   Acheilognathus macropterus
   BLEEKER
31. 가시납지리
   Acheilognathus chankaensis
   (DYBOWSKY)

모래무지아과 Gobioninae
32. 참붕어
   Pseudorasbora parva (TEMMINCK
   and SCHLEGEL)
33. 돌고기
   Pungtungia herzi HERZENSTEIN
34. 감돌고기 ※ ★
   Pseudopungtungia nigra MORI
35. 가는돌고기 ※
   Pseudopungtungia tenuicorpa JEON
   and CHOI
36. 쉬리 ※
   Coreoleuciscus splendidus MORI
37. 새미
   Ladislabia taczanowskii DYBOWSKI
38. 참중고기 ※
   Sarcocheilichthys variegatus
   wakiyae MORI
39. 중고기 ※
   Sarcocheilichthys nigripinnis morii
   JORDAN and HUBBS

40. 북방종고기
Sarcocheilichthys nigripinnis czerskii (BERG)

41. 줄몰개
Gnathopogon strigatus (REGAN)

42. 긴몰개 ※
Squalidus gracilis majimae (JORDAN and HUBBS)

43. 몰개 ※
Squalidus japonicus coreanus (BERG)

44. 참몰개 ※
Squalidus chankaensis tsuchigae (JORDAN and HUBBS)

45. 점몰개 ※
Squalidus multimaculatus HOSOYA and JEON

46. 모샘치
Gobio cynocephalus DYBOWSKI

47. 게톱치
Coreius heterodon (BLEEKER)

48. 누치
Hemibarbus labeo (PALLAS)

49. 참마자
Hemibarbus longirostris (REGAN)

50. 어름치 ※ ●
Hemibarbus mylodon (BERG)

51. 모래무지
Pseudogobio esocinus (TEMMINCK and SCHLEGEL)

52. 버들매치
Abbottina rivularis (BASILEWSKY)

53. 왜매치 ※
Abbottina springeri BANARESCU and NALBANT

54. 꾸구리 ※
Gobiobotia macrocephala MORI

55. 돌상어 ※
Gobiobotia brevibarba MORI

56. 흰수마자 ※ ★
Gobiobotia naktongensis MORI

57. 압록자그사니 ※
Mesogobio lachneri BANARESCU and NALBANT

58. 두만강자그사니 ※
Mesogobio tumensis CHANG

59. 모래주사 ※ ★
Microphysogobio koreensis MORI

60. 돌마자 ※
Microphysogobio yaluensis (MORI)

61. 여울마자 ※
Microphysogobio rapidus CHAE and YANG

62. 됭경모치 ※
Microphysogobio jeoni (KIM and YANG)

63. 배가사리 ※
Microphysogobio longidorsalis MORI

64. 두우쟁이 ★
Saurogobio dabryi (BLEEKER)

황어아과 Leuciscinae

65. 야레
Leuciscus waleckii (DYBOWSKI)

66. 백련어 ▲
Hypophthalmichthys molitrix (CUVIER and VALECIENNES)

67. 대두어 ▲
Aristichthys nobilis (RICHARDSON)

68. 황어
Tribolodon hakonensis (GÜNTHER)

69. 대황어
Tribolodon brandti (DYBOWSKI)

70. 연준모치
Phoxinus phoxinus (LINNAEUS)

71. 버들치
Rhynchocypris oxycephalus

Protosalanx chinensis (Basilewsky)

124. 뱅어

    Salangichthys microdon Bleeker

연어목
Salmoniformes

연어과 Salmonidae

125. 사루기

    Thymallus articus jaluensis Mori

126. 열목어 ●

    Brachymystax lenok tsinlingensis (Li)

127. 연어

    Onchorhynchus keta (Walbaum)

128. 곱사연어

    Onchorhynchus gorbuscha (Walbaum)

129. 산천어(육봉형), 송어(강해형)

    Onchorhynchus masou masou (Brevoort)

130. 은연어 ▲

    Onchorhynchus kisutch (Walbaum)

131. 무지개송어 ▲

    Onchorhynchus mykiss (Walbaum)

132. 자치 ※

    Hucho ishikawai Mori

133. 홍송어

    Salvelinus leucomaenis (Pallas)

134. 곤들매기

    Salvelinus malmus (Walbaum)

대구목
Gadiformes

대구과 Gadidae

135. 모오캐

    Lota lota (Linnaeus)

숭어목
Mugiliformes

숭어과 Mugilidae

136. 숭어

    Mugil cephalus Linnaeus

137. 등줄숭어

    Chelon affinis (Günther)

138. 가숭어

    Chelon haematocheilus (Temminck and Schlegel)

동갈치목
Beloniformes

송사리과 Adrianichthyidae

139. 송사리

    Oryzias latipes (Temminck and Schlegel)

140. 대륙송사리

    Oryzias sinensis Chen, Uwa and Chu

학공치과 Hemiramphidae

141. 줄공치

    Hyporhamphus intermedius (Canter)

142. 학공치

    Hyporhamphus sajori (Temminck and Schlegel)

(BLEEKER)
191. 모치망둑
Mugilogobius abei (JORDAN and SNYDER)
192. 제주모치망둑
Mugilogobius fontinalis (JORDAN and SEALE)
193. 꼬마청황
Parioglossus dotui TOMIYAMA
194. 짱뚱어
Boleophthalmus pectinirostris (LINNAEUS)
195. 말뚝망둥어
Periophthalmus modestus CANTOR
196. 큰볏말뚝망둥어 ※
Periophthalmus magnuspinnatus LEE, CHOI and RYU
197. 미끈망둑
Luciogobius guttatus GILL
198. 사백어
Leucopsarion petersii HILGENDORF
199. 빨갱이
Ctenotrypauchen microcephalus (BLEEKER)
200. 개소겡
Odontamblyopus lacepedii (TEMMINCK and SCHLEGEL)

버들붕어과 Belontiidae
201. 버들붕어
Macropodus ocellatus CANTOR

가물치과 Channidae
202. 가물치
Channa argus (CANTOR)

가자미목
Pleuronectiformes

가자미과 Pleuronectidae
203. 돌가자미
Kareius bicoloratus (BASILEWSKY)
204. 강도다리
Platichthys stellatus (PALLAS)
205. 도다리
Pleuronichthys cornutus (TEMMINCK and SCHLEGEL)

참서대과 Cynoglossidae
206. 박대
Cynoglossus semilaevis GÜNTHER

복어목
Tetraodontiformes

참복과 Tetraodontidae
207. 까치복
Takifugu xanthopterus (TEMMINCK and SCHLEGEL)
208. 매리복
Takifugu vermicularis (TEMMINCK and SCHLEGEL)
209. 복섬
Takifugu niphobles (JORDAN and SNYDER)
210. 흰점복
Takifugu poecilonotus (TEMMINCK and SCHLEGEL)
211. 황복
Takifugu obscurus (ABE)
212. 자주복
Takifugu rubripes (TEMMINCK and SCHLEGEL)

2. 한국산 민물고기의 과 검색표

01 a. 입에는 진정한 턱이 없고, 대신 원형의 흡반 모양이다. 짝지느러미가 없고 7쌍의 새공(鰓孔)이 있다. 머리 등 쪽 중간에 1개의 외비공이 있다.······ **칠성장어과**

   b. 입에는 상·하 양악의 진정한 턱이 있고, 짝지느러미가 있으며, 새공을 덮는 아가미뚜껑이 있다. 머리 양측에 2개의 외비공이 있다. ······························ 2

02 a. 꼬리지느러미는 부정형으로 상엽이 하엽보다 훨씬 크다. 몸의 중앙에는 5줄의 대형 인판이 종렬한다. ··· **철갑상어과**

   b. 꼬리지느러미는 정형으로 상·하 양엽이 있을 경우는 거의 비슷하다. 몸에는 비늘이 고루 덮여 있거나 비늘이 없는 경우도 있다. ····························· 3

03 a. 가슴지느러미가 없다. ··· **드렁허리과**

   b. 가슴지느러미가 있다. ··· 4

04 a. 배지느러미가 없다. ··· 5

   b. 배지느러미가 있다. ··· 7

05 a. 몸통은 짧고 원통형이다. ··· **참복과**

   b. 몸통은 가늘고 길어서 장어 같은 모양이다. ···························· 6

06 a. 등지느러미와 뒷지느러미의 후연은 꼬리지느러미와 연결된다. ·········· **뱀장어과**

   b. 등지느러미와 뒷지느러미의 후연은 꼬리지느러미와 분리되어 있다.··· **실고기과**

07 a. 배지느러미는 몸의 중간에 있으며, 가슴지느러미와 떨어져 있다. ··········· 8

   b.배지느러미는 몸의 앞쪽에 있으며, 가슴지느러미 가까이에 있다. ················· 20

08 a. 등지느러미 뒤에 기름지느러미가 있다. ··· 9

b. 등지느러미 뒤에 기름지느러미가 없다. ··· 13

09 a. 입수염은 8개, 가슴지느러미와 등지느러미에는 1개의 강한 가시가 있다. ····· 10

b. 입수염은 없고, 가슴지느러미와 등지느러미에는 가시가 없다. ···················· 11

10 a. 기름지느러미는 크고 꼬리지느러미와 분리되며, 측선은 완전하다. ····· **동자개과**

b. 기름지느러미는 꼬리지느러미와 이어지고, 측선은 불완전하여 가슴지느러미

를 넘지 않는다. ··· **퉁가리과**

11 a. 몸은 가늘고 길며, 머리는 종편되어 있다. 살아 있을 때는 무색 투명하고(죽

으면 흰색), 비늘은 뒷지느러미 기부 위에 일렬로 있다. ···························· **뱅어과**

b. 몸은 옆으로 약간 납작하고, 투명하지 않다. 몸 전면에 비늘이 있다. ··········· 12

12 a. 비늘은 커서 종렬 비늘 수는 75개 이하이다. ································· **바다빙어과**

b. 비늘은 작아서 종렬 비늘 수는 100개 이상이다. ································· **연어과**

13 a. 하악은 상악보다 길고, 그 전단은 침 모양으로 돌출되어 있다. ········· **학공치과**

b. 하악은 상악보다 길지 않고, 침 모양도 아니다. ······································ 14

14 a. 상악의 후단은 아가미뚜껑 후단에 달한다. ···································· **멸치과**

b. 상악의 후단은 눈의 후단에 달하지 않는다. ··· 15

15 a. 뒷지느러미 기저는 길어서 그 뒷부분은 꼬리지느러미와 연결된다. ········ **메기과**

b. 뒷지느러미 기저는 길지 않고 그 뒷부분은 꼬리지느러미와 불연속이다. ········ 16

16 a. 몸은 비교적 가늘고 길며, 비늘은 작고 피부에 묻혀 있다. ······················· 17

b. 몸은 유선형이고, 비늘은 크고 뚜렷하다. ·· 17

17 a. 머리는 종편되었고 안하극이 없으며, 상악 전단에 2쌍의 수염이 있다. ⋯ 종개과
   b. 머리는 측편되었고 안하극이 있으며(미꾸리속은 예외), 상악 전단에는 1쌍의
   수염이 있다. ⋯⋯⋯⋯⋯⋯⋯⋯⋯⋯⋯⋯⋯⋯⋯⋯⋯⋯⋯⋯⋯⋯⋯⋯ 미꾸리과

18 a. 꼬리지느러미 후연은 반듯하거나 약간 둥글다. ⋯⋯⋯⋯⋯⋯⋯ 송사리과
   b. 꼬리지느러미 후연은 두 갈래로 나누어진다. ⋯⋯⋯⋯⋯⋯⋯⋯⋯ 19

19 a. 측선이 있고, 등지느러미 마지막 연조는 실 모양으로 길지 않다. ⋯⋯⋯ 잉어과
   b. 측선이 없고, 등지느러미 마지막 연조는 실 모양으로 길다. ⋯⋯⋯⋯ 청어과

20 a. 등지느러미 가시는 각각 분리되어 있다. ⋯⋯⋯⋯⋯⋯⋯⋯ 큰가시고기과
   b. 등지느러미 가시는 막으로 연결되어 있다. ⋯⋯⋯⋯⋯⋯⋯⋯⋯⋯ 21

21 a. 눈은 머리의 한쪽에 치우쳐 있다. ⋯⋯⋯⋯⋯⋯⋯⋯⋯⋯⋯⋯⋯⋯ 22
   b. 눈은 머리의 양쪽에 있다. ⋯⋯⋯⋯⋯⋯⋯⋯⋯⋯⋯⋯⋯⋯⋯⋯⋯ 23

22 a. 뚜렷한 가슴지느러미가 있다. ⋯⋯⋯⋯⋯⋯⋯⋯⋯⋯⋯⋯⋯⋯⋯ 가자미과
   b. 뚜렷한 가슴지느러미가 없다. ⋯⋯⋯⋯⋯⋯⋯⋯⋯⋯⋯⋯⋯⋯⋯ 참서대과

23 a. 배지느러미는 좌우가 유합하여 흡반이 되고 측선은 없다. ⋯⋯⋯⋯ 망둑어과
   b. 배지느러미는 좌우가 분리되어 흡반 모양이 아니다. ⋯⋯⋯⋯⋯⋯ 24

24 a. 몸에는 비늘이 없고, 배지느러미는 1극 2~4연조이다. ⋯⋯⋯⋯⋯ 둑중개과
   b. 몸에는 비늘이 있고, 배지느러미는 1극 5연조이다. ⋯⋯⋯⋯⋯⋯⋯⋯

25 a. 뒷지느러미는 가시가 없다. ⋯⋯⋯⋯⋯⋯⋯⋯⋯⋯⋯⋯⋯⋯⋯⋯ 26
   b. 뒷지느러미는 가시가 있다. ⋯⋯⋯⋯⋯⋯⋯⋯⋯⋯⋯⋯⋯⋯⋯⋯ 27

26 a. 뒷지느러미 연조 수는 15개 이하이다. ⋯⋯⋯⋯⋯⋯⋯⋯⋯⋯⋯ 양태과
   b. 뒷지느러미 연조 수는 25개 이상이다. ⋯⋯⋯⋯⋯⋯⋯⋯⋯⋯⋯ 가물치과

27
a. 뒷지느러미의 가시는 1개이다. ⋯⋯⋯⋯⋯⋯⋯⋯⋯⋯⋯⋯⋯⋯⋯⋯⋯⋯ 28
b. 뒷지느러미의 가시는 3개 이상이다. ⋯⋯⋯⋯⋯⋯⋯⋯⋯⋯⋯⋯⋯⋯⋯ 29

28
a. 새개골의 뒤쪽 아래에는 예리한 가시가 있고, 몸의 모든 비늘은 즐린(櫛鱗)이다. ⋯⋯⋯⋯⋯⋯⋯⋯⋯⋯⋯⋯⋯⋯⋯⋯⋯⋯⋯⋯⋯⋯⋯⋯⋯⋯⋯⋯ **구굴무치과**
b. 새개골의 뒤쪽에는 가시가 없고, 몸 앞쪽의 비늘은 원린(圓鱗)이고 뒤쪽은 즐린이다. ⋯⋯⋯⋯⋯⋯⋯⋯⋯⋯⋯⋯⋯⋯⋯⋯⋯⋯⋯⋯⋯⋯⋯⋯⋯ **동사리과**

29
a. 뒷지느러미 가시는 6개 이상이다. ⋯⋯⋯⋯⋯⋯⋯⋯⋯⋯⋯⋯⋯ **버들붕어과**
b. 뒷지느러미 가시는 3개 이하이다. ⋯⋯⋯⋯⋯⋯⋯⋯⋯⋯⋯⋯⋯⋯⋯⋯ 30

30
a. 2개의 등지느러미는 서로 분리되어 있다. ⋯⋯⋯⋯⋯⋯⋯⋯⋯⋯⋯⋯⋯ 31
b. 2개의 등지느러미는 막으로 이어지거나 아주 근접해 있다. ⋯⋯⋯⋯⋯ 32

31
a. 꼬리지느러미 후연의 중앙은 안쪽으로 패어 상·하 양엽이 구분된다. ⋯ **숭어과**
b. 꼬리지느러미 후연의 중앙은 밖으로 볼록하다. ⋯⋯⋯⋯⋯⋯⋯⋯⋯⋯ 32

32
a. 머리는 약간 측편이고, 제2등지느러미 기조 수는 20개 이상이다. ⋯⋯⋯ **대구과**
b. 머리는 종편이고, 제2등지느러미 기조 수는 10개 이하이다. ⋯⋯⋯⋯ **돛양태과**

33
a. 머리 등 쪽 피부에는 여러 곳에 가시가 뚜렷하게 있다. ⋯⋯⋯⋯⋯⋯ **양볼락과**
b. 머리 등 쪽 피부에는 가시가 없다. ⋯⋯⋯⋯⋯⋯⋯⋯⋯⋯⋯⋯⋯⋯⋯⋯ 34

34
a. 입은 앞으로 현저하게 돌출하는 특수한 구조를 가지고 있다. ⋯⋯⋯⋯ **주둥치과**
b. 입은 앞으로 돌출하지 않는다. ⋯⋯⋯⋯⋯⋯⋯⋯⋯⋯⋯⋯⋯⋯⋯⋯⋯⋯ 35

35
a. 배지느러미 기저부에 돌기 모양의 인판(scaly appendage)이 있다. ⋯⋯ **꺽지과**
b. 배지느러미 기저부에 돌기 모양의 인판이 없다. ⋯⋯⋯⋯⋯⋯⋯⋯⋯ **농어과**

3. 한국산 민물고기의 지리적 분포 양상

한반도의 융기는 약 1억 년 전 중생대 백악기 중엽을 전후한 시기에 일어난 것으로 알려졌으나, 한반도의 지세가 현재와 같은 윤곽을 띠게 된 것은 신생대 제3기 중신세(Miocene) 후기로 알려졌다. 그 후 선신세(Pliocene) 후기로부터 현재에 이르기까지 200만 년 동안, 지구상의 바닷물이 100m 가량 낮아졌던 빙하기와 다시 바닷물이 높아지는 간빙기가 3~4회 있었고, 지금으로부터 1만 1000년 전에도 이러한 빙하기가 마지막으로 있었다.

이와 관련하여, 빙하기에는 해수면이 현저하게 낮아져 황해와 동중국해 연안 해곡에 고황하가 만들어져 한반도와 일본 서남부의 여러 하천들이 담수로 연결되었고, 동해는 과거 고아무르강으로부터 유입된 담수호로 두만강과 그 남쪽의 동해 연안으로 유입되는 강들과 서로 연결되었다고 추정되고 있다.

따라서, 신생대 제3기 말 선신세 이후 해퇴기에 한반도가 고황하와 연결되는 동안 중국 대륙의 남부로부터 어류들이 들어왔고, 시베리아에 서식하던 북방계 어류는 고아무르강으로부터 한반도 동북부 지역의 하천으로 유입되었다고 알려졌다(〈그림 1〉 참조).

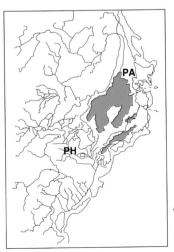

일반적으로 담수어류는 해수 저항 능력을 기준으로 담수에만 살면서 해수에는 견뎌 낼 수 없는 1차 담수어와 주로 담수에 살지만 일시적으로 해수에서도 견뎌 낼 수 있는 2차 담수어, 그리고 어느 정도 삼투 조절 능력이 있어서 담수와 해수를 왕래하는 주연성 담수어로 구분한다. 이 가운데 1차 담수어는 과거 육지 연결의 지표 생물로 사용되고 있다.

한편, 태백 산맥은 이러한 시기보다 먼저 형성되어 동서 장벽을 이루고 있었는데, 간빙

〈그림 1〉 선신세 후기의 동아시아 하천 및 해안선 추정도
(NISHIMURA, 1974)
• PH(고황하, Paleo Hwangho River)
• PA(고아무르강, Paleo Amur River)

기의 해침으로 황해와 동해가 바다를 이루게 되면서 한반도에서는 하천별로 독립을 이루게 되었다. 그리고 이미 유입된 어종들이 우리 나라 각각의 수역에 적응하면서 분화를 이루어 한국 고유의 민물고기류가 형성되었다고 본다.

한국 민물고기류의 분포 구분에 대하여 MORI(1936)는 구북구(Paleoarctic Region)의 중국아구(China Subregion)와 시베리아아구(Siberian Subregion)로 구분하였다(〈그림 2〉 참조).

〈그림 2〉 동아시아 민물고기류의 동물 지리적 구분(MORI, 1936)

그 후 한반도 민물고기류의 지리적 구분에 대하여는 약간씩 다르게 보고하였으나(최, 1973 : 전, 1980), 김(1997)은 고황하와 고아무르강의 영향과 낭림-태백-소백 산맥의 분수령의 구분으로 한반도를 서한아 지역(West Korea Subdistrict), 남한아 지역(South Korea Subdistrict), 동북한아 지역(Eastnorth Korea Subdistrict)으로 구분하였다. 그러나 백두산에서 지리산으로 이어지는 백두 대간은 물줄기를 잘 구분해 주고 있어 서한아 지역과 남한아 지역 및 동북한아 지역을 구분하는 데 뚜렷한 경계선이 되고 있어 주목된다(〈그림 3〉 참조).

서한아 지역은 한반도 서부의 대부분을 차지하는 지역으로 압록강, 청천강, 대동강, 재령강, 임진강, 부안 백천, 고창 인천강 수계가 포함된다. 이 지역에서는 칠성말배꼽, 서호

〈그림 3〉 한반도 민물고기류의 분포 구계

납줄갱이, 묵납자루, 한강납줄개, 어름치, 감돌고기, 가는돌고기, 배가사리, 꾸구리, 돌상어, 압록자그사니, 금강모치, 참종개, 부안종개, 미호종개, 퉁가리 등 17종의 한국 고유종이 분포한다. 그리고 눈불개, 살치, 대농갱이, 케톱치, 두우쟁이, 야레, 종어, 밀자개, 대륙송사리 및 대륙종개 등은 중국 대륙과 공통적으로 분포한다.

남한아 지역은 태백-소백-노령 산맥의 분수령 동남부에 해당하는 지역으로 낙동강, 섬진강, 탐진강 및 영산강 수계와 동해의 남부 연안으로 유입하는 여러 하천들이 포함된다. 이 수역에 분포하는 한국 고유종으로는 수수미꾸리, 좀수수치, 모래주사, 여울마자, 큰줄납자루, 임실납자루, 점몰개, 꼬치동자개, 왕종개, 남방종개, 줄종개, 동방종개, 얼룩새코미꾸리 등이 있으며, 남방동사리, 송사리, 꺽저기 등은 일본과 공통적으로 출현하고, 기름종개, 황어, 대황어 등은 중국 대륙의 남부 지방과 공통으로 분포한다.

동북한아 지역은 강릉 이북의 동해 연안으로 유입되는 하천과 함경 남·북도 지역이 포함되는데, 이 지역은 고아무르강 영향을 받았던 곳이다. 한국 고유종으로는 버들가지, 북방종개, 두만강자그사니 등 3종이 있고, 버들개, 동버들개, 종개, 청가시고기, 두만가시고기가 시베리아 혹은 일본 북부 지방과 공통으로 출현한다.

이상과 같이 생물의 종은 그들이 출현하는 지역의 과거와 현재에 관련된 여러 가지 지질학적 혹은 생태적 조건 등의 상호 작용에 의하여 제한된 분포 범위를 지니기 때문에 생물종의 분포 양상의 연구는 생물지리학 연구의 중요한 내용이 된다.

- **계측 형질**(1/20mm dial caliper로 측정) : 전장(total length), 체장(body length), 두장(head length), 체고(body depth), 등지느러미 기점 거리(predorsal length), 문장(snout length), 안경(eye diameter), 양안 간격(interorbital distance), 미병장(caudal peduncle length), 미병고(caudal peduncle depth)
- **계수 형질** : 지느러미의 기조 수와 극조 수, 측선 비늘 수, 인두치의 수, 새파 수, 척추골 수, 유문수 수

생태 조사

- **서식 환경** : 계류나 하천 혹은 저수지에 서식하는 민물고기는 종마다 서식처 선택성이 매우 뚜렷하다. 하천의 경우는 흔히 계류를 포함한 상류, 중류, 하류로 구분하는데, 각각 저질 상태나 수량, 유속, 유영층이 다르다. 각 수역마다 여울(rapids)과 웅덩이(pool)로 구분되고, 또 바닥 상태에 있어서도 바위와 큰 돌, 자갈, 모래, 진흙과 펄의 상태에 따라 서로 다른 종이 출현한다. 그리고 유영층에 있어서도 표면층, 중층, 저층으로 나누어 서식한다.
- **개체군 밀도** : 일정한 수역의 개체군 밀도를 조사할 경우 잠수하여 일정한 면적 안에 서식하는 마릿수를 계수한다. 또는 투망, 유인 어망 등의 일정한 어구를 사용하여 채집한 후 표지를 하여 방류하고, 일정 기간이 지난 후 다시 포획하여 재포획된 개체 수의 비율로 산정하여 모집단의 단위 면적당 개체 수를 환산한다.
- **소화관 내용물** : 표본을 채집하면 바로 10% 포르말린 용액에 고정한 후 실험실에 가져와 복부를 절개하여 메스로 위와 창자를 펼친 후 스포이트로 흡입하여 샬레에 넣어 육안으로 보이는 생물은 해부 현미경으로, 육안으로 보이지 않는 종류는 광학 현미경을 이용하여 먹이 생물의 종류를 동정한다.

생식소 성숙도⇒ 암수 구분과 생식기 등을 알아보기 위하여 생식소 조사가 요구된다. 피라미와 각시붕어 같은 종류는 산란기에 수컷에게 추성이나 혼인색이 나타나 구별되기도 한다. 그러나 겉으로 암수 구분이 잘 되지 않는 경우에는 복강을 절개하여 생식소의 정소와 난소를 구분하면 쉽게 알 수 있는데, 산란기에는 더욱 잘 구분된다. 그리고 매월 성숙한 개체 10마리 정도를 택하여 체중을 측정한 후 그들의 난소와 정소를 적출하여 각각 무게를 재어 생식소 성숙 지수(gonad somatic index, 생식소 무게/체중×100)를, 조사한다. 1년 동안 조사한 이 기록을 분석하면 생식소 성숙 지수가 가장 높게 나타나는 시기가 있는데, 그 때가 산란 시기이다. 동시에 그 시기에 암컷 1마리가 지니고 있는 알의 수를 계수하여 평균 포란 수를 알 수 있고, 또 알의 지름도 dial caliper를 이용하여 측정

한다. 한편, 개체군을 월별로 채집하여 체장을 측정 기록한 자료를 분석하면 연령 구조와 성장 정도도 알 수 있다.

핵형 분석⇒ 물고기를 포함한 모든 동물들의 유전 정보들은 세포핵 속의 염색체 (chromosome) 안에 들어 있다. 염색체의 수나 모양은 생물의 종마다 일정하여 분류학적 형질로 널리 사용된다. 염색체의 분열 시기 중 보통 중기에 볼 수 있는 기본 염색체의 모습을 핵형(karyotype)이라고 한다. 각 염색체의 길이를 측정하여 크기가 큰 것에서 작은 것으로 배열한 그림을 핵형도(idiogram)라고 한다. 염색체의 수와 구조를 이용하여 근연종과 유연 관계를 구명함으로써 여러 가지 분류학적 문제를 해결하고 있다. 핵형 분석이 있기 전까지 송사리와 대륙송사리는 동일종으로 간주되었다. 송사리의 $2n$ 염색체 수는 48개인데, 대륙송사리는 46개이다.

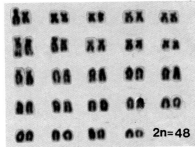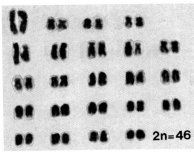

송사리(좌)와 대륙송사리(우)의 핵형 분석도

생화학적 분석⇒ 생화학의 발전으로 생화학적 차이는 속간이나 종간의 형태적 차이 못지 않게 동식물의 기원을 추적하는 데 유용하여 최근 분류학적 이해에 크게 기여하고 있다. 특히 미토콘드리아속의 DNA 절편 유형 분석은 지역집단의 진화 역사를 추적하는데 유용성이 큰 것으로 알려졌다.

분지 분석⇒ 독일의 곤충학자인 헤니그(HENNIG, 1950)가 제시한 조상-자손의 관계를 유추하는 방법이다. 원시적인 형질을 추정하는 방안으로 오래 된 지층의 화석에서 나타나는 형질, 기원지에서 볼 수 있는 형질, 초기 발생 과정에서 나타나는 형질 등을 적용하여 분지도를 작성하여 적용한다.

5. 용어 해설

강하형(降河型, catadromous form)⟹ 민물에서 성장하면서 살다가 바다로 내려가 산란하는 생활형. 예) 뱀장어

경린(硬鱗, ganoid scale)⟹ 경골어류의 철갑상어류에서 볼 수 있는 마름모꼴의 비늘

고유종(固有種, endemic species)⟹ 지리적으로 일정한 곳에만 분포하고 원래부터 그 곳에서 서식하는 종으로 특산종이라고도 한다.

골질반(骨質盤, lamina circularis)⟹ 미꾸리과 어류에서만 볼 수 있는 특징으로, 수컷 가슴지느러미 제2기조가 두꺼워지고 그 기부가 팽대되어 있는 뼈의 구조를 말하는데, 이 구조는 미꾸리과 어류 분류의 중요한 형질이다.

극조(棘條, spinous ray)⟹ 지느러미를 구성하는 기조의 일종으로, 가시처럼 딱딱하고 마디가 없다.

기수(汽水, brackish water)⟹ 강의 하류에서 민물과 바닷물이 혼합되는 수역의 물

기조(鰭條, fin ray)⟹ 지느러미 막을 지지하는 막대 모양의 골격 구조로 연골, 경골 혹은 콜라겐과 같은 물질로 되어 있다.

두장(頭長, head length)⟹ 물고기 주둥이 앞 끝에서 아가미뚜껑(새개) 후단까지의 길이

모식 표본(模式標本, type specimen)⟹ 신종을 기재할 때 사용되는 선택된 개체의 표본

부성란(浮性卵, drift egg)⟹ 알이 물보다 가벼워 수면에 뜨는 것으로서, 가물치, 농어, 버들붕어의 알이 여기에 속한다. 알들이 서로 붙지 않고 떨어져 있는 부성란을 분리부성란이라고 한다.

분류군(分類群, taxon)⟹ 분류 계급(종, 속, 과 등)의 어느 한 단계에 해당되면서 실제로 존재하는 생물의 집단. 예) 잉어과, 납자루속, 칼납자루

새개부(鰓蓋部, opercular region)⟹ 아가미 바깥 부분을 덮고 있는 아가미뚜껑뼈와 아가미막이 차지하는 부분

성적 이형(性的二型, sex dimorphism)⟹ 자웅이체인 동물인 경우 암수 개체의 외부 형태가 완전히 구분되어 나타나는 현상

소하형(溯河型, anadromous form)⟹ 민물 수역에서 산란 부화한 후 바다에 내려가 성장한 뒤 산란하기 위하여 다시 강으로 올라오는 생활형. 예) 연어

아종(亞種, subspecies)⇒ 넓은 분포 범위를 가진 동일한 종 내에서 지리적으로 구분되고 형태적으로도 구별되는 집단으로, 학명은 3명법으로 표기한다.

안경(眼徑, eye diameter)⇒ 눈의 최대 수평 지름

액골(額骨, frontal)⇒ 경골어류의 두정부 앞부분에 있는 1쌍의 막골로서, 보통 양안 간격을 점유하고 있으며, 앞에는 사골과 전액골이 있고 뒤에는 노정골과 설이골이 있다.

양안 간격(兩眼間隔, interorbital width)⇒ 양쪽 두 눈 사이의 가장 짧은 거리

어도(魚道, fish way)⇒ 하천에 어류 이동을 곤란하게 하거나 불가능하게 하는 장애물이 있을 경우 어류의 이동이 원활하도록 만들어진 수로 또는 장치이다.

어류상(魚類相, fish fauna)⇒ 특정한 지역에 서식하는 어류 종류 전체를 나타내는 용어

연안(沿岸, coast)⇒ 수심 200m보다 얕은 바다로, 육지에 연접한 수역

연조(軟條, soft ray)⇒ 지느러미막을 지지하는 기조의 일종으로, 부드러운 마디를 가진다.

원기재(原記載, original description)⇒ 분류학적으로 종이나 속을 처음으로 정해서 발표할 때 모식 표본의 특징을 정리하거나 비교한 문헌적인 기록

원린(圓鱗, cycloid scale)⇒ 대부분의 원시적인 경골어류가 지닌 둥글거나 난형의 비늘로, 성장선이 있어 연령을 조사하는 데도 이용한다.

웨버 장치(Weberian apparatus)⇒ 잉어목과 메기목 어류의 처음 4개의 척추골이 변형된 구조로, 소리 전달에 관여하는 기관이다.

유관표(有管鰾, physostomous air bladder)⇒ 소화관과 부레 사이에 연결된 가느다란 관으로, 원시적인 경골어류에서 볼 수 있다.

유문수(幽門垂, pyloric ceca)⇒ 위의 유문부에 막대기 모양으로 돌출한 맹관으로, 연어과 어류에서는 분류 형질로 이용된다.

육봉형(陸封型, landlocked form)⇒ 해수와 담수를 왕래하는 종이 담수에 적응하여 일생을 담수에서만 사는 생활형이다.

자어(仔魚, larva)⇒ 부화 후부터 지느러미 기조 수가 정수로 나타나는 시기까지의 어린 새끼고기. 부화 직후부터 난황 흡수를 마칠 때까지의 시기를 전기 자어(pre larva stage), 난황 흡수 직후부터 지느러미 기조가 정수로 될 때까지의 시기를 후기 자어(post larva stage)라고 한다.

자연형 하천(自然型河川)⇒ 홍수 조절과 같은 치수 목적으로 콘크리트 등의 인공 재료를 이용하여 일직선으로 만들었던 도시 하천을 다양한 생물과 그들의 환경을 되살리기 위하여 자연 상태와 가깝도록 정비한 하천을 말한다. 하천의 생태적 기능을 살려 수질을 개선하는 데 목적이 있다.

전장(全長, total length)⇒ 주둥이 앞 끝에서부터 꼬리지느러미 말단까지의 가장 긴 길이.

종(種, species)⇒ 분류의 기본 단위로, 일정한 형태, 생태 및 유전적 특징을 가지면서 다른 종과는 생식적으로 격리된 집단

종대 반문(縱帶斑紋, longitudinal 혹은 stripe band)⇒ 몸 앞뒤의 길이에 따라 길게 이어지는 반문

종편(縱扁, depressed form)⇒ 몸 단면의 좌우 방향 길이가 상하의 길이보다도 길게 나타나는 체형으로, 위에서 보면 넓적하게 보인다. 바닥에 사는 저서성 어류에 많이 나타난다.

즐린(櫛鱗, ctenoid scale)⇒ 고등한 경골어류에서 볼 수 있는 비늘로, 비늘 뒤쪽에 작은 가시모양의 돌기를 가지고 있어 잘 구분되나, 어떤 종류는 그 가시가 미소해서 구분이 잘 되지 않는 경우도 있다.

지대(肢帶, girdle)⇒ 부속지 골격 가운데 가슴지느러미와 배지느러미를 지지하는 뼈

짝지느러미(paired fin)⇒ 좌우에 쌍을 이루고 있는 지느러미로, 가슴지느러미와 배지느러미가 있다.

척색(脊索, notochord)⇒ 대체로 척색동물의 생활사 초기 어린 배의 신경관과 소화관 사이에 길게 뻗어 있는 세포성 긴 막대 모양의 지지 기관

추성(追星, nuptial tubercles)⇒ 잉어과 어류의 2차 성징으로, 생식기 수컷의 대부분의 머리와 지느러미, 그리고 몸 피부 표피가 두껍게 되어서 사마귀처럼 돌출되는 돌기

체고(體高, body depth)⇒ 몸통부에서 가장 높게 나타나는 부분

체장(體長, body or standard length)⇒ 물고기 주둥이 앞 끝에서부터 꼬리지느러미 기부까지의 길이

측편(側偏, compressed form)⇒ 몸 단면의 좌우 길이가 상하 길이보다 짧은 체형으로, 앞에서 보면 수직 방향으로 납작하다.

치어(稚魚, young fish)⇒ 후기 자어기 이후부터 성어기(반문과 색채에 나타나는 특징을 지닌 시기) 이전까지의 어린 물고기

침성란(沈性卵, demersal egg)⇒ 알이 물보다 무거워 바닥에 가라앉거나 다른 물체에 붙는 것으로서 연어, 둑중개, 망둑어과 어류의 알이 여기에 속한다.

학명(學名, scientific name)⇒ 국제적으로 통용되는 라틴어로 표기된 생물 이름으로, 속명 이상의 분류군은 1개의 단어로 쓰고, 종명은 속명과 종소명의 2개 단어로, 그리고 아종명은 속명, 종소명, 아종명의 3개 단어로 표기한다.

핵형(核型, karyotype)⇒ 염색체의 분열 시기 중 보통 중기에 볼 수 있는 기본 염색체의

모습으로, 염색체의 수와 모양은 종마다 일정하여 분류학적 형질로 널리 사용된다.

혼인색(婚姻色, nuptial color)⟹ 산란기에 피부에 나타나는 현란한 체색을 말하는데, 수컷이 더 뚜렷하다.

홑지느러미(unpaired fin)⟹ 1개만 있는 지느러미로, 등지느러미, 꼬리지느러미, 뒷지느러미를 가리킨다.

횡반문(橫斑紋, cross band)⟹ 체측의 등 쪽으로부터 배 쪽까지 수직 방향으로 길게 내려진 반문

흡반(吸盤, sucker)⟹ 몸의 일부가 둥글게 변형되어 다른 물체나 생물체에 부착하는 장치로, 원구류는 입이, 망둑어과 어류는 배지느러미가 흡반으로 변형되었다.

6. 학명 찾아보기

7. 한국명 찾아보기

462

8. 주요 참고 문헌

→ 김익수. 1997. 한국동식물도감 제37권 동물편(담수어류). 교육부. 629 pp.

→ 김익수. 1999. 은빛 여울에는 쉬리가 산다. 중앙 M&B. 305 pp.

→ 김종범. 1995. 한국산 밀망둑속과 검정망둑속(농어목, 망둑어과) 어류의 분류학적 고찰 및 종분화 연구. 인하대 대학원 이학박사 학위 청구 논문. 158 pp.

→ 송호복. 1994. 줄납자루 Acheilognathus yamatsutae moril(잉어과)의 생태학적 연구. 강원대 이학박사 학위 논문. 181 pp.

→ 전상린. 1980. 한국산 담수어의 분포에 관하여, 중앙대 대학원 박사 학위 논문. 91 pp.

→ 전상린. 1987. 한강산 열목어(연어과)의 학명의 재검토. 한국육수학회지. 20 : 139−149.

→ 정문기. 1977. 한국어도보. 일지사. 727 pp.

→ 최기철. 1988. 전북의 자연, 담수어편. 전라 북도 교육위원회. 386 pp.

→ 최기철 · 이원규. 1994. 우리 민물고기 백가지. 현암사. 532 pp.

→ 최기철 · 전상린 · 김익수 · 손영목. 원색 한국담수어도감. 향문사. 277 pp.

→ 최여구. 1964. 조선의 어류. 과학원 출판사. 375 pp.+85.

→ 內田惠太郞. 1939. 朝鮮魚類誌. 朝鮮總督府水産試驗場報告 6. 458 pp.

→ 成庚泰 · 鄭葆珊(主編). 1987. 中國魚類系統檢索(上朋). 科學出版社. 641 pp.

→ 伍獻文 外. 1963. 中國鯉科類誌. 上海科學技術出版社. 278 pp.

→ 朱松泉(編著). 1995. 中國淡水魚類檢索. 江苏. 科學技術出版社. 549 pp.

→ 鄭葆珊 · 黃浩明 · 張玉玲 · 戴定远. 1979. 图们江魚類. 吉林人民出版社. 111 pp.

→ 中村守純. 1969. 日本のユイ科魚類. 資源科學研究所. 455 pp.

→ 川郡部浩哉 · 水野信彦 · 細谷和海. 2001. 日本の淡水魚. 山と溪谷社. 719 pp.

→ 湖北省水生生物研究所. 1976. 長江魚類. 科學出版社

→ Arai, R. and Y. Akai. 1988. *Acheilognathus melanogaster*, a senior synonym of a *A. moriokae*, with a revision of the genera of the subfamily Acheilognathinae (Cypriniformes, Cyprinidae). Bull. nat. Sci. Mus. Tokyo, Ser. A, 14(4) ; 199−213.

→ Arai, R., S. R. Jeon, and T. Ueda. 2001. *Rhodeus pseudosericeus* sp. nov., a new bitterling from South Korea (Cyprinidae, Acheilognathinae). Ichthyol. Res 48 : 275−282.

→ Banarescu, P. 1992. A critical updated checklist of Gobioninae (Pisces, Cyprinidae). Trav. Mus. Hist. nat. "Grigore Antipa", 32 : 303−330.

→ Banarescu, P. and T. T. Nalbant. 1973. Pisces, Teleostei, Cyprinidae (Gobioninae). Das Tierrdich, Lieferung 93. Walter de Gruyter, Berlin. 304 pp.

→ Banarescu, P. and T. T. Nalbant. 1995. A generical Classification of Nemacheilinae with description of two new genera (Teleostei : Cypriniformes : Cobitidae). Trav. Mus. Hist. nat. "Grigore Antipa" Vol. 35 : 429−496.

→ Chae, B. S. and H. J. Yang. 1999. *Microphysogobio rapidus*, a new species of gudgeon (Cyprinidae, Pisces) from Korea, with revised key to species of the genus *Microphysogobio* from Korea. Korean J. Biol. Sci. 3 : 17−21.

→ Chae, B. S. 1999. First record of Odontobutid, *Odontobutis obscura* (Pisces : Gobioidei) from Korea. Korean J. Ichthyol. 11(1) : 12−16.

→ Eschmeyer, W N. 1998, Catalog of fishes. Vol. 3. Genera of Fishes, species and Genera in a classification, literature cited and appendices. California Academy of Sciences, U.S.A. pp. 1821−2905.

→ Fujii, R., Y. Choi, and M. Yabe. 2005. A new species of freshwater sculpin, *Cottus koreanus* (Pisces : Cottidae) from Korea. Species Diversity, 2005, 10 : 7-17.

→ Holcik, J. 1986. (ed.) The freshwater fishes of Europe. Vol. 1. Part. 1. Petromyzontiformes, Aula, Wiesbaden. 313 pp.

→ Howes, G. J. 1985. A revised synonymy of the minnow genus *Phoxius* RAFINESQUE, 1820 (Teleostei : Cyprinidae) with comments on its relationships and distribution. Bull. Br. Mus. (Nat. Hist.) Zool. V. 48(1) : 57−74.

→ Hubb, C. L. and K. F. Lagler. 1964. Fishes of the great lakes region. The Univ. Mich. Press. xv+213.

→ Iwata, A. and S. R. Jeon. 1987. First record of four gobiid fishes from Korea. Kor. J. Lim. 20(1) : 1−12.

→ Iwata, A., S. R. Jeon, N. Mizuno and K. C. Choi, 1985. A revision of the eleotrid goby genus *Odontobutis* in Japan, Korea and China. Japan. J. Ichthyol. 31(4) : 373−388.

→ Jordan, D. S. and C. W. Metz. 1913. A catalog of the fishes known from the waters of Korea. Memoirs of the Carnegie Museum. 6 : 1−65. pls, 10.

→ Kim, I. S. and H. Yang. 1998. *Acheilognathus majusculus*, a new bitterling (Pisces, Cyprinidae) from Korea, with revised key to species of the genus *Acheilognathus* of Korea. Korean J. Biol. Sci. 2 : 27−31.

→ Kim, I. S. and H. Yang. 1999. A revision of the genus *Microphysogobio* in Korea with description of a new species (Cypriniformes, Cyprinidae). Kor. J. Ichthyol. 11 : 1−11.

→ Kim, I. S. and J. Y. Park. 1997. *Iksookimia yongdokensis*, a new cobitid fish (Pisces : Cobitidae) from Korea with a key to the species of *Iksookimia*. Ichthyological Research 44 : 249−256.

→ Kim, I. S., J. Y. Park and T. T. Nalbant. 1999. The far east species of the genus *Cobitis* with the description of three new taxa (Pisces : Ostariophysi : cobitidae). Trav. Mus. Nus. Natl. Hist. Nat (Grigore Antipa)., 39 : 373−391.

→ Kim, I. S., J. Y. Park and T. T. Nalbant. 2000. A new species of *Koreocobitis* from Korea with a redescription of *K. rotundicaudata*. Kor. J. Ichthyol. 12 : 89−95.

→ Kim, I. S., J. Y. Park and T. T. Nalbant. 1997. Two new genera of loaches (Pisces : Cobitidae : Cobitinae) from Korea. Trav. Mus. Hist. nat. "Grigore Antipa", 37 : 191−195.

→ Kim, I. S. and E. H. Lee. 2000. Hybridization experiment of diploid-triploid cobitid fishes, *Cobitis sinensis-longicorpa* complex (Pisces : Cobitidae). Folia Zool. 49(S1) : 17−22(2000).

→ Kim, I. S., J. Y. Park, Y. M. Son, and T. T. Nalbant. 2003. A review of the loaches, genus *Cobitis* (Teleostomi : Cobitidae) from Korea, with the description of a new species *Cobitis hankugensis*. Kor. J. Ichthyol. 15(1) : 1-11.

→ Kim, I. S., M. Oh, and K. Hosoya. 2005. A new species of cyprinid fish, *Zacco koreanus* with redescription of *Z. temminckii* (Cyprinidae) from Korea. Kor. J. Ichthyol. 17(1) : 1-7.

→ Lee, C. L. and I. S. Kim. 1990. A taxonomic revision of the family Bagridae (Pisces : Siluriformes) from Korea. Korean J. Ichthyology. 5(1) : 1−40.

→ MORI, T. 1935. Description of three new cyprinoids(Rhodeina) from Chosen, Japan, Zool. 47 : 559−574. (In Japanese).

→ MORI, T. 1936. Studies on the geographical distribution of freshwater fishes in Korea. Bull. Biogeo. Soc. Jap. 6(7) : 31−61.

→ MORI, T. 1952. Checklist of the fishes Korea. Mem. Hyogo Univ. Agr. 1(3). Biol. Ser. 1. 228 pp.

→ Nalbant, T. T. 1963. A study of the genera of Botiinae and Cobitinae (Pisces, Ostariophysi, Cobitidae). Trav. Mus. Hist. nat. "Grigore Antipa", 4 : 343−379.

→ Nalbant, T. T. 1993. Some problems in the systematics of the genus *Cobitis* and its relatives (Pisces, Ostariophysi, Cobitidae). Rev. Roum. Biol. (Biol. Anim.), 38(2) : 101−110.

→ Nalbant, T. T. 1994. Studies on loaches (Pisces, Ostariophysi, Cobitidae). I. An evaluation of the valid genera of Cobitinae. Trav. Mus. Hist. nat. "Grigore Antipa", 34 : 375−380.

→ Nelson, J. S. 1994. Fishes of the world(3th ed.). John Wiley & Sons., 523 pp.

→ Vladykov. V. D. and E. Kott. 1982. Comment on Reeve M. Bailet's view of lamprey systematics. Can. J. Fish. Aguat. Sci., 39 : 1215−1217.

저 자 소 개

김 익 수(金益秀)

- 서울대학교 사범대학 생물교육과 졸업(이학사, 석사)
- 중앙대학교 대학원 생물학과 졸업(이학박사)
- 미국 Northern Illinois 대학 생물학과(박사 후 연수 과정)
- 전북대학교 전임강사, 조교수, 부교수, 교수(1975~2008)
- 전북대학교 생물다양성연구소 소장(2003~2007)
- 한국어류학회 회장(1994~95)
- 한국동물분류학회 회장(2000)
- 문화재청 문화재위원회 천연기념물 분과위원(2003~2008)

현재 : 전북대학교 명예 교수, 한국과학기술 한림원 정회원
논문 : 한국산 미꾸리과 어류의 신종 기재 발표 등 200여 편
저서 : 한국동식물도감 제37권 동물편:담수어류(교육부, 1997), 춤추
는 물고기(다른세상, 2000), 은빛 여울에는 쉬리가 산다(중앙
M&B, 1998), 한국어류대도감(공저)(교학사, 2005)

박 종 영(朴鍾泠)

- 전북대학교 자연과학대학 생물과학부(이학사, 이학석사, 이학박사)
- 전북대학교 의치예과 조교(1991~95)
- 호주 Murdoch University 박사 후 연수 과정(1996~98)
- 전북대학교, 전주교육대학교 시간강사(1999~2003)
- 한국어류학회 편집간사(1999~현재)

현재 : 전북대학교 생물과학부 조교수
논문 : 한국산 미꾸리과(Cobitidae) 어류 생식소에 관한 형태학적 연
구 외 40편

원색 도감 · 한국의 자연 시리즈 18
한국의 민물고기

초판 발행 / 2002. 2. 15
6 판 발행 / 2018. 10. 10

지은이 / 김익수 · 박종영
펴낸이 / 양진오
펴낸곳 / (주)교학사

기획 / 유홍희
책임편집 / 황정순
교정 / 차진승 · 하유미
장정 / 송병석
제작 / 이재환
원색 분해 · 인쇄 / 본사 공무부

등록 / 1962. 6. 26.(18-7)
주소 / 서울 마포구 마포대로 14길 4
전화 / 편집부 · 312-6685   영업부 · 7075-147
팩스 / 편집부 · 365-1310   영업부 · 7075-160
대체 / 012245-31-0501320
홈 페이지 / http://www.kyohak.co.kr

값 35,000 원

Freshwater Fishes of Korea
by Kim, Ik-Soo and Park, Jong-Young
Published by Kyo-Hak Publishing Co., Ltd., 2002
4, Mapo-daero 14-gil, Mapo-gu, Seoul, Korea
Printed in Korea

ISBN 978-89-09-07175-8 96490